建筑专业"十三五"精品教材

建筑工程质量与安全管理

主　编　徐卫星　郑　归　欧长贵

副主编　何桂春　彭　靖　徐顾洲

西安电子科技大学出版社

内 容 简 介

工程建设的参与者必须把"质量第一"、"安全第一"当作最基本的工作准则，建立完善的工程质量安全监管体系，推动良好的工程质量安全体系的形成。本书共十一章，主要内容包括：建筑工程质量管理基本知识、施工项目质量控制、建筑工程施工质量验收、地基与基础工程质量管理、主体结构工程质量管理、装饰装修工程质量管理、建筑工程安全管理、建筑工程施工安全技术、施工机械与临时用电安全技术、施工现场安全管理与文明施工和施工现场防火安全管理。

本书既可为应用型本科、职业院校土建类专业的教学用书，可供建设单位质量安全管理人员、建筑安装施工企业质量安全管理人员、工程监理人员学习参考，也可作为建筑业企业"质量员"、"安全员"岗位资格考试的复习参考用书。

图书在版编目（CIP）数据

建筑工程质量与安全管理 / 徐卫星，郑归，欧长贵主编. --　西安：西安电子科技大学出版社，2016.6

ISBN 978-7-5606-4163-8

①… Ⅱ.①徐… ②郑… ③欧… Ⅲ.①建筑工程－工程质量－质量管理 Ⅳ.①TU71

中国版本图书馆 CIP 数据核字（2016）第 136350 号

策　　划　罗建锋　章银武
责任编辑　李　文
出版发行　西安电子科技大学出版社（西安市太白南路 2 号）
电　　话　（010）56091798　　（029）88201467　　邮　　编　710071
网　　址　www.xduph.com　　　　　　　电子邮箱　xdupfxb001@163.com
经　　销　新华书店
印刷单位　三河市悦鑫印务有限公司
版　　次　2016 年 6 月第 1 版　　2024 年 1 月第 2 次印刷
开　　本　787 毫米×1092 毫米　1/16　印　张　15.5
字　　数　336 千字
印　　数　3001～5000 册
定　　价　49.8.00 元

ISBN 978-7-5606-4163-8

XDUP 4455001 -1

如有印装问题请联系 010-56091798

前　言

建筑业是一项关系到国计民生的支柱性产业，建筑工程的质量和安全生产直接关系到建筑从业者的生命安全，与广大民众的切身利益息息相关。若发生重大质量安全事故，不但会造成人员伤亡和经济损失，而且还会影响社会秩序的稳定。因此，工程建设的参与者必须把"质量第一""安全第一"当作最基本的工作准则，建立完善的工程质量安全监管体系，推动良好的工程质量安全体系的形成。

本书共十一章，主要内容包括：建筑工程质量管理基本知识、施工项目质量控制、建筑工程施工质量验收、地基与基础工程质量管理、主体结构工程质量管理、装饰装修工程质量管理、建筑工程安全管理、建筑工程施工安全技术、施工机械与临时用电安全技术、施工现场安全管理与文明施工和施工现场防火安全管理。

通过本书的学习，读者可以掌握建筑工程质量管理与安全管理的基本知识，牢固树立"质量第一""安全第一"的意识，并大力培养在施工项目管理中以质量和安全管理为核心的自觉性。同时，根据现行建筑工程施工验收标准和规范对工程建设实体各阶段质量进行控制检查和验收；能够在施工现场检查和实施安全生产的各项技术措施；掌握处理质量事故和安全事故的程序和方法。

本书由江苏工程职业技术学院的徐卫星、湖南高尔夫旅游职业学院的郑归和湖南有色金属职业技术学院的欧长贵担任主编，由沈阳职业技术学院的何桂春、重庆城市职业学院的彭靖和高等教育出版社有限公司的徐顾洲担任副主编。其中，徐卫星编写了第二、三和四章，郑归编写了第五和六章，欧长贵编写了第一和第七章，何桂春编写了第八章和九章，彭靖编写了第十章，徐顾洲编写了第十一章。本书的相关资料和售后服务可扫描本书封底的微信二维码或与登录 www.bjzzwh.com 下载获得。

"建筑工程质量与安全管理"是应用型本科院校、职业院校建筑工程技术专业的一门重要专业课，同时也适用于建筑工程项目管理、工程造价等专业的专业课。

本书在编写过程中借鉴了一些著作，在此表示感谢。若本书中有所疏漏，恳请读者谅解并提出宝贵意见，以便再版时修改和完善。

编　者

前　言

目　录

第一章　建筑工程质量管理基本知识

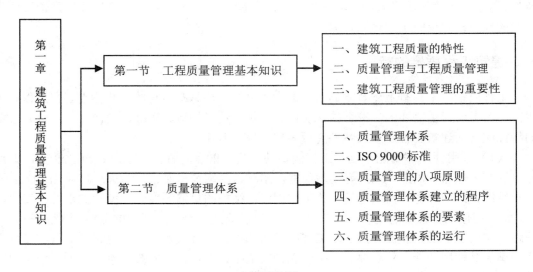

本章结构图

【本章学习目标】

➢ 了解建筑工程质量的特性；
➢ 掌握质量管理和工程质量管理的过程；
➢ 了解建筑工程质量管理的重要性；
➢ 了解质量管理体系的特征、主要内容和特点；
➢ 掌握 ISO 9000 族标准的产生及修订、2008 版 ISO 族标准的构成；
➢ 掌握质量管理的八大原则、质量管理体系建立的程序；
➢ 了解质量管理体系的要素，掌握质量管理体系的运行过程。

第一节　工程质量管理基本知识

质量是指一组固有特性满足要求的程度，质量不仅仅指产品，也可以是某项活动或过程的工作质量，还可以是质量管理体系运行的质量。国际标准化组织（ISO）为了规范全球范围内的质量管理活动，颁布了《质量管理和质量保证——术语》，即 ISO 8402:1994，其中对质量的定义是：反映实体满足明确和隐含需要的能力的特征总和。

根据我国现行国家标准《质量管理体系——基础和术语》（GB/T 19000—2008），质量的定义是"一组固有特性满足要求的程度"，其中"要求"是指"明示的、通常隐含的或必须履行的需求或期望"。定义中指出的"明示的需求",一般是指在合同环境中用户明确提出的要求或需要。通常通过合同及标准、规范、图纸、技术文件作出明文规定,由供方保证实现。定义中指出的"通常隐含的需求",一般是指非合同环境(即市场环境)中,用户未提出要求或未提出明确要求,而由生产企业通过市场调研进行识别与探明的要求或需要。这是用户或社会对产品服务的"期望",也就是人们所公认的、不言而喻的那些"需要",如住宅实体能满足人们最起码的居住功能就属于"隐含需求","特性"是指实体所特有的性质,它反映了实体满足需要的能力。

一、建筑工程质量的特性

工程质量除了具有上述普遍的质量的含义之外,还具有自身的一些特点。在工程质量中,还需考虑业主需要的,符合国家法律、法规、技术规范、标准、设计文件及合同规定的特性综合。建筑工程质量的特性主要表现在以下几个方面:

(1)适用性。即功能,是指工程满足使用目的的各种性能,包括:理化性能,如尺寸、规格、保温、隔热、隔声等物理性能,耐酸、耐碱、耐腐蚀、防火、防风化、防尘等化学性能;结构性能,指地基基础的牢固程度,结构的足够强度、刚度和稳定性;使用性能,如民用住宅工程要能使居住者安居,工业厂房要能满足生产活动的需要,道路、桥梁、铁路、航道要能通达便捷等,建筑工程的组成部件、配件及水、暖、电、卫器具、设备也要能满足其使用功能;外观性能,指建筑物的造型、布置、室内装饰效果、色彩等美观大方和协调等。

(2)耐久性。即寿命,是指工程在规定的条件下,满足规定功能要求使用的年限,也就是工程竣工后的合理使用寿命周期。由于建筑物本身结构类型不同、质量要求不同、施工方法不同及使用性能不同的个性特点,如民用建筑主体结构耐用年限分为四级(15~30年、30~50年、50~100年、100年以上),公路工程设计年限一般按等级控制在10~20年,城市道路工程设计年限,视不同道路构成和所用的材料,设计的使用年限也会有所不同。

(3)安全性。是指工程建成后在使用过程中保证结构安全、保证人身和环境免受危害的程度。建筑工程产品的结构安全度、抗震、耐火及防火能力,人民防空的抗辐射、抗核污染、抗爆炸波等能力,是否能达到特定的要求,都是安全性的重要标志。工程交付使用后,必须保证人身财产、工程整体都能免遭工程结构破坏及外来危害的伤害。工程组成部件,如阳台栏杆、楼梯扶手、电气产品漏电保护、电梯及各类设备等,也要保证使用者的安全。

(4)可靠性。是指工程在规定的时间和规定的条件下完成规定功能的能力。即建筑工程不仅在交工验收时要达到规定的指标,而且在一定使用时期内要保证应有的正常功能。

(5)经济性。是指工程从规划、勘察、设计、施工到整个产品使用寿命周期内的成本和消耗的费用。工程经济性具体表现为设计成本、施工成本、使用成本三者之和,包括从征地、拆迁、勘察、设计、采购(材料、设备)、施工、配套设施等建设全过程的总投资和工程使用阶段的能耗、水耗、维护、保养乃至改建更新的使用维修费用。

(6)与环境的协调性。是指工程与其周围生态环境相协调,与所在地区经济环境协调及与周围已建工程相协调,以适应环境可持续发展的要求。

上述六个方面的质量特性彼此之间是相互依存的。总体而言,适用性、耐久性、安全性、可靠性、经济性及与环境的协调性都是必须达到的基本要求，缺一不可。

二、质量管理与工程质量管理

质量管理是指确定质量方针、目标和职责，并在质量体系中通过诸如质量策划、质量控制、质量保证和质量改进使其实施全部管理职能的所有活动。质量管理是确定质量方针和目标、确定岗位职责和权限、建立质量体系并使其有效运行等管理职能中的所有活动。

（一）质量方针

质量方针是由组织的最高管理者正式颁布的关于质量方面的全部意图和方向。质量方针是组织总方针的一个组成部分，由最高管理者批准。它是组织的质量政策，是组织全体职工必须遵守的准则和行动纲领，是企业长期或较长时期内质量活动的指导原则，它反映了企业领导的质量意识和决策。

（二）质量目标

质量目标是在质量方面所追求的目的。

质量目标应覆盖那些为了使产品满足要求而确定的各种需求。因此，质量目标一般是按年度提出的在产品质量方面要达到的具体目标。

质量方针是总的质量宗旨、总的指导思想，而质量目标是比较具体的、定量的要求。因此，质量目标应是可测的，并且应该与质量方针及持续改进的承诺相一致。

（三）质量策划

质量策划是质量管理的一部分，致力于制定质量目标并规定行动过程和相关资料以实现质量目标。质量策划的目的在于制定并采取措施实现质量目标。质量策划是一种活动，其结果形成的文件可以是质量计划。

（四）质量控制

质量控制是质量管理的重要组成部分，其目的是为了使产品、体系或过程的固有特性达到规定的要求，即满足顾客、法律、法规等方面所提出的质量要求(如适用性、安全性等)。所以，质量控制是通过采取一系列的作业技术和活动对各个过程实施控制，如质量方针控制、文件和记录控制、设计和开发控制、采购控制、不合格控制等。

（五）质量保证

质量保证是指为了提供足够的信任而表明工程项目能够满足质量要求，并在质量体系中根据要求提供有保证的、有计划的、系统的全部活动。质量保证定义的关键是"信任"，由一方向另一方提供信任。由于两方的具体情况不同，质量保证分为内部和外部两部分，内部质量保证是企业向自己的管理者提供信任；外部质量保证是供方向顾客或第三方认证机构提供信任。

（六）质量改进

质量改进是指企业及建设单位为获得更多收益而采取的旨在提高活动和过程的效益和效率的各项措施。

工程质量管理就是在工程的全生命周期内，对工程质量进行的监督和管理。针对具体的工程项目，就是项目质量管理。

三、建筑工程质量管理的重要性

《中华人民共和国建筑法》第一条明确了制定此法是"为了加强对建筑活动的监督管理，维护建筑市场秩序，保证建筑工程的质量和安全，促进建筑业的健康发展"。第三条再次强调了对建筑活动的基本要求："建筑活动应当确保建筑工程质量和安全，符合国家的建筑工程安全标准。"由此可见，建筑工程质量与安全问题在建筑活动中占有极其重要的地位。工程项目的质量是项目建设的核心，是决定工程建设成败的关键。它对提高工程项目的经济效益、社会效益和环境效益具有重大的意义。

工程项目的质量直接关系到国家财产和人民生命安全，关系着社会主义建设事业的发展。作为建设工程产品的工程项目，投资和耗费的人工、材料、能源都相当大，投资者付出巨大的投资，要求获得理想的、满足使用要求的工程产品，以期在预定时间内能发挥作用，为社会经济建设和物质文化生活需要作出贡献。如果工程质量差，不但不能发挥应有的效用，而且还会因质量、安全等问题影响国计民生和社会环境的安全。因此，要从发展战略的高度来认识质量问题，质量已关系到国家的命运、民族的未来，质量管理的水平已关系到行业的兴衰、企业的命运。

建筑施工项目质量的优劣，不但关系到工程的适用性，而且还关系到人民生命财产的安全和社会安定。因为施工质量低劣，造成工程质量事故或潜伏隐患，其后果是不堪设想的，所以在工程建设过程中，加强质量管理，确保国家和人民生命财产安全是施工项目管理的头等大事。

工程质量的优劣，直接影响国家经济建设的速度。工程质量差本身就是最大的浪费，低劣的质量一方面需要大幅度地增加返修、加固、补强等人工、材料、能源的消耗；另一方面还将给用户增加使用过程中的维修、改造费用。同时，低劣的质量必将缩短工程的使用寿命，使用户遭受经济损失。此外，质量低劣还会带来其他的间接损失（如停工、降低使用功能、减产等），给国家和使用者造成的浪费、损失将会更大。因此，质量问题直接影响着我国经济建设的速度。

综上所述，加强工程质量管理是市场竞争的需要，是加快社会主义建设的需要，是实现现代化生产的需要，是提高施工企业综合素质和经济效益的有效途径，是实现科学管理、文明施工的有力保证。国务院已发布了《建设工程质量管理条例》，它是指导我国建设工程质量管理（含施工项目）的法典，也是质量管理工作的灵魂。

第二节 质量管理体系

一、质量管理体系

质量管理体系是指实施质量控制所需的组织结构、程序、过程和资源。

（一）质量管理体系的特征

（1）质量管理体系应具有唯一性。质量管理体系的设计和建立，应当结合组织的质量目标、产品的类别、过程特点和实践经验。因此，不同组织的质量管理体系有着不同的特点。

（2）质量管理体系具有系统性。质量管理体系是相互关联和作用的组合体。

（3）质量管理体系应具有全面有效性。质量管理体系的运行应是全面有效的，既能满足组织内部质量管理的要求，又能满足组织与顾客的合同要求，还能满足第二方认定、第三方认证和注册的要求。

（4）质量管理体系应具有预防性。质量管理体系应能采用适当的预防措施，有一定的防止重要质量问题发生的能力。

（5）质量管理体系应具有动态性。最高管理者定期批准进行内部质量管理体系审核，定期进行管理评审，以改进质量管理体系；还要支持质量职能部门采用纠正措施和预防措施的改进过程，从而达到完善体系的目的。

（二）质量管理体系的主要内容

质量管理体系的主要内容如表 1-1 所示。

表 1-1 质量管理体系的主要内容

项目	说明
组织结构	组织结构是一个组织为行使其职能按某种方式建立的职责、权限及其相互关系，通常以组织结构图予以规定。一个组织的组织结构图应能显示其机构设置、岗位设置以及它们之间的相互关系
程序	规定到位的形成文件的程序和作业指导书，是过程运行和进行活动的依据
过程	质量管理体系的有效实施，是通过其所需过程的有效运行来实现的
资源	质量体系应提供适宜的各项资源，包括人员、资金、设施、设备、料件、能源、技术和方法等，以确保过程和产品的质量

（三）质量管理体系的特点

质量管理体系主要有以下几个特点：

（1）质量管理体系代表现代企业或政府机构思考如何真正发挥质量的作用和如何最优地做出质量决策的一种观点。

（2）质量管理体系是深入细致的质量文件的基础。

（3）质量管理体系是使公司内更为广泛的质量活动能够得以切实管理的基础。

（4）质量管理体系是有计划、有步骤地把整个公司主要质量活动按重要性的顺序进行改善的基础。

二、ISO 9000 标准

（一）ISO 9000 族标准的产生及修订

1979 年，国际标准化组织（ISO）成立了第 176 技术委员会（ISO/TC 176），负责制定质量管理和质量保证标准。ISO/TC 176 的目标是"要让全世界都接受和使用 ISO 9000 标准，为提高组织的动作能力提供有效的方法；增进国际贸易，促进全球的繁荣和发展；使任何机构和个人，可以有信心地从世界各地得到任何期望的产品，以及将自己的产品顺利地销到世界各地"。

1986 年，ISO/TC 176 发布了 ISO 8402:1986《质量管理和质量保证术语》；1987 年发布了 ISO 9000:1987《质量管理和质量保证选择和使用指南》、ISO 9001:1986《质量体系设计、开发、生产、安装和服务的质量保证模式》、ISO 9002:1987《质量体系生产、安装和服务的质量保证模式》、ISO 9003:1987《质量体系最终检验和试验的质量保证模式》以及 ISO 9004:1987《质量管理和质量体系要素指南》。这 6 项国际标准统称为 1987 版 ISO 9000 系列国际标准。1990 年，ISO/TC 176 技术委员会开始对 ISO 9000 系列标准进行修订，并于 1994 年发布了 ISO 8402:1994、ISO 9000-1:1994、ISO 9001:1994、ISO 9002:1994、ISO 9003:1994 和 ISO 9004-1:1994 等 6 项国际标准，统称为 1994 版 ISO 9000 族标准，这些标准分别取代 1987 版 6 项 ISO 9000 系列标准。随后，ISO 9000 族标准进一步扩充到包含 27 个标准和技术文件的庞大标准"家族"之中。

ISO 9001:2000 标准自 2000 年发布之后，ISO/TC 176/SC 2 一直在关注跟踪标准的使用情况，不断地收集来自各方面的反馈信息。这些反馈多数集中在两个方面：一是 ISO 9001:2000 标准部分条款的含义不够明确，不同行业和规模的组织在使用标准时容易产生歧义；二是与其他标准的兼容性不够。到了 2004 年，ISO/TC 176/SC 2 在其成员中就 ISO 9001:2000 标准组织了一次正式的系统评审，以便决定 ISO 9001:2000 标准是应该撤销、维持不变还是进行修订或换版，最后大多数意见是修订。与此同时，ISO/TC 176/SC 2 还就 ISO 9001:2000 和 ISO 9001:2004 的使用情况进行了广泛的"用户反馈调查"。之后，基于系统评审和用户反馈的调查结果，ISO/TC 176/SC 2 依据 ISO/Guide 72:2001 的要求对 ISO 9001 标准的修订要求进行了充分的合理性研究（Justification Study），并于 2004 年向 ISO/TC 176 提出了启动修订程序的要求，并制定了 ISO 9001 标准修订规范草案。该草案在 2007 年 6 月进行了最后一次修订。修订规范规定了 ISO 9001 标准修订的原则、程序、修订意见收集时限和评价方法及工具等，是 ISO 9001 标准修订的指导文件。目前，ISO 9001:2008《质量管理体系要求》国际标准已于 2008 年 11 月 15 日正式发布。

（二）2008 版 ISO 族标准的构成

2008 版的 ISO 9000 族标准包括了以下密切相关的质量管理体系核心标准：

——ISO 9000《质量管理体系——基础和术语》，表述质量管理体系基础知识，并规定质量管理体系术语。

　　——ISO 9001《质量管理体系——要求》，规定质量管理体系要求，用于证实组织具有提供满足顾客要求和适用法规要求的产品的能力，目的在于增进顾客的满意度。

　　——ISO 9004《质量管理体系——业绩改进指南》，提供考虑质量管理体系的有效性和改进两个方面的指南。该标准的目的是促进组织业绩改进和使顾客及其他相关方满意。

　　——ISO 19011《质量和（或）环境管理体系审核指南》，提供审核质量和环境管理体系的指南。

三、质量管理的八项原则

　　GB/T 19000 质量管理体系标准是我国按等同原则，从 2008 版 ISO 9000 族国际标准转化而成的质量管理体系标准，八项质量管理原则是 2008 版 ISO 9000 族标准的编制基础，也是世界各国质量管理成功经验的科学总结。它的贯彻执行能促进企业管理水平的提高，并提高顾客对其产品或服务的满意程度，帮助企业达到持续成功的目的。

　　八项质量管理原则具体指以顾客为关注焦点、领导作用、全员参与、过程方法、管理的系统方法、持续改进、基于事实的决策方法、与供方互利的关系。

（一）以顾客为关注焦点

　　组织（从事一定范围生产经营活动的企业）依存于其顾客，应理解顾客当前的和未来的需求，满足顾客要求，并争取超越顾客的期望。

　　一个组织在经营上取得成功的关键是生产和提供的产品能够持续地符合顾客的要求，并得到顾客的满意和信赖。这就需要通过满足顾客的需要和期望来实现。因此，一个组织应始终密切地关注顾客的需求和期望，通过各种途径准确地了解和掌握顾客一般和特定的要求，包括顾客当前和未来的、发展的需要和期望。这样才能瞄准顾客的全部要求，并将其要求正确、完整地转化为产品规范和实施规范，确保产品的适用性质量和符合性质量。另外，必须注意顾客的要求并非是一成不变的。随着时间的迁移，特别是技术的发展，顾客的要求也会发生相应的变化。因此，组织必须动态地聚焦于顾客，及时掌握变化着的顾客要求，进行质量改进，力求同步地满足顾客要求并使顾客满意。

（二）领导作用

　　领导必须将本组织的宗旨、方向和内部环境统一起来，并创造使员工能够充分参与实现组织目标的环境。领导的作用，即最高管理者具有决策和领导一个组织的关键作用。为了营造一个良好的环境，最高管理者应建立质量方针和质量目标，确保关注顾客要求，确保建立和实施一个有效的质量管理体系，确保应有的资源，并随时将组织运行的结果与目标比较，根据情况决定实现质量方针、目标的措施，以及持续改进的措施。在领导作风上还要做到透明、务实和以身作则。

（三）全员参与

各级成员都是组织之本，只有全员充分参与，才能使他们的才干为组织带来收益。产品质量是产品形成过程中全体人员共同努力的结果，其中也包含着为他们提供支持的管理、检查和行政人员的贡献。企业领导应对员工进行质量意识等各方面的教育，激发他们的积极性和责任感，为其能力、知识、经验的提高提供机会，发挥创造精神，鼓励持续改进，给予必要的物质和精神鼓励，使全员积极参与，为达到让顾客满意的目标而奋斗。

（四）过程方法

将相关的资源和活动作为过程进行管理，可以更高效地得到期望的结果。任何使用资源生产活动和将输入转化为输出的一组相关联的活动都可视为过程。2008 版 ISO 9000 标准是建立在过程控制的基础上。一般在过程的输入端、过程的不同位置及输出端都存在着可以进行测量、检查的机会和控制点，对这些控制点实行测量、检测和管理，便能控制过程的有效实施。

（五）管理的系统方法

系统管理是指将相互关联的过程作为系统加以识别、理解和管理，有助于组织提高实现目标的有效性和效率。系统方法的特点在于识别这些活动所构成的过程，分析这些过程之间的相互作用和相互影响的关系，按照某种方法或规律将这些过程有机地组合成一个系统，管理由这些过程构筑的系统，使之能协调地运行。管理的系统方法是系统论在质量管理中的应用。

（六）持续改进

持续改进总体业绩是组织的一个永恒目标，其作用在于增强企业满足质量要求的能力，包括产品质量、过程及体系的有效性和效率的提高。持续改进是增强和满足质量要求能力的循环活动，使企业的质量管理走上了良性循环的轨道。

（七）基于事实的决策方法

有效的决策应建立在数据和信息分析的基础上，数据和信息分析是事实的高度提炼。以事实为依据作出决策，可防止决策失误。为此企业领导应重视数据信息的收集、汇总和分析，以便为决策提供依据。

（八）与供方互利的关系

组织与供方是相互依存的，建立双方的互利关系可以增强双方创造价值的能力。供方提供的产品是企业提供产品的一个组成部分，处理好与供方的关系，是涉及企业能否持续稳定地提供顾客满意产品的重要问题。

组织的市场扩大，则为供方或合作伙伴增加了更多合作的机会。所以，组织与供方或合作伙伴的合作与交流是非常重要的。合作与交流必须是坦诚和明确的。合作与交流的结果是最终促使组织与供方或合作伙伴均增强了创造价值的能力，使双方都获得效益。

四、质量管理体系建立的程序

建筑业企业因其性质、规模、活动、产品和服务的复杂性，其质量管理体系与其他管理体系有所差异，但不论情况如何，组成质量管理体系的管理要素是相同的，建立质量管理体系的步骤也基本相同，企业建立质量管理体系的一般步骤如表 1-2 所示。

表 1-2 企业建立质量管理体系的一般步骤

序号	阶段	主要内容	时间/月
1	准备阶段	（1）最高管理者决策 （2）任命管理者代表建立组织机构 （3）提供资源保障（人、财、物、时间）	企业自定
2	人员培训	（1）内审员培训 （2）体系策划、文件编写培训	0.5～1
3	体系分析与设计	（1）企业法律法规符合性 （2）确定要素及其执行程度和证实程度 （3）评价现有的管理制度与 ISO 9001 标准的差距	
4	体系策划和文件编写	（1）缩写质量管理守则、程序文件、作业指导书 （2）文件修改一至两次并定稿	1～2
5	体系试运行	（1）正式颁布文件 （2）进行全员培训 （3）按文件的要求实施	3～6
6	内审及管理评审	（1）企业组成审核组进行审核 （2）对不符合项进行整改 （3）最高管理者组织管理评审	0.5～1
7	模拟审核	（1）由咨询机构对质量管理体系进行审核 （2）对不符合项进行整改 （3）最高管理者组织管理评审	0.25～1
8	认证审核准备	（1）选择确定认证审核机构 （2）提供所需文件及资料 （3）必要时接受审核机构预审	
9	认证审核	（1）现场审核 （2）对不符合项进行整改	0.5～1
10	颁发证书	（1）提交整改结果 （2）审核机构的评审 （3）审核机构打印并颁发证书	

五、质量管理体系的要素

质量管理体系要素是构成质量管理体系的基本单元，它是产生和形成工程产品的主要因素。

质量管理体系由若干个相互关联、相互作用的基本要素组成。在建筑施工企业的全部活动中，工序内容多，施工环节多，工序交叉作业多，有外部条件和环境的因素，也有内部管理和技术水平的因素，企业要根据自身的特点，参照质量管理和质量保证国际标准和国家标准中所列的质量管理体系要素的内容，选用和增删要素，建立和完善施工企业的质量管理体系。施工企业质量管理体系要素构成如图 1-1 所示。

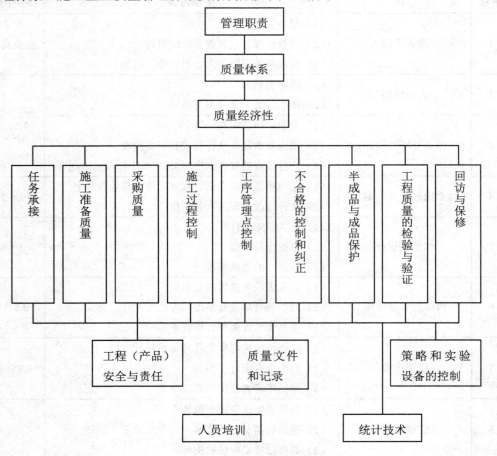

图 1-1 施工企业质量管理体系要素构成

建筑企业根据自身的特点可出 17 个质量管理体系要素。这 17 个要素可分为 5 个层次。第一层次阐述了企业的领导职责，指出厂长、经理的职责是制定实施本企业的质量方针和目标，对建立有效的质量管理体系负责，是质量的第一责任人。质量管理的职能就是负责质量方针的制定与实施。这是企业质量管理的第一步，也是最关键的一步。第二层次阐述了展开质量管理体系的原理和原则，指出建立质量管理体系必须以质量形成规律质量环为依据，要建立与质量管理体系相适应的组织机构，并明确有关人员和部门的质量管理责任和权限。第三层次阐述了质量成本，从经济角度来衡量体系的有效性，这是企业的主要目的。第四层次阐述了质量形成的各阶段如何进行质量控制和内部质量保证。第五层次阐述了质量形成过程中的间接影响因素。

六、质量管理体系的运行

质量管理体系的运行是执行质量管理体系文件、实现质量目标、保持质量管理体系持续自效和不断优化的过程。质量管理体系的有效运行是依靠体系的组织机构进行组织协调、实施质量监督、开展信息反馈、进行质量管理体系审核和复审实现的。

（一）组织协调

质量管理体系的运行是借助于质量管理体系组织结构的组织和协调来进行的。组织和协调工作是维护质量管理体系运行的动力。质量管理体系的运行涉及企业众多部门的活动。

（二）质量监督

质量监督有企业内部监督和外部监督两种，需方或第三方对企业进行的监督是外部质量监督。质量监督的任务是对工程实体进行连续性的监视和验证，发现偏离管理标准和技术标准的情况时及时反馈，要求企业采取纠正措施，严重者责令停工整顿，从而促使企业的质量活动和工程实体质量均符合标准所规定的要求。

（三）质量信息管理

在质量管理体系的运行中，通过质量信息反馈系统对异常信息的反馈和处理进行动态控制，从而使各项质量活动和工程实体质量保持受控状态。质量信息管理和质量监督、组织协调工作是密切联系在一起的。异常信息一般来自质量监督，异常信息的处理要依靠组织协调、信息管理和质量监督，三者的有机结合是使质量管理体系有效运行的保证。

（四）质量管理体系审核与评审

企业定期的质量管理体系审核与评审，一是对体系要素进行审核、评价，确定其有效性；二是对运行中出现的问题采取纠正措施，对体系运行进行管理，保持体系的有效性；三是评价质量管理体系对环境的适应性，对体系结构中不适用的采取改进措施。开展质量管理体系审核和评审是保持质量管理体系持续有效运行的主要手段。

本章小结

本章主要介绍了工程质量管理基本知识、质量管理体系。通过本章的学习，读者应该了解建筑工程质量的特性；掌握质量管理和工程质量管理的过程；了解建筑工程质量管理的重要性；了解质量管理体系的特征、主要内容和特点；掌握 ISO 9000 族标准的产生及修订、2008 版 ISO 族标准的构成；掌握质量管理的八大原则、质量管理体系建立的程序；了解质量管理体系的要素；掌握质量管理体系的运行过程。

复习思考题

1. 简述工程质量管理的重要性。
2. 建筑工程质量的特性主要表现在哪几个方面？
3. 什么是 ISO 标准？
4. 八项质量管理原则有哪些？
5. 质量管理体系的要素有哪些？

第二章 施工项目质量控制

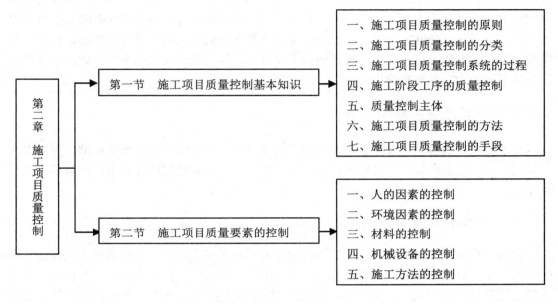

本章结构图

【本章学习目标】

➢ 掌握施工项目质量控制的概念、原则和要求；

➢ 了解施工项目质量控制的目标、分类，掌握施工项目质量控制系统的过程、施工
阶段工序的质量控制和质量控制点的设置；

➢ 掌握施工项目质量控制的方法和手段；

➢ 掌握人、机、料、法、环对工程施工质量影响的特征，学会在施工中对五大要素
的控制方法。

第一节　施工项目质量控制基本知识

　　施工项目质量控制就是为了达到施工项目质量要求所采取的作业技术和活动。施工企
业应该为业主提供满意的建筑产品，对建筑施工过程实行全方位的控制，防止建筑产品不
合格。施工项目质量控制主要内容包括工程项目质量要求、建设工程项目质量控制、质量
控制的工作内容。

　　（1）工程项目质量要求。工程项目质量要求主要表现为符合工程合同、设计文件、

技术规范规定的质量标准。因此，工程项目质量控制就是为了保证达到工程合同设计文件和标准规范规定的质量标准而采取的一系列措施、手段和方法。

（2）建设工程项目质量控制。建设工程项目质量控制按其实施者的不同，包括三个方面：一是业主方面的质量控制；二是政府方面的质量控制；三是承建商方面的质量控制。这里的质量控制主要指承建商方面内部的、自身的控制。

（3）质量控制的工作内容。质量控制的工作内容包括作业技术和活动，也就是包括专业技术和管理技术两个方面。围绕产品质量形成全过程的各个环节，对影响工作质量的人、机、料、法、环五大因素进行控制，并对质量活动的成果进行分阶段验证，以便及时发现问题，采取相应措施，防止质量问题重复发生，尽可能地减少损失。因此，质量控制应贯彻以预防为主并与检验把关相结合的原则。

一、施工项目质量控制的原则

对施工项目而言，质量控制，就是为了确保合同、规范所规定的质量标准，所采取的一系列检测、监控措施、手段和方法。在进行施工项目质量控制的过程中，应遵循以下几点原则。

（一）坚持质量第一的原则

建设工程质量不仅关系工程的适用性和建设项目投资效果，而且关系到人民群众生命财产的安全。所以，监理工程师在进行投资、进度、质量三大目标控制时，在处理三者关系时，应坚持"百年大计，质量第一"，在工程建设中自始至终把"质量第一"作为对工程质量控制的基本原则。

（二）坚持以人为核心的原则

人是工程建设的决策者、组织者、管理者和操作者。工程建设中各单位、部门、各岗位人员的工作质量水平和完善程度，都直接和间接的影响工程质量。所以在工程质量控制中，要以人为核心，重点控制人的素质和人的行为，充分发挥人的积极性和创造性，以人的工作质量保证工程质量。

（三）坚持以预防为主的的原则

工程质量控制应该是积极主动的，应事先对影响质量的各种因素加以控制，而不能是消极被动的，等出现质量问题再进行处理，已造成不必要的损失。所以，要重点做好质量的事先控制和事中控制，以预防为主，加强过程和中间产品的质量检查和控制。

（四）坚持质量的标准原则

质量标准是评价产品质量的尺度，工程质量是否符合合同规定的质量标准要求，应通过质量检查并和质量标准对照，符合质量标准要求的才是合格，不符合质量标准的就是不合格，必须返工处理。

（五）坚持科学、公正、守法的职业道德规范

在工程质量控制中，监理人员必须坚持科学、公正、守法的职业道德规范，要尊重科学，尊重事实，以数据资料为依据，客观、公正地处理质量问题。要坚持原则，遵纪守法，秉公监理。

二、施工项目质量控制的分类

施工项目质量控制主要包括：政府监督机构的质量控制、业主与监理的质量控制和承建商的质量控制。

（1）政府监督机构的质量控制。政府监督机构的质量控制如图 2-1 所示。

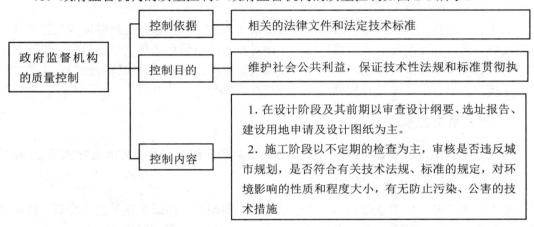

图 2-1 政府监督机构的质量控制

（2）业主与监理的质量控制。业主与监理的质量控制如图 2-2 所示。

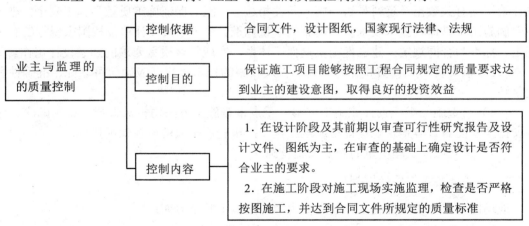

图 2-2 业主与监理的质量控制

（3）承建商的质量控制。承建商的质量控制如图 2-3 所示。

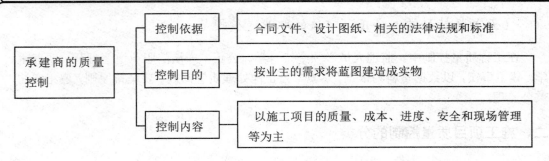

图 2-3 承建商的质量控制

三、施工项目质量控制系统的过程

由于施工阶段是使工程设计最终实现并形成工程实体的阶段，是最终形成工程实体质量的过程，所以施工阶段的质量控制是一个由对投入的资源和条件的质量控制，进而对生产过程及各环节质量进行控制，直到对所完成的工程产出品的质量检验与控制为止的全过程的系统控制过程。这个过程根据三阶段控制原理划分为三个环节。

（一）事前控制

施工活动开始前，对各项准备工作及影响质量的各因素和有关方面进行的质量控制。

1. 施工技术准备工作质量控制

施工技术准备工作质量控制的主要内容包括：组织施工图纸审核及技术交底、核实资料、审查施工组织设计或施工方案和建立保证工程质量的必要试验设施。

（1）组织施工图纸审核及技术交底。在图纸审核中，审核图纸资料是否齐全，标准尺寸有无矛盾及错误，供图计划是否满足组织施工的要求及所采取的保证措施是否得当。设计采用的有关数据及资料是否与施工条件相适应，能否保证施工质量和施工安全。进一步明确施工中具体的技术要求及应达到的质量标准。要求勘察设计单位按国家现行的有关规定、标准和合同规定，建立健全质量保证体系，完成符合质量要求的勘察设计工作。

（2）核实资料。核实和补充现场调查及收集的技术资料，应确保可靠性、准确性和完整性。

（3）审查施工组织设计或施工方案。重点审查施工方法与机械选择、施工顺序、进度安排及平面布置等是否能保证组织连续施工，审查所采取的质量保证措施。

（4）建立保证工程质量的必要试验设施。

2. 现场准备工作质量控制

现场准备工作质量控制工作的主要内容包括以下几个方面：
（1）场地平整度和压实程度是否满足施工质量要求。
（2）测量数据及水准点的埋设是否满足施工要求。
（3）施工道路的布置及路况质量是否满足运输要求。
（4）水、电、热及通讯等的供应质量是否满足施工要求。

3．材料设备供应工作质量控制

材料设备供应工作质量控制的主要内容有以下几方面：

（1）材料设备供应程序与供应方式是否能保证施工顺利进行。

（2）所供应的材料设备的质量是否符合国家有关法规、标准以及合同规定的质量要求。设备应具有产品详细说明书及附图；进场的材料应检查验收，验规格、验数量、验品种、验质量，做到合格证、化验单与材料实际质量相符。

（二）事中控制

事中控制是在施工过程中对实际投入的生产要素质量及作业技术活动的实施状态和结果所进行的控制，包括作业者发挥技术能力过程的自控行为和来自有关管理者的监控行为，其具体内容有以下几个方面：

（1）完善的工序控制。

（2）严格工序之间的交接检查工作。

（3）重点检查重要部位和专业过程。

（4）对完成的分部、分项工程按照相应的质量评定标准和办法进行检查、验收。

（5）审查设计图纸变更和图纸修改。

（6）组织现场质量会议，及时分析通报质量情况。

（三）事后控制

事后控制是指对通过施工过程所完成的具有独立功能和使用价值的最终产品（单位工程或整个建设项目）及其有关方面（例如质量文档）的质量进行控制。其具体工作内容有以下几方面：

（1）组织联动试车。

（2）准备竣工验收资料，组织自检和初步验收。

（3）按规定的质量评定标准和办法，对完成的分项、分部工程，甲位工程进行质量评定。

（4）组织竣工验收，其标准如下：

① 按设计文件规定的内容和合同规定的内容完成施工，质量达到国家质量标准，能满足生产和使用的要求。

② 主要生产工艺设备已安装配套，联动负荷试车合格，形成设计生产能力。

③ 交工验收的建筑物要窗明、地净、水通、灯亮、气来、采暖通风设备运转正常。

④ 交工验收的工程内净外洁，施工中的残余物料运离现场，灰坑填平，临时建（构）筑物拆除，2m 以内地坪整洁。

⑤ 技术档案资料齐全。

上述三个环节的质量控制系统过程及其所涉及的主要方面如图 2-4 所示。

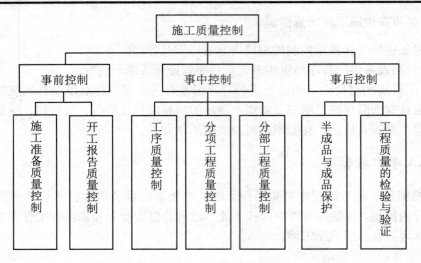

图 2-4 施工质量控制系统过程

四、施工阶段工序的质量控制

工序质量是基础，直接影响着工程项目的整体质量。要控制工程项目施工过程的质量，首先必须控制工序的质量。

工序质量包含两个方面的内容：一是工序活动条件的质量；二是工序活动效果的质量。从质量管理的角度来看，这两者又是互为关联的，一方面要管理工序活动条件的质量，即每道工序投入品的质量（人、材料、机械、方法和环境的质量）是否符合要求；另一方面又要管理工序活动效果的质量，即每道工序施工完成的工程产品是否达到有关质量标准。

（一）工序质量控制的内容

工序质量控制主要包括两个方面的内容，即对工序施工条件的控制和对工序施工效果的控制，如图 2-5 所示。

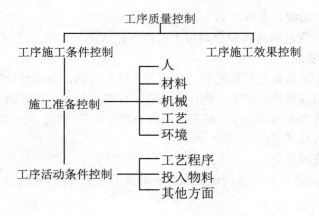

图 2-5 施工工序质量控制的内容

1．工序施工条件的控制

工序施工条件是指从事工序活动的各种生产要素及生产环境条件。控制方法主要包括检查、测试、试验、跟踪监督等方法。控制依据是要坚持的设计质量标准、材料质量标准、机械设备技术性能标准、操作规程等。控制方式对工序准备的各种生产要素及环境条件宜采用事前质量控制的模式（预控）。

工序施工条件的控制包括以下两个方面：

（1）施工准备方面的控制。即在工序施工前，应对影响工序质量的因素或条件进行监控。要控制的内容一般包括：人的因素，如施工操作者和有关人员是否符合上岗要求；材料因素，如材料质量是否符合标准，能否使用；施工机械设备的条件，如其规格、性能、数量能否满足要求，质量有无保障；采用的施工方法及工艺是否恰当，产品质量有无保证；施工的环境条件是否良好等。这些因素或条件应当符合规定的要求或保持良好状态。

（2）施工过程中对工序活动条件的控制。工序活动条件包括的内容较多，主要指影响环境的五大因素，即施工操作者、材料、施工机械设备、施工方法和施工环境。只有将这些因素切实有效地控制起来，使它们处于被控制状态，确保工序投入品的质量，避免系统性因素发生变异，保证每道工序质量的正常、稳定。

2．工序施工效果的控制

工序施工效果是评价工序质量是否符合标准的尺度。为此，必须加强质量检验工作，对质量状况进行综合统计与分析，及时掌握质量动态。一旦发现质量问题，随机研究处理，自始至终保证工序施工效果的质量满足规范和标准的要求。

（二）工序质量的动态控制

影响工序质量的因素对工序质量所产生的影响，可能表现为一种偶然的、随机性的影响，也可能表现为一种系统性的影响。

（1）偶然性、随机性影响表现为工序产品的质量特征数据是以平均值为中心上下波动不定且呈随机性的变化，此时的工序质量基本上是稳定的。质量数据波动是正常的，它是由于工序活动过程中一些偶然的、不可避免的因素所造成的，如所用材料上的微小差异、施工设备运行的正常振动、检验误差等。这种正常的波动一般对产品质量影响不大，在管理上是允许的。

（2）系统性影响则表现为在工序产品质量特征数据方面出现异常大的波动或散差，其数据波动呈一定的规律性或倾向性变化，如数值不断增大或减小、数据均大于（或小于）标准值或呈周期性变化等。这种质量数据的异常波动通常是由于系统性的因素所造成的，如使用了不合格的材料、施工机具设备严重磨损、违章操作、检验量具失准等。这种异常波动，在质量管理上是不允许的，施工单位应采取相应的措施加以消除。

因此，施工管理者应当在整个工序活动中，连续地实施动态跟踪控制，通过对工序产品的抽样检验，判定其产品质量的波动状态。若工序活动处于异常状态，则应查找出影响质量的原因，采取措施排除系统性因素的干扰，使工序活动恢复到正常状态，从而保证工序活动及其产品的质量。

（三）工序分析

工序分析概括地讲，就是要找出对工序的关键或重要质量特性起支配性作用的全部活动。对这些支配性要素，要制定成标准，加以重点控制。不进行工序分析，就搞不好工序控制，也就不能保证工序质量。工序质量不能保证，工程质量也就不能保证。如果搞好工序分析，就能迅速提高质量。工序分析是施工现场质量体系的一项基础工作。

工序分析可按三个步骤、八项活动来进行，如图 2-6 所示。

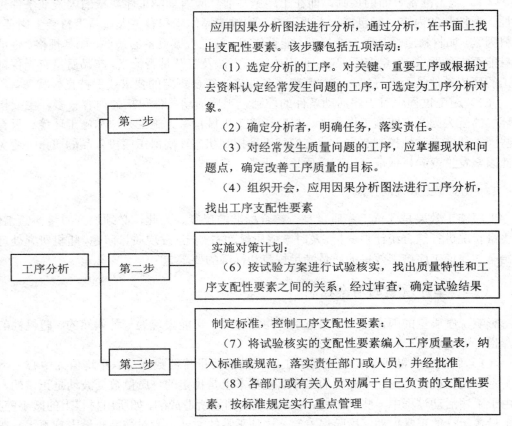

图 2-6　工序分析的步骤

工序分析方法的第一步是书面分析，可使用因果分析图法；第二步是进行试验核实，可根据不同的工序用不同的方法，如优选法等；第三步是通过制定标准进行管理，主要应用系统图法和矩阵图法。

（四）质量控制点的设置

质量控制点是指为了保证工序质量而确定的重点控制对象、关键部位或薄弱环节。设置质量控制点是保证达到工序质量要求的必要前提，监理工程师在拟订质量控制工作计划时，应予以详细的考虑，并以制度来保证落实。对于质量控制点，一般要事先分析可能造成质量问题的原因，再针对原因制定对策和措施进行预控。

1．质量控制点的设置部位

质量控制点一般设置在下列部位：
（1）容易出现人为失误的环节。
（2）重要的和关键性的施工环节和部位。
（3）质量不稳定、施工质量没有把握的施工工序和环节。
（4）施工技术难度大、施工条件困难的部位或环节。
（5）质量标准或质量精度要求高的施工内容和项目。
（6）对后续施工或后续工序质量或安全有重要影响的施工工序或部位。
（7）采用新技术、新工艺、新材料施工的部位或环节。

2．质量控制点的实施要点

质量控制点的实施要点主要有以下几点：
（1）将控制点的"控制措施设计"向操作班组进行认真交底，必须使工人真正了解操作要点，这是保证"制造质量"、实现"以预防为主"思想的关键一环。
（2）质量控制人员在现场进行重点指导、检查、验收，对重要的质量控制点，质量管理人员应当进行旁站指导、检查和验收。
（3）工人按作业指导书进行认真操作，保证操作中每个环节的质量。
（4）按规定做好检查并认真记录检查结果，取得第一手数据。
（5）运用数理统计方法不断进行分析与改进（实施 PDCA 循环），直至质量控制点验收合格。

3．质量控制点设置的原则

质量控制点设置的原则，是根据工程的重要程度，即质量特性值对整个工程质量的影响程度来确定的。为此，在设置质量控制点时，首先要对施工的工程对象进行全面分析、比较，以明确质量控制点；之后进一步分析所设置的质量控制点在施工中可能出现的质量问题或造成质量隐患的原因，针对隐患的原因，相应地提出对策、措施予以预防。由此可见，设置质量控制点，是对工程质量进行预控的有力措施。

质量控制点的涉及面较广，根据工程特点，视其重要性、复杂性、精确性、质量标准和要求判定，可能是结构复杂的某一工程项目，也可能是技术要求高、施工难度大的某一结构构件或分项、分部工程，还可能是影响质量关键的某一环节中的某一工序或若干工序。总之，无论是操作、材料、机械设备、施工顺序、技术参数，还是自然条件、工程环境等，均可作为质量控制点来设置，主要是视其对质量特征影响的大小及危害程度而定的。

五、质量控制主体

施工质量控制过程既包含施工承包方的质量控制职能，也包含业主方、设计方、监理方、供应方及政府工程质量监督部门的控制职能，它们具有各自不同的地位、责任和作用。
（1）自控主体。施工承包方和供应方在施工阶段是质量自控的主体，它们不能因为监控主体的存在和监控责任的实施而减轻或免除其质量控制责任。
（2）监控主体。业主、监理、设计单位及政府工程质量监督部门，在施工阶段依据法律和合同对自控主体的质量行为和效果实施监督控制。

（3）自控主体和监控主体在施工全过程中相互依存、各司其职，共同推动着施工质量控制过程的发展和最终工程质量目标的实现。

施工方作为工程施工质量的自控主体，既要遵循本企业质量管理体系的要求，也要根据其在所承建工程项目质量控制系统中的地位和责任，通过具体项目质量计划的编排与实施，有效地实现自主控制的目标。一般情况下，对施工承包企业而言，无论工程项目的功能特点、结构类型及复杂程度存在着怎样的差异，其施工质量控制过程都可归纳为以下相互作用的八个环节：

（1）工程调研和项目承接，全面了解工程的情况和特点，掌握承包合同中有关工程质量控制的合同条件。

（2）施工准备，图纸会审，施工组织设计，施工力量设备的配置，等等。

（3）材料采购。

（4）施工生产。

（5）验收与检验。

（6）工程功能检测。

（7）竣工验收。

（8）质量回访及保修。

六、施工项目质量控制的方法

施工质量控制的方法，主要指审核有关技术文件、报告或报表和直接进行现场检查或必要的试验等。

（一）审核有关技术文件、报告或报表

对技术文件、报告、报表的审核，是项目经理对工程质量进行全面控制的重要手段，具体内容有以下几个方面：

（1）审核有关技术资质证明文件。

（2）审核开工报告，并经现场核实。

（3）审核施工方案、施工组织设计和技术措施。

（4）审核有关材料、半成品的质量检验报告。

（5）审核反映工序质量动态的统计资料或控制图表。

（6）审核设计变更、修改图纸和技术核定书。

（7）审核有关质量问题的处理报告。

（8）审核有关应用新工艺、新材料、新技术、新结构的技术核定书。

（9）审核有关工序交接检查，分项、分部工程质量检查报告。

（10）审核并签署现场有关技术签证、文件等。

（二）现场质量检查

现场质量检查的内容主要有以下几个方面：

（1）开工前检查。目的是检查是否具备开工条件，开工后能否连续、正常施工，能否保证工程质量。

（2）工序交接检查。对于重要的工序或对工程质量有重大影响的工序，在自检、互检的基础上，还要组织专职人员进行工序交接检查。

（3）隐蔽工程检查。凡是隐蔽工程均应检查认证后再掩盖。

（4）停工后复工前的检查。因处理质量问题或某种原因停工后需要复工时，亦应经检查认可后方能复工。

（5）分项、分部工程完工后，应经检查认可，签署验收记录后才能进行下一工程项目施工。

（6）成品保护检查。检查成品有无保护措施，或保护措施是否可靠。

1. 现场进行质量检查的方法

现场进行质量检查的方法有目测法、实测法和试验法三种。

（1）目测法。其手段可归纳为"看、摸、敲、照"四个字。

① 看。就是根据质量标准进行外观目测。如墙纸裱糊质量应是：纸面无斑痕、空鼓、气泡、折皱；每一墙面纸的颜色、花纹一致；斜视无胶痕，纹理无压平、起光现象；对缝无离缝、搭缝、张嘴；对缝处图案、花纹完整；裁纸的一边不能对缝，只能搭接；墙纸只能在阴角处搭接，阳角应采用包角等。又如，清水墙面是否洁净，喷涂是否密实以及颜色是否均匀，内墙抹灰大面及口角是否平直，地面是否光洁平整，油漆浆活表面观感是否符合要求，施工顺序是否合理，工人操作是否正确等，均须通过目测检查、评价。观察检验方法的使用人需要有丰富的经验，经过反复实践才能掌握标准、统一口径。所以这种方法虽然简单，但是却难度最大，应给予充分重视，加强训练。

② 摸。摸就是手感检查，主要用于装饰工程的某些检查项目，如水刷石、干粘石黏结牢固程度，油漆的光滑度，浆活是否掉粉，地面有无起砂等，均可通过手摸加以鉴别。

③ 敲。敲是运用工具进行音感检查。对地面工程、装饰工程中的水磨石、面砖、锦砖和大理石贴面等，均应进行敲击检查，通过声音的虚实确定有无空鼓，还可根据声音的清脆和沉闷，判定其属于面层空鼓或底层空鼓。此外，用手敲玻璃，如发出颤动声响，一般是底灰不满或压条不实。

④ 照。对于难以看到或光线较暗的部位，可用镜子反射或灯光照射的方法进行检查。

（2）实测法。就是通过实测数据与施工规范及质量标准所规定的允许偏差对照，来判别质量是否合格。实测检查法的手段，也可归纳为"靠、吊、量、套"四个字。

① 靠。靠是用直尺、塞尺检查墙面、地面、屋面的平整度，如对墙面、地面等要求平整的项目都利用这种方法检验。

② 吊。吊是用托线板以线坠吊线检查垂直度。可在托线板上系以线坠吊线，紧贴墙面或在托板上下两端粘以凸出小块，以触点触及受检面进行检验。板上线坠的位置可压托线板的刻度，示出垂直度。

③ 量。量是用测量工具和计量仪表等检查断面尺寸、轴线、标高、湿度、温度等的偏差。这种方法用得最多，主要是检查容许偏差项目。如外墙砌砖上下窗口偏移用经纬仪或吊线检查，钢结构焊缝余高用"量规"检查，管道保温厚度用钢针刺入保温层和尺量检查等。

④ 套。套是以方尺套方，辅以塞尺检查，如对阴阳角的方正、踢脚线的垂直度、预制构件的方正等项目的检查。对门窗口及构配的对角线（窜角）进行检查，也是套方的特殊手段。

（3）试验法。指必须通过试验手段才能对质量进行判断的检查方法，如对桩或地基的静载试验，确定其承载力；对钢结构的稳定性试验，确定是否产生失稳现象；对钢筋的焊接头进行拉力试验，检验焊接的质量等。

2. 质量控制统计法

质量控制统计法主要有因果分析图法、排列图法、控制图法、直方图法、散布图法、分层法和统计分析表法。

（1）因果分析图法。因果分析图法又称树枝图或鱼刺图，它是用来寻找某种质量问题的所有可能原因的有效方法。在工程实践中，任何一种质量问题的产生，往往是由多种原因所造成的。这些原因有大有小，把这些原因依照大小次序分别用主干、大枝、中枝和小枝图形表示出来，以便一目了然地观察出产生质量问题的原因。运用因果分析图可以制定对策，解决工程质量问题，从而达到控制质量的目的。

（2）排列图法。排列图法又称主次因素分析图法，是用来分析影响工程质量主要因素的一种方法。

（3）控制图法，又称管理图。它是反映生产随时间变化而发生的质量变动状态，即反映生产过程中各阶段质量波动状态的图形，是用样本数据分析判断工序（总体）是否处在稳定状态的有效工具。它的主要作用有两个：一是分析生产过程是否稳定，为此，应随机地连续收集数据，绘制控制图，观察数据点子分布情况并评定工序状态；二是控制工序质量，因此，要定时抽样取得数据，将其描在图上，随时进行观察，以发现并及时消除生产过程中的失调现象，预防不合格产品出现。

（4）直方图法，又称频数（或频率）分布直方图。它是把从生产工序搜集来的产品质量数据，按数量整理分成若干级，画出以组距为底边，以根数为高度的一系列矩形图。通过直方图可以从大量统计数据中找出质量分布规律，分析判断工序质量状态，进一步推算工序总体的合格率，并能鉴定工序能力。

（5）散布图法。散布图法是用来分析两个质量特性之间是否存在相关关系。即根据影响质量特性因素的各对数据，用点子表示在直角坐标图上，以观察判断两个质量特性之间的关系。

（6）分层法，又称分类法。它是将搜集的不同数据，按其性质、来源、影响因素等进行分类和分层研究的方法。它可以使杂乱的数据和错综复杂的因素系统化、条理化，从而找出主要原因，采取相应措施。

（7）统计分析表法，它是用来统计整理数据和分析质量问题的各种表格，一般根据调查项目，可设计出不同表格格式的统计分析表，对影响质量的原因作粗略分析和判断。

七、施工项目质量控制的手段

工程项目的施工过程，是由一系列相互关联、相互制约的工序所构成的，工序质量是基础，直接影响工程项目的整体质量。要控制工程项目施工过程的质量，首先必须控制工序的质量。在施工项目质量控制过程中，常用的检查检测手段有以下几个方面：

（1）日常性的检查。在现场施工过程中，质量控制人员（专业工长、质检员、技术人员）对操作人员进行操作情况及结果的检查和抽查，及时发现质量问题或质量隐患，以便及时进行控制。

（2）测量和检测。利用测量仪器和检测设备对建筑物水平和竖向轴线、标高、几何尺寸、方位进行控制，对建筑结构施工的有关砂浆或混凝土强度进行检测，严格控制工程质量，发现偏差及时纠正。

（3）试验及见证取样。各种材料及施工试验应符合相应规范和标准的要求，诸如原材料的性能，混凝土搅拌的配合比和计量，坍落度的检查和成品强度等物理力学性能及打桩的承载能力等，均须通过试验的手段进行控制。

（4）实行质量否决制度。质量检查人员和技术人员对施工中存有的问题，有权以口头方式或书面方式要求施工操作人员停工或者返工，纠正违章行为，责令不合格的产品推倒重做。

（5）按规定的工作程序控制。预检、隐检应有专人负责并按规定检查，做出记录，第一次使用的配合比要进行开盘鉴定，混凝土浇筑应经申请和批准，完成的分项工程质量要进行实测实量的检验评定等。

（6）对涉及安全与使用功能的项目实行竣工抽查检测。对于施工项目质量影响的因素，主要有五大方面（人、材料、机械、施工方法和环境因素），以下将针对影响质量的主要原因的控制进行讲述。

根据建筑产品特点的不同，可以分别对成品采取"防护""包裹""覆盖""封闭"等保护措施，以及合理安排施工顺序等来达到保护成品的目的，如图2-7所示。

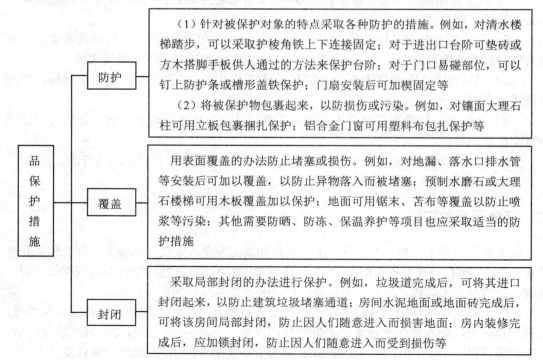

图 2-7　成品保护措施

第二节 施工项目质量要素的控制

影响施工项目质量的因素主要有五大方面，即人、环境因素、材料、设备和方法。对这五大要素进行严加控制，是保证施工项目质量的关键。

一、人的因素的控制

工程建设的全过程，如项目的规划、决策、勘察、设计、施工和验收，都是通过人来完成的，所以人员的配置是工程质量控制的关键，要以人为核心，重点控制人的素质和人的行为，以人的工作质量保证工程质量。因此，我国建筑业实行企业经营资质管理和各类专业从业人员持证上岗的双重保证措施。

人，是指直接参与施工的组织者、指挥者和操作者。人，作为管理的对象，是要避免产生失误；作为管理的动力，是要充分调动人的积极性，发挥人的主导作用。为此，除了加强政治思想教育、劳动纪律教育、职业道德教育、专业技术培训，健全岗位责任制，改善劳动条件，公平合理地激励劳动热情以外，还须根据工程特点，从确保质量出发，从人的技术水平、人的生理缺陷、人的心理行为、人的错误行为等方面来管理人。

人的管理内容包括：组织机构的整体素质和每一个体的知识、能力、生理条件、心理状态、质量意识、行为表现、组织纪律、职业道德等，做到合理用人，发挥团队精神，调动人的积极性。

施工现场对人的控制的主要措施和途径主要有以下几方面：

（1）以项目经理的管理目标和职责为中心，合理组建项目管理机构，贯彻因事设岗，配备合适的管理人员。

（2）严格实行分包单位的资质审查，控制分包单位的整体素质，包括技术素质、管理素质、服务态度和社会信誉等。严禁分包工程或作业的转包，以防资质失控。

（3）坚持作业人员持证上岗，特别是重要技术工种、特殊工种、高空作业等，做到有资质者上岗。

（4）加强对现场管理和作业人员的质量意识教育及技术培训。开展作业质量保证的研讨交流活动等。

（5）严格现场管理制度和生产纪律，规范人的作业技术和管理活动的行为。

（6）加强激励和沟通活动，调动人的积极性。

二、环境因素的控制

创造良好的施工环境，对于保证工程质量和施工安全，实现文明施工，树立施工企业的社会形象，都有极其重要的作用。施工环境管理，既包括对自然环境特点和规律的了解、限制、改造及利用问题，也包括对管理环境及劳动作业环境的创设活动。

影响工程质量的环境因素较多，包括：工程技术环境，如工程地质、水文、气象等；工程管理环境，如质量保证体系、质量管理制度等；劳动环境，如劳动组合、作业场所、工作面等。环境因素对于工程质量的影响，具有复杂而多变的特点，如气象条件变化万千，温度、湿度、大风、暴雨、酷暑、严寒等都将直接影响工程质量。而且前一工序往往就是后一工序的环境，前一分项、分部工程也就是后一分项、分部工程的环境。因此，应根据工程特点和具体条件，对影响质量的环境因素采取有效的措施严加控制。尤其是施工现场，应建立文明施工、文明生产的环境，保持材料工件堆放有序，道路通畅，工作场所清洁整齐，施工程序井井有条，为确保质量、保证安全创造良好条件。

三、材料的控制

材料（含构配件）是工程施工的物质条件，没有材料就无法施工。材料的质量是工程质量的基础，材料质量不符合要求，工程质量也就不可能符合标准。所以，加强材料的质量控制，是提高工程质量的重要保证，也是创造正常施工条件的前提。

（一）材料质量控制的要求

对施工材料质量控制的基本要求包括以下几个方面：
（1）掌握材料信息，优选供货厂家。
（2）合理地组织材料供应，确保施工正常进行。
（3）合理地组织材料使用，减少材料的损失。
（4）加强材料检查验收，严把材料质量关。
（5）要重视材料的使用认证，以防错用或使用不合格的材料。

（二）材料质量控制的相关内容

材料质量控制的相关内容如图 2-8 所示。

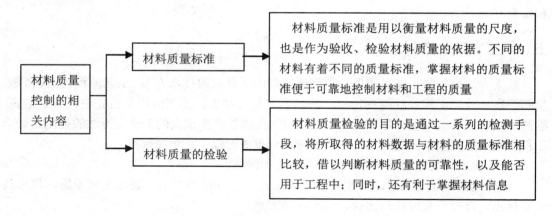

材料质量控制的相关内容 → 材料质量标准 → 材料质量标准是用以衡量材料质量的尺度，也是作为验收、检验材料质量的依据。不同的材料有着不同的质量标准，掌握材料的质量标准便于可靠地控制材料和工程的质量

材料质量控制的相关内容 → 材料质量的检验 → 材料质量检验的目的是通过一系列的检测手段，将所取得的材料数据与材料的质量标准相比较，借以判断材料质量的可靠性，以及能否用于工程中；同时，还有利于掌握材料信息

图 2-8 材料质量控制的相关内容

（三）材料的选择与使用

材料的选择和使用不当，均会严重影响工程质量或造成质量事故。为此，必须针对工程特点，根据材料的性能、质量标准、适用范围和施工的要求等方面进行综合考虑，慎重地选择和使用材料。

四、机械设备的控制

施工机械设备是现代建筑施工必不可少的设施，是反映一个施工企业力量强弱的重要方面，对提高劳动生产效率、减轻劳动强度、改善劳动环境、保证工程质量、加快施工速度等都具有重要作用。

机械设备的选用应着重从机械设备的选型、机械设备的主要性能参数和机械设备使用与操作要求三方面予以控制。

（1）机械设备的选型。机械设备的选型，应本着因地制宜、因工程制宜以及技术上先进、经济上合理、生产上适用、性能上可靠、使用上安全、操作方便和维修方便的原则，贯彻执行机械化、半机械化与改良工具相结合的方针，突出施工与机械相结合的特色，使其具有工程的适用性、保证工程质量的可靠性以及使用操作的方便性和安全性。

（2）机械设备的主要性能参数。机械设备的主要性能参数是选择机械设备的依据，要能满足需要和保证质量的要求。

（3）机械设备的使用与操作要求。合理使用机械设备，正确地进行操作，是保证项目施工质量的重要环节。应贯彻"人机固定"原则。实行定机、定人、定岗位责任的"三定"制度。操作人员必须认真执行各项规章制度，严格遵守操作规程，防止出现安全质量事故。机械设备在使用中要尽量避免发生故障，尤其是预防事故损坏(非正常损坏)，即人为的损坏。造成事故损坏的主要原因有操作人员违反安全技术操作规程和保养规程；操作人员技术不熟练或麻痹大意；机械设备保养、维修不良；机械设备运输和保管不当；施工使用方法不合理和指挥错误；气候和作业条件的影响等；对于这些都必须采取措施，严加防范，随时以"五好"标准予以检查控制，即完成任务好、技术状况好、使用好、保养好和安全好。

五、施工方法的控制

施工方法控制是指在工程项目整个建设期内所采取的技术方案、工艺流程、组织措施、检测手段、施工组织设计等的控制。技术方案是否合理，工艺流程是否先进，组织措施、检测手段、施工组织设计是否正确，都将对工程质量产生重大的影响。方法的控制是影响工程质量的重要因素。对施工方法的管理，着重抓好以下几个关键点：

（1）施工方案应随工程进展而不断细化和深化。

（2）选择施工方案时，对主要项目要拟定几个可行的方案，突出主要矛盾，摆出其主要优点，以便反复讨论与比较，选出最佳方案。

（3）对主要项目、关键部位和难度较大的项目，如新结构、新材料、新工艺、大跨度、大悬臂、高大的结构部位等，制订方案时要充分估计到可能发生的施工质量问题和处理方法。

本章小结

　　本章主要介绍了施工质量控制的基本知识、施工项目质量要素控制。

　　本章的主要内容包括施工项目质量控制的原则；施工项目质量控制的分类；施工项目质量控制系统的过程；施工阶段工序的质量控制；质量控制主体；施工项目质量控制的方法；施工项目质量控制的手段；环境因素的控制；人的因素的控制；材料的控制；机械设备的控制；施工方法的控制。通过本章的学习读者能够对施工项目质量控制有一个整体了解，掌握质量五大要素控制的方法。

复习思考题

1．施工项目质量控制的目标是什么？
2．施工项目质量控制的要求有哪些？
3．如何设置工序质量控制点？
4．工序施工效果控制的基本步骤包括哪些？
5．简述施工项目质量控制的方法。

第三章　建筑工程施工质量验收

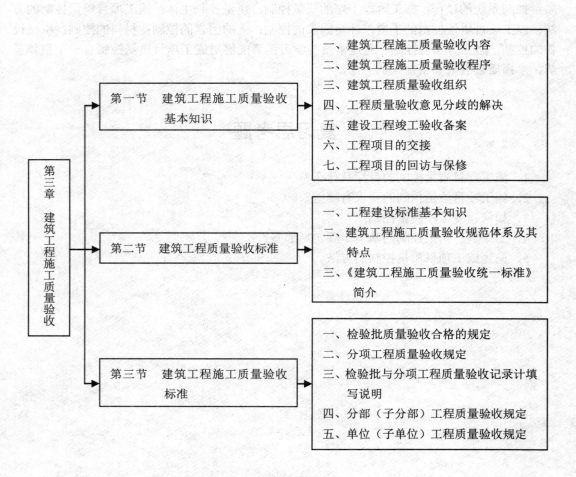

第三章　建筑工程施工质量验收

第一节　建筑工程施工质量验收基本知识
- 一、建筑工程施工质量验收内容
- 二、建筑工程施工质量验收程序
- 三、建筑工程质量验收组织
- 四、工程质量验收意见分歧的解决
- 五、建设工程竣工验收备案
- 六、工程项目的交接
- 七、工程项目的回访与保修

第二节　建筑工程质量验收标准
- 一、工程建设标准基本知识
- 二、建筑工程施工质量验收规范体系及其特点
- 三、《建筑工程施工质量验收统一标准》简介

第三节　建筑工程施工质量验收标准
- 一、检验批质量验收合格的规定
- 二、分项工程质量验收规定
- 三、检验批与分项工程质量验收记录计填写说明
- 四、分部（子分部）工程质量验收规定
- 五、单位（子单位）工程质量验收规定

本章结构图

【本章学习目标】

- ➢ 了解建筑工程质量验收标准的基本知识；
- ➢ 掌握建筑工程质量验收的有关规定；
- ➢ 掌握建筑工程质量验收的程序和内容以及质量验收组织的相关内容；
- ➢ 掌握工程项目的交接、回访及保修的有关规定。

第一节 建筑工程施工质量验收基本知识

一、建筑工程施工质量验收内容

有关的检验验收要求前面已叙述，不再赘述。但还应指出的是，除上述各层次的检查验收之外，还有三种未列入正式验收但还必须进行检查的内容，如表3-1所示。

表3-1 建筑工程施工检查与验收（三种未列入正式验收但必须检查的内容）

类别	内容及说明
施工现场质量管理的检查	《统一标准》第3.0.1条规定了对施工现场质量管理的检查，并作为是否可以开工的条件。尽管这种检查只是对施工单位在管理方面的要求（软件），而非具体的工程验收（硬件），但对质量控制而言，仍是十分必要的
施工单位对检验批的自检评定	施工单位的自检评定虽不属于验收的范畴，却是验收的基础。好的质量是施工操作的结果，实际上是由施工人员所确定的。因此，标准强调了施工单位在质量控制中的重要作用，希望把质量缺陷消灭在施工过程的萌芽状态中
竣工前的工程验收报告	在建筑工程完成施工，进行单位（子单位）工程验收之前，施工单位应先自行组织有关人员进行检查评定，并在认为条件具备的情况下，向建设单位提交工程验收报告。验收不只是建设、监理方的事情，在此又强调了施工单位在质量控制中的作用。在自检基础上进行验收，这体现了施工单位在质量控制和验收中的重要作用

二、建筑工程施工质量验收程序

建筑工程施工质量验收的组织和程序是不可分割的。为了方便施工管理和质量控制，将建筑工程划分为单位（子单位）工程、分部（子分部）工程、分项工程和检验批。而验收顺序则与此相反，有检验批、分项工程、分部（子分部）工程，而最后完成对单位（子单位）工程的竣工验收，如图3-1所示。

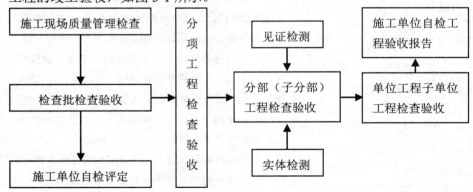

图3-1 建筑工程施工质量验收的程序

三、建筑工程质量验收组织

建筑工程质量验收组织的相关内容如表 3-2 和表 3-3 所示。

表 3-2　建筑工程质量验收组织规定及其说明

类别	验收规定	理解及说明
检验批及分项工程	《统一标准》第 6.0.1 条规定："检验批应由专业监理工程师组织施工单位项目专业质量检查员、专业工长等进行验收。"	检验批和分项工程是建筑工程质量的基础，因此，所有检验批和分项工程均应由监理工程师或建设单位项目技术负责人组织验收。验收前，施工单位应先填好"检验批和分项工程的质量验收记录"（有关监理记录和结论不填），并由项目专业质量检验员和项目专业技术负责人分别在检验批和分项工程质量检验记录中的相关栏中签字，然后由监理工程师组织，严格按规定程序进行验收 （1）施工过程的每道工序，各个环节每个检验批的验收，首先应由施工单位的项目技术负责人组织自检评定，符合设计要求和规范后提交监理工程师或建设单位项目技术负责人进行验收 （2）监理工程师拥有对每道施工工序的施工检查权，并根据检查结果决定是否允许进行下道工序的施工。对于达不到质量要求的验收批，有权并应要求施工单位停工整改、返工 　　在对工程进行检查并确认其工程质量符合标准规定后，监理或建设单位人员要签字认可；否则，不得进行下道工序的施工。如果认为有的项目或地方不能满足验收规范的要求，应及时提出，让施工单位进行返修
分项工程	《统一标准》第 6.0.2 条规定："分项工程应由专业监理工程师组织施工单位项目专业技术负责人等进行验收。"	（1）工程监理实行总监理工程师负责制，因此分部工程应由总监理工程师(建设单位项目负责人)组织施工单位的项目负责人和项目技术、质量负责人及有关人员进行验收 （2）因为地基基础、主体结构的主要技术资料和质量问题是归技术部门和质量部门掌握的，所以规定施工单位的技术、质量部门负责人参加验收是符合实际的 （3）由于地基基础、主体结构技术性能要求严格，技术性强，关系到整个工程的安全，因此规定这些分部工程的勘察、设计单位工程项目负责人也应参加相关分部工程的质量验收 （4）至于一些有特殊要求的建筑设备安装工程，以及一些使用新技术、新结构的项目，应按照设计和主管部门要求组织有关人员进行验收
分部（子分部）工程	《统一标准》第 6.0.3 条规定："分部工程应由总监理工程师组织施工单位项目负责人和项目技术负责人等进行验收；勘察、设计单位工程项目负责人和施工单位技术、质量部门负责人也应参加地基与基础分部工程验收；设计单位负责人和施工单位技术、质量部门负责人应参加主体结构、节能分部工程的验收。"	

《统一标准》第6.0.4条规定："单位工程中的分包工程完工后，分包单位应对所承包的工程项目进行自检，并应按本标准规定的程序进行验收。验收时，总包单位应派人参加。分包单位应将所分包工程的质量控制资料整理完成，并移交给总承包单位。"	建设工程竣工验收应当具备下列条件： （1）完成建设工程设计和合同约定的各项内容 （2）有完整的技术档案和施工管理资料 （3）有工程使用的主要建筑材料、建筑构配件和设备的进场试验报告 （4）有勘察、设计、施工、工程监理等单位分别签署的质量合格文件 （5）有施工单位签署的工程保修书
《统一标准》第6.0.5条规定："单位工程完工后，施工单位应组织有关人员进行自检。总监理工程师应组织各专业建立工程师对工程质量进行竣工验收。存在施工质量问题时，应由施工单位整改。整改完毕后，由施工单位向建设单位提交工程竣工报告，申请工程竣工验收。"	由于设计、施工、监理单位都是责任主体，因此设计、施工单位负责人或项目负责人及施工单位的技术、质量负责人和监理单位的总监理工程师均应参加验收（勘察单位虽然亦是责任主体，但已经参加了地基验收，故单位工程验收时，可以不参加）
《统一标准》第6.0.6条规定："建设单位收到工程竣工验收报告后，应由建设单位项目负责人组织监理、施工、设计、勘察等单位项目负责人进行单位工程验收。"	由于《建设工程承包合同》的双方主体是建设单位和总承包单位，总承包单位应按照承包合同的权利、义务对建设单位负责。分包单位对总承包单位负责，亦应对建设单位负责。因此，分包单位对承建的项目进行检验时，总包单位应参加，检验合格后，分包单位应将工程的有关资料移交总包单位，待建设单位组织单位工程质量验收时，分包单位负责人应参加验收

表3-3　各项工程质量验收程序和组织关系对照表

序号	验收表的名称	质量自检人员	质量检查评定人员		质量验收人员
			验收组织人	加验收人员	
1	施工现场质量管理检查记录表	项目经理	项目经理	项目技术负责人、分包单位负责人	总监理工程师
2	检验批质量验收	班组长	项目专业质量检查员	班组长，分包项目、项目技术负责人	监理工程师（建设单位项目专业技术负责人）
3	分项工程质量验收记录表	班组长	项目专业技术负责人	班组长项目技术负责人、分包项目技术负责人、项目专业质量检查员	监理工程师（建设单位项目专业技术负责人）

续表

4	分部（子分部）工程质量验收记录表	项目经理分包单位项目经理	项目经理	项目专业技术负责人，分包项目技术负责人，勘察、设计单位项目负责人，建设单位项目专业负责人	总监理工程师（建设单位项目负责人）
5	单位（子单位）工程质量竣工验收记录表	项目经理	项目经理或施工单位负责人	项目经理，分包单位项目经理，设计单位项目负责人，企业技术、质量部门	总监理工程师（建设单位项目负责人）
6	单位（子单位）工程质量控制资料核查记录表	项目技术负责人	项目经理	分包单位项目经理，监理工程师，项目技术负责人，企业技术、质量部门	总监理工程师（建设单位项目负责人）

四、工程质量验收意见分歧的解决

由于验收是建设、监理、施工、设计（勘察）各方对质量合格的共同确认，出于各方理解角度的不同和认识上的差异，可能无法形成一致的意见。验收时的意见分歧主要表现在以下几方面：

（1）对质量合格与否的分歧。例如，对非正常验收和有关安全和功能的实体检查中所存在的问题，或对建筑工程的一部分和某些使用功能的验收，产生的意见不一致。

（2）对于非正常验收存有疑问。如检测是否科学合理；加固处理方案是否能确保安全；对加固处理后的验收质量有不同看法等。

（3）经费负担和经济纠纷。质量合格与否和非正常验收往往涉及经费问题。因此矛盾已超出技术的范畴而涉及经济利益和单位（个人）的关系，甚至涉及更深层次、错综复杂的背景。

五、建设工程竣工验收备案

单位工程质量经验收合格后，建设单位应当严格按照国家有关档案管理的规定，及时收集、整理建设项目各环节的文件资料，建立、健全建设项目档案，建设单位应在规定时间内（在工程竣工验收合格之日起 15 日内）将工程竣工验收报告和有关文件报建设行政管理部门备案，并向其他有关部门移交建设项目档案。

建设工程竣工验收备案制度是加强政府监督管理，防止不合格工程流向社会的一个重要手段。建设单位应依据《建设工程质量管理条例》及住房和城乡建设部的有关规定，到县级以上人民政府建设行政主管部门或其他有关部门备案；否则，不允许投入使用。

六、工程项目的交接

工程项目交接是指对工程项目的质量进行竣工验收之后，由施工单位向建设单位进行移交项目所有权的过程。能否交接取决于施工单位所承包的工程项目是否通过竣工验收。

因此，交接是建立在竣工验收合格基础上的时间过程。

工程项目经竣工验收合格后，便可办理工程交接手续，即将工程项目的所有权移交给建设单位。交接手续应及时办理，以便使项目早日投产使用，充分发挥投资效益。

在办理工程项目交接前，施工单位要编制竣工结算书，以此向建设单位结算最终拨付的工程价款。而竣工计算书通过监理工程师审核、确认并签字后，才能通过建设银行与施工单位办理工程价款的拨付手续。

在工程项目交接时，还应将成套的工程技术资料进行分类整理、编目建档后移交给建设单位；同时，施工单位还应将在施工中所占用的房屋设施等，移交给建设单位。

七、工程项目的回访与保修

工程项目在竣工验收交付使用后，施工单位应编制回访计划，主动对交付使用的工程进行回访。回访一般采用三种形式：一是季节性回访。大多数是雨期回访屋面、墙面的防水情况，冬期回访采暖系统的情况，发现问题时，采取有效措施及时加以解决。二是技术性回访。主要了解在工程施工过程中所采用的新材料、新技术、新工艺、新设备等的技术性能和使用后的效果，发现问题并及时加以补救和解决，同时也便于总结经验，获取科学依据，为改进、完善和推广创造条件。三是保修期满前的回访。这种回访一般是在保修期即将结束之前进行回访。

每次回访结束，执行单位应填写回访记录，主管部门依据回访记录对回访服务的实施效果进行验证。回访记录应包括参加回访的人员、回访发现的质量问题、建设单位的意见、回访单位对发现的质量问题的处理意见、回访主管部门的验收签证。

建设工程施工单位在向建设单位提交工程竣工验收报告时，应当向建设单位出具质量保修书。《建设工程质量保修书》包括的内容有：质量保证项目内容及范围、质量保修期、质量保修责任、质量保修金的支付方法等。在保修期内，属于施工单位施工过程中造成的质量问题，要负责维修，不留隐患。一般施工项目竣工后，建设单位在施工单位的工程款中保留 5% 左右，作为保修金。按照合同在保修期满退回施工单位。如属于设计原因造成的质量问题，在征得甲方和设计单位认可后，协助修补，其费用由设计单位承担。

施工单位在接到用户来访、来信的质量投诉后，应立即组织力量维修，发现影响安全的质量问题应及时处理。施工单位对于回访中所发现的质量问题，应组织有关人员进行分析，制定措施，作为进一步改进和提高质量的依据。

对所有的回访和保修都必须予以记录，并提交书面报告，作为技术资料归档。施工单位还应不定期听取用户对工程质量的意见。对于某些质量纠纷或问题应尽量通过协商解决，若无法达成统一意见，则由有关仲裁部门负责仲裁。

第二节 建筑工程质量验收标准

工程建设标准是对工程建设活动中重复的事物和概念所作的统一规定，它以科学技术和实践经验的综合成果为基础，经有关方面协商一致，由主管机构批准，以特定的形式发布，作为共同遵守的准则和依据。

一、工程建设标准基本知识

（一）工程建设标准的分类（等级）

工程建设标准的分类（等级）如表 3-4 所示。

表 3-4　工程建设标准的分类（等级）

类别	内容及说明
国家标准（GB）	在全国范围内普遍执行的标准规范，约占 9%
行业标准（JGJ）	在建筑行业范围内执行的标准规范，约占 67%
地方标准（DB）	在局部地区、范围内执行的标准规范。一般是经济发达地区为反映先进技术，或为适应具有地方特色的建筑材料而制定的，约占 21%
企业标准（QB）	仅适用于企业范围内。其一般反映企业先进的或具有专利性质的技术，或专为满足企业的特殊要求而制定的。企业标准属于企业行为，国家并不干预。有关统计表明，我国的大型建筑企业，20%～40%有自己的企业标准或相当于企业标准的技术文件，如技术措施、统一规定等

（二）工程建设标准的性质

我国实行强制性标准与推荐性标准并行的双轨制，近年又增加了强制性条文这一层次。这三类标准规范可概括地以"行政性"、"推荐性"和"法律性"来表达其执行力度上的差别，如表 3-5 所示。

表 3-5　标准的性质

类别	内容及说明
强制性标准（GB、JGJ、DB）	由政府有关部门以文件形式公布的标准规范。它有文件号及指定管理的行政部门，带有"行政命令"的强制性质。至 20 世纪 90 年代末，我国的工程建设标准规范中的 97% 为强制性标准
推荐性标准（CECS、GB/T、JGJ/T）	改革开放后，我国开始实行由行业协会、学会来编制、管理标准的做法。由非官方的中国工程建设标准化协会（CECS）编制了一批标准、规范。其特点是"自愿采用"，故带有推荐性质。标准的约束力是通过合同、协议的规定而体现的。作为强制性标准的补充，它起到了及时推广先进技术的作用；并且可以补充大规范难以顾及的局部，从而起到了完善规范体系的作用
强制性条文	这是具备一定法律性质的强制性标准中的个别条文

（三）工程建设标准的管理

工程建设标准的管理（包括编制、修订、应用、解释、出版发行等）如表 3-6 所示。

表 3-6 工程建设标准的管理

类别		内容及说明
标准编制与修订	编制	第一次制定标准规范称为"编制"。公布时赋予固定不变的编号。建筑类的国家标准原为 GBJ×××，现明确为 GB 50×××
	修订	标准规范为适应技术进步而需要不断进行修订。《中华人民共和国标准化法》和《中华人民共和国标准化法实施条例》规定 10 年左右进行一次全面修订，其间还可根据具体情况进行若干次局部修订
标准之间的关系（标准的应用）	服从关系	下级标准服从上级标准；推荐标准服从强制标准；应用标准服从基础标准。"服从"意味着不得违反上级标准有关的原则和规定。但"服从"不等于"替代"。在上级标准中未能反映的属于发展性的先进技术或未能概括的一些局部、特殊问题，下级标准可以超越或列入，但不能互相矛盾或降低要求
	分工关系	在标准规范体系中，每本标准规范只能管辖特定范围内的技术内容。在所有标准规范总则的第 1.0.2 条及相应的条文说明中都会明确指出其应用的范围。标准规范之间切忌交叉、重复。多头管理可能会造成标准规范之间的矛盾，必须加以避免
	协调关系	技术问题往往交织成复杂的网络，每一本标准规范必然会发生与其相邻技术问题的相互配合问题。在分工的同时，要求相关标准规范在有关技术问题上互相衔接，即协调一致。最常用的衔接形式是"应符合现行有关标准的要求"或"应遵守现行有关规范的规定"等。当然，还应在正文或条文说明中明确列出相关标准规范的名称、编号等，以便应用
标准的管理、解释和出版发行		标准规范发布文件中均明确规定了标准的管理、解释和出版发行单位。一般由行政部门或协会管理；由主编单位成立管理组负责具体解释工作；由有关部门组织专业出版社出版发行，通常为中国建筑工业出版社或中国计划出版社

（四）工程建设标准的作用

工程建设标准的作用如表 3-7 所示。

表 3-7 工程建设标准的作用

标准类别	作用
基础标准	所有技术问题都必须服从的统一规定，如名词、术语、符号、计量单位、制图规定等。这是技术交流的基础
应用标准	为指导工程建设中各种行为所制定的规定，如规划、勘察、设计、施工等。绝大多数工程建设标准规范属于此类
验评标准	对建筑工程的质量通过检测而加以确认，以作为可投入使用的依据，由此而制定的规定为检验评定标准。这也是工程建设标准规范体系中不可缺少的一环

二、建筑工程施工质量验收规范体系及其特点

建筑工程的施工是一个涵盖很多专业的复杂、庞大的系统工程，需要一系列标准规范构成的体系支持才能完成。因此，除了按专业不同的验收规范之外，还必须有一个超越各专业的统一的指导性标准来确定各专业施工质量验收的共同原则及相互关系，以便做到有效的协调。图3-2所示为建筑工程施工质量验收标准体系。

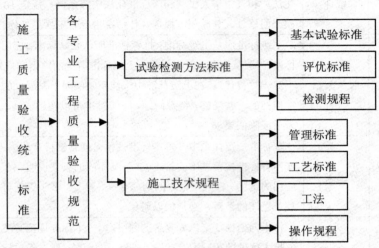

图3-2　建筑工程施工质量验收标准体系

（2）由图3-2可看出，《建筑工程施工质量验收统一标准》（GB 50300—2013）（以下简称《统一标准》）是整个验收规范体系中最重要的、居于主导地位的指导性标准。它能充分地反映关于修订施工类标准规范的十六字方针，即"验评分离、强化验收、完善手段、过程控制"；同时将此原则更具体地转化为能够指导修订各专业验收规范的统一做法。由于各专业规范的性质差别很大，因此《统一标准》也只能是通用性极强的高度概括的标准，其实际操作的意义不大。

三、《建筑工程施工质量验收统一标准》简介

"验评分离、强化验收、完善手段、过程控制"的十六字方针，如图3-2所示。

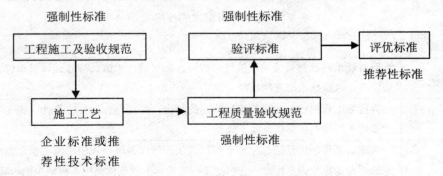

图3-3　"验评分离、强化验收"示意

具体来讲，就是将原"验评标准"中有关"验收"和"评定"的内容分开，把"验评标准"中的验收部分内容与"施工及验收规范"中的验收部分内容合并，形成一项"验收规范"。其核心是强调在施工过程中对各工序的控制，以保证工程的最终质量，如表 3-8 所示。

表 3-8 　　"十六字方针"内容及理解

类别	内容及要求
验评分离	验评分离"是将原验评标准中的质量检验与质量评定的内容分开，将原施工及验收规范中的施工工艺和质量验收的内容分开，将验评标准中的质量检验与施工规范中的质量验收衔接，形成工程质量验收规范。原施工及验收规范中的施工工艺部分，可作为企业标准或行业推荐性标准；原验评标准中的评定部分，主要是对企业操作工艺水平进行评价，可作为行业推荐性标准，为社会及企业的创优评价提供依据
强化验收	"强化验收"是将原施工规范中的验收部分与验评标准中的质量检验内容合并起来，形成完整的工程质量验收规范，作为强制性标准，是建设工程必须完成的最低质量标准，是施工单位必须达到的施工质量标准，也是建设单位验收工程质量所必须遵守的规定。其规定的质量指标都必须达到 "强化验收"并非意味着施工质量就看最后的结果，验收合格就可以了。实际上，这里讲的"强化验收"并非是特指工程竣工验收，而是工序过程的验收；上一道工序没有验收就不能进入下一道工序，这种工序的验收较好地说明了施工过程的控制。这与《建设工程质量管理条例》中"事前控制、过程控制"的要求是一致的 把"强化验收"片面理解为放弃对生产过程的质量控制是一种曲解。"强化验收"体现在：①强制性标准；②只设合格一个质量等级；③强化质量指标都必须达到规定的指标；④增加检测项目
完善手段	为改善质量指标的量化，重视质量指标的科学检测，丰富质量控制、质量验收中的科学数据，进一步完善对建设工程施工质量的控制手段和监测检验措施；规范质量检测程序、方法、仪器设备及技术条件和人员素质，增加透明度；倡导质量先行、质量为本的良好建筑市场风气。主要从以下三个阶段着手改进：①完善材料、设备的检测；②完善施工阶段的施工试验；③开发竣工工程抽测项目，减少或避免人为因素的干扰和主观评价的影响 工程质量检测可分为基本试验，施工试验和竣工工程有关安全、使用功能抽样检测三个部分 基本试验具有法定性，其质量指标、检测方法都有相应的国家标准或行业标准。其方法、程序、设备仪器，以及人员素质都应符合有关标准的规定，其试验一定要符合相应标准方法的程序及要求，要有复演性，其数据要有可比性 施工试验是施工单位内部质量控制，判定质量时，要注意技术条件、试验程序和第三方见证，保证其统一性和公正性 竣工抽样试验是确认施工检测的程序、方法、数据的规范性和有效性，为保证工程的结构安全和使用功能的完善提供数据，统一施工检测方法及竣工抽样检测的仪器设备

续表

过程控制	"过程控制"是根据工程质量的特点进行的质量管理。一个工程无论大小，没有科学严格的施工过程控制，就没有工程最终的质量验收合格。工程质量验收是建立在施工全过程控制的基础上的，即：①体现在建立过程控制的各项制度上；②在基本规定中，设置控制的要求，强调中间控制和合格控制，综合质量水平的考核，作为质量验收的要求及依据文件；③验收规范的本身，分项、分部（子分部）、单位（子单位）工程的验收，就是过程的控制 工程质量验收规范，将工程的安全和使用功能的质量指标突出，具体量化，只设合格、不合格质量等级，各质量指标都必须达到

根据《统一标准》的要求，建筑工程质量验收应划分为单位（子单位）工程、分部（子分部）工程、分项工程和检验批，如表 3-9~表 3-12 所示。

表 3-9　单位（子单位）、分部（子分部）及分项工程的划分原则

名称	划分原则及要求
单位工程	单位工程的划分应按照下列原则确定： （1）具备独立施工条件并能形成独立使用功能的建筑物及构筑物为一个单位工程 （2）建筑规模较大的单位工程，可将其能形成独立使用功能的部分划分为一个子单位工程
分部工程	分部工程的划分应按下列原则确定： （1）分部工程的划分应按专业性质、建筑部位确定 （2）当分部工程较大或较复杂时，可按材料种类、施工特点、施工程序、专业系统及类别等划分为若干子分部工程
分项工程	分项工程应按主要工种、材料、施工工艺、设备类别等进行划分

注：建筑工程的分部（子分部）、分项工程的划分如表 3-10 所示。

表 3-10　建筑工程分部工程、分项工程的划分

序号	分部工程	子分部工程	分项工程
1	地基与基础	无支护土方	土方开挖、土方回填
		有支护土方	排桩、降水、排水、地下连续墙、锚杆、土钉墙、水泥土桩、沉井与沉箱、钢及混凝土支撑
		地基及基础处理	灰土地基、砂和砂石地基、碎砖三合土地基、土工合成材料地基、粉煤灰地基、重锤夯实地基、强夯地基、振冲地基、砂桩地基、预压地基、高压喷射注浆地基、土和灰土挤密桩地基、注浆地基、水泥粉煤灰碎石桩地基、夯实水泥土桩地基
		桩基	锚杆静压桩及静力压桩、预应力离心管桩、钢筋混凝土预

			制桩、钢桩、混凝土灌筑桩（成孔、钢筋笼、清孔、水下混凝土灌筑）
		地下防水	防水混凝土，水泥砂浆防水层，卷材防水层，涂料防水层，金属板防水层，塑料板防水层，细部构造，喷锚支护，复合式衬砌，地下连续墙，盾构法隧道；渗排水、盲沟排水，隧道、坑道排水；预注浆、后注浆、衬砌裂缝注浆
		混凝土基础	模板、钢筋、混凝土，后浇带混凝土，混凝土结构缝处理
		砌体基础	砖砌体，混凝土砌块砌体，配筋砌体，石砌体
		劲钢（管）混凝土	劲钢（管）焊接、劲钢（管）与钢筋的连接，混凝土
		钢结构	焊接钢结构、拴接钢结构，钢结构制作，钢结构安装，钢结构涂装
2	主体结构	混凝土结构	模板，钢筋，混凝土，预应力、现浇结构，装配式结构
		劲钢（管）混凝土结构	劲钢（管）焊接、螺栓连接、劲钢（管）与钢筋的连接，劲钢（管）制作、安装，混凝土
		砌体结构	砖砌体，混凝土小型空心砌块砌体，石砌体，填充墙砌体，配筋砖砌体
		钢结构	钢结构焊接，紧固件连接，钢零部件加工，单层钢结构安装，多层及高层钢结构安装，钢结构涂装，钢构件组装，钢构件预拼装，钢网架结构安装，压型金属板
		木结构	方木和原木结构、胶合木结构、轻型木结构，木构件防护
		网架和索膜结构	网架制作，网架安装，索膜安装，网架防火、防腐涂料
3	建筑装饰装修	地面 整体面层	基层：基土、灰土垫层、砂垫层和砂石垫层、碎石垫层和碎砖垫层、三合土及四合土垫层、炉渣垫层、水泥混凝土垫层和陶粒混凝土垫层、找平层、隔离层、填充层、绝热层
			面层：水泥混凝土面层、水泥砂浆面层、水磨石面层、硬化耐磨面层、防油渗面层、不发火（防爆）面层、自流平面层、涂料面层、塑胶面层、地面辐射供暖的整体面层
		板块面层	基层：基土、灰土垫层、砂垫层和砂石垫层、碎石垫层和碎砖垫层、三合土及四合土垫层、炉渣垫层、水泥混凝土垫层和陶粒混凝土垫层、找平层、隔离层、填充层、绝热层
		板块面层	面层：砖面层（陶瓷锦砖、缸砖、陶瓷地砖和水泥花砖面层）、大理石面层和花岗石面层、预制板块面层（水泥混凝土板块、水磨石板块、人造石板块面层）、料石面层（条石、块石面层）、塑料板面层、活动地板面层、金属板面层、地毯面层、地面辐射供暖的板块面层

续表二

		木、竹面层	基层：基土、灰土垫层、砂垫层和砂石垫层、碎石垫层和碎砖垫层、三合土及四合土垫层、炉渣垫层、水泥混凝土垫层和陶粒混凝土垫层、找平层、隔离层、填充层
			面层：实木地板、实木集成地板、竹地板面层（条材、块材面层）、实木复合地板面层（条材、块材面层）、浸渍纸层压木质地板面层（条材、块材面层）、软木类地板面层（条材、块材面层）、地面辐射供暖的木板面层
		抹灰	一般抹灰、装饰抹灰、清水砌体勾缝
		门窗	木门窗制作与安装、金属门窗安装、塑料门窗安装、特种门安装、门窗玻璃安装
		吊顶	暗龙骨吊顶、明龙骨吊顶
		轻质隔墙	板材隔墙、骨架隔墙、活动隔墙、玻璃隔墙
		饰面板（砖）	饰面板安装、饰面砖粘贴
		幕墙	玻璃幕墙、金属幕墙、石材幕墙
		涂饰	水性涂料涂饰、溶剂型涂料涂饰、美术涂饰
		裱糊与软包	裱糊、软包
		细部	橱柜制作与安装，窗帘盒、窗台板和暖气罩制作与安装，门窗套制作与安装，护栏和扶手制作与安装
4	屋面工程	基层与保护	找坡层，找平层，隔汽层，隔离层，保护层
		保温与隔垫	板状材料保温层，纤维材料保温层，喷涂硬泡聚氨酯保温层，现浇泡沫混凝土保温层，种植隔热层，架空隔热层，蓄水隔热层
		防水与密封	卷材防水层，涂膜防水层，复合防水层，接缝密封防水
		瓦面与板面	烧结瓦和混凝土瓦铺装，沥青瓦铺装，金属板铺装，玻璃采光顶铺装
		细部构造	檐口、檐沟和天沟、女儿墙和山墙、落水口、变形缝、伸出屋面管道、屋面出入口、反梁过水孔、设施基座、屋脊、屋顶窗
5	建筑给水、排水及采暖	室内给水系统	给水管道及配件安装，室内消火栓系统安装，给水设备安装，管道防腐、绝热
		室内热水供应系统	管道及配件安装、辅助设备安装、防腐、绝热
		卫生器具安装	卫生器具安装、卫生器具给水配件安装、卫生器具排水管道安装
		室内采暖系统	管道及配件安装、辅助设备及散热器安装、金属辐射板安装、低温热水地板辐射采暖系统安装、系统水压试验及调试、防腐、绝热

6	建筑电气	室外给水管网	给水管道安装、消防水泵接合器及室外消火栓安装、管沟及井室管道及配件安装、系统水压试验及调试、防腐、绝热
		建筑中水系统及游泳池系统	建筑中水系统管道及辅助设备安装、游泳池水系统安装
		供热锅炉及辅助设备安装	锅炉安装，辅助设备及管道安装，安全附件安装，烘炉、煮炉和试运行，换热站安装，防腐、绝热
		室外电气	架空线路及杆上电气设备安装，变压器、箱式变电所安装，成套配电柜、控制柜（屏、台）和动力、照明配电箱（盘）及控制柜安装，电线、电缆导管和线槽敷设，电线、电缆穿管和线槽敷设，电缆头制作、导线连接和线路电气试验，建筑物外部装饰灯具、航空障碍标志灯和庭院路灯安装，建筑照明通电试运行，接地装置安装
		变配电室	变压器、箱式变电所安装，成套配电柜、控制柜（屏、台）和动力、照明配电箱（盘）安装，裸母线、封闭母线、插接式母线安装，电缆沟内和电缆竖井内电缆敷设，电缆头制作、导线连接和线路电气试验，接地装置安装，避雷引下线和变配电室接地干线敷设
		供电干线	裸母线、封闭母线、插接式母线安装，桥架安装和桥架内电缆敷设，电缆沟内和电缆竖井内电缆敷设，电线、电缆导管和线槽敷设，电线、电缆穿管和线槽敷线，电缆头制作、导线连接和线路电气试验
		电气动力	成套配电柜、控制柜（屏、台）和动力、照明配电箱（盘）及控制柜安装，低压电动机、电加热器及电动执行机构检查、接线，低压电气动力设备检测、试验和空载试运行，桥架安装和桥架内电缆敷设，电线、电缆导管和线槽敷设，电线、电缆穿管和线槽敷线，电缆头制作、导线连接和线路电气试验，插座、开关、风扇安装
		电气照明安装	成套配电柜、控制柜（屏、台）和动力、照明配电箱（盘）安装，电线、电缆导管和线槽敷设，电线、电缆导管和线槽敷线，槽板配线，钢索配线，电缆头制作、导线连接和线路电气试验，普通灯具安装，专用灯具安装，插座、开关、风扇安装，建筑照明通电试运行
		备用和不间断电源安装	成套配电柜、控制柜（屏、台）和动力、照明配电箱（盘）安装，柴油发电机组安装，不间断电源的其他功能单元安装，裸母线、封闭母线、插接式母线安装，电线、电缆导管和线槽敷设，电线、电缆导管和线槽敷线，电缆头制作、导线连接和线路电气试验，接地装置安装

		防雷及接地安装	接地装置安装，避雷引下线和变配电室接地干线敷设，建筑物等电位连接，接闪器安装
7	智能建筑	通信网络系统	通信系统、卫星及有线电视系统、公共广播系统
		办公自动化系统	计算机网络系统、信息平台及办公自动化应用软件、网络安全系统
		建筑设备监控系统	空调与通风系统、变配电系统、照明系统、给水排水系统、热源和热交换系统、冷冻和冷却系统、电梯和自动扶梯系统、中央管理工作站与操作分站、子系统通信接口
		火灾报警及消防联动系统	火灾和可燃气体探测系统、火灾报警控制系统、消防联动系统
		安全防范系统	电视监控系统、入侵报警系统、巡更系统、出入口控制（门禁）系统、停车管理系统
		综合布线系统	缆线敷设和终接，机柜、机架、配线架的安装，信息插座和光缆芯线终端的安装
		智能化集成系统	集成系统网络、实时数据库、信息安全、功能接口
		电源与接地	智能建筑电源、防雷及接地
		环境	空间环境、室内空调环境、视觉照明环境、电磁环境
		住宅（小区）智能化系统	火灾自动报警及消防联动系统、安全防范系统、物业管理系统（多表现场计量及与远程传输系统、建筑设备监控系统、公共广播系统、小区网络及信息服务系统、物业办公自动化系统）、智能家庭信息平台
8	通风与空调	送排风系统	风管与配件制作，部件制作，风管系统安装，空气处理设备安装，消声设备制作与安装，风管与设备防腐，风机安装，系统调试
		防排烟系统	风管与配件制作，部件制作，风管系统安装，防排烟风口、常闭正压风口与设备安装，风管与设备防腐，风机安装，系统调试
		除尘系统	风管与配件制作，部件制作，风管系统安装，除尘器与排污设备安装，风管与设备防腐，风机安装，系统调试
		空调风系统	风管与配件制作，部件制作，风管系统安装，空气处理设备安装，消声设备制作与安装，风管与设备防腐，风机安装，风管与设备绝热，系统调试
		净化空调系统	风管与配件制作，部件制作，风管系统安装，空气处理设备安装，消声设备制作与安装，风管与设备防腐，风机安装，风管与设备绝热，高效过滤器安装，系统调试

续表五

		制冷设备系统	制冷机组安装，制冷剂管道及配件安装，制冷附属设备安装，管道及设备的防腐与绝热，系统调试
		空调水系统	管道冷热(媒)水系统安装，冷却水系统安装，冷凝水系统安装，阀门及部件安装，冷却塔安装，水泵及附属设备安装，管道与设备的防腐与绝热，系统调试
9	电 梯	电力驱动的曳引式或强制式电梯安装工程	设备进场验收，土建交接检验，驱动主机，导轨，门系统，轿厢，对重（平衡重），安全部件，悬挂装置，随行电缆，补偿装置，电气装置，整机安装验收
		液压电梯安装工程	设备进场验收，土建交接检验，液压系统，导轨，门系统，轿厢，平衡重，安全部件，悬挂装置，随行电缆，电气装置，整机安装验收
		自动扶梯、人行道安装工程	设备进场验收，土建交接检验，整机安装验收

表 3-11 检验批的划分

类别	内容及要求
检验批的概念	检验批是工程验收的最小单位，是分项工程乃至整个建筑工程质量验收的基础。检验批是施工过程中条件相同并有一定数量的材料、构配件或安装项目，由于其质量基本均匀一致，因此可以作为检验的基础单位，并按批验收
分项工程检验批的划分	分项工程可由一个或若干检验批组成，检验批可根据施工及质量控制和专业验收需要按楼层、施工段、变形缝等进行划分 分项工程划分成检验批进行验收有助于及时纠正施工中出现的质量问题，确保工程质量，也符合施工实际需要。多层及高层建筑工程中主体分部的分项工程可按楼层或施工段来划分检验批，单层建筑工程中的分项工程可按变形缝等划分检验批；地基基础分部工程中的分项工程一般划分为一个检验批，有地下层的基础工程可按不同地下层划分检验批；屋面分部工程中的分项工程不同楼层屋面可划分为不同的检验批，其他分部工程中的分项工程，一般按楼层划分检验批；对于工程量较少的分项工程可统一划分为一个检验批。安装工程一般按一个设计系统或设备组别划分为一个检验批。室外工程统一划分为一个检验批。散水、台阶、明沟等含在地面检验批中
说 明	对于地基基础中的土石方、基坑支护子分部工程及混凝土工程中的模板工程，虽不构成建筑工程实体，但它是建筑工程施工不可缺少的重要环节和必要条件，其施工质量如何，不仅关系到能否施工和施工安全，也关系到建筑工程的质量，因此将其列入施工验收内容是应该的
注意事项	不论如何划分检验批、分项工程，都要有利于质量控制，能取得较完整的技术数据；而且要防止造成检验批、分项工程的大小过于悬殊，由于抽样方法按一定的比例抽样，从而影响质量验收结果的可比性

表 3-12　室外工程划分

单位工程	子单位工程	分部（子分部）工程
室外建筑环境	附属建筑	车棚、围墙、大门、挡土墙、垃圾收集站
	室外环境	建筑小品、道路、亭台、连廊、花坛、场坪绿化
室外安装	给水排水与采暖	室外给水系统、室外排水系统、室外供热系统
	电气	室外供电系统、室外照明系统

建筑工程检验批、分项工程、分部（子分部）工程、单位（子单位）工程质量验收合格规定如表 3-13 所示。

表 3-13　建筑工程质量验收合格规定

类别	内容及要求
检验批	检验批质量验收合格应符合下列规定： （1）主控项目和一般项目的质量经抽样检验合格 （2）具有完整的施工操作依据、质量检查记录
分项工程	分项工程质量验收合格应符合下列规定： （1）分项工程所含的检验批均应符合合格质量的规定 （2）分项工程所含的检验批的质量验收记录应完整
分部（子分部）工程	分部（子分部）工程质量验收合格应符合下列规定： （1）分部(子分部)工程所含分项工程的质量均应验收合格 （2）质量控制资料应完整 （3）地基与基础、主体结构和设备安装等分部工程有关安全及功能的检验和抽样检测结果应符合有关规定 （4）观感质量验收应当符合要求
单位（子单位）工程	单位（子单位）工程质量验收合格应符合下列规定： （1）单位（子单位）工程所含分部（子分部）工程的质量均应验收合格 （2）质量控制资料应完整 （3）单位（子单位）工程所含分部工程有关安全和功能的检测资料应完整 （4）主要功能项目的抽查结果应符合相关专业质量验收规范的规定 （5）观感质量验收应当符合要求

建筑工程检验批、分项工程、分部（子分部）工程、单位（子单位）工程质量验收记录合格规定如表 3-14 所示。

表 3-14　建筑工程质量验收记录合格规定

类别	内容及要求
检验批	检验批质量验收记录可按《建筑工程施工质量验收统一标准》（GB 50300—2013）进行

续表

分项工程	分项工程质量验收记录可按《建筑工程施工质量验收统一标准》（GB 50300—2013）附录 F 进行
分部（子分部）工程	分部（子分部）工程质量验收记录应按《建筑工程施工质量验收统一标准》（GB 50300—2013）进行
单位（子单位）工程	单位（子单位）工程质量验收、质量控制资料核查、安全和功能检验资料核查及主要功能抽查记录、观感质量检查应按《建筑工程施工质量验收统一标准》（GB 50300—2013）进行

《统一标准》列入了有关非正常验收的内容。对第一次验收未能符合规范要求的情况作出了具体规定。在保证最终质量的前提下，给出了非正常验收的四种形式，如表 3-15 所示。

表 3-15 建筑工程非正常验收的形式

形式	验收规定	理解及说明
返工更换验收	《统一标准》第 5.0.6 条第 1 款规定："经返工重做或更换器具、设备的检验批，应重新进行验收。"	这种情况是指在检验批验收时，其主控项目不能满足验收规范规定或一般项目超过偏差限值的子项不符合检验规定的要求时，应及时进行处理的检验批。其中，严重的缺陷应推倒重来，如某住宅楼一层砌砖，验收时发现砖的强度等级为 MU5，达不到设计要求的 MU10，推倒后重新使用 MU10 砖砌筑，其砖砌体工程的质量，应重新按程序进行验收。一般的缺陷通过翻修或更换器具、设备予以解决，应允许施工单位在采取相应的措施后重新验收。如能够符合相应的专业工程质量验收规范，则应认为该检验批合格。重新验收质量时，要对检验批重新抽样、检查和验收，并重新填写检验批质量验收记录表
检测鉴定验收	《统一标准》第 5.0.6 条第 2 款规定："经有资质的检测单位检测鉴定能够达到设计要求的检验批，应予以验收。"	这种情况是指个别检验批发现试块强度等不满足要求等问题，难以确定是否验收时，应请具有资质的法定检测单位检测。当鉴定结果能够达到设计要求时，该检验批仍应认为通过验收
设计复核验收	《统一标准》第 5.0.6 条第 3 款规定："经有资质的检测单位检测鉴定达不到设计要求，但经原设计单位核算认可能够满足结构安全和使用功能的检验批，可予以验收。"	这种情况是指如经检测鉴定达不到设计要求，但经原设计单位核算，仍能满足结构安全和使用功能的情况，该检验批可以予以验收。一般情况下，规范标准给出了满足结构安全和使用功能的最低限度要求，而设计往往在此基础上留有一些余量。不满足设计要求和符合相应规范标准的要求，两者并不矛盾

续表

加固处理验收	《统一标准》第 5.0.6 条第 4 款规定："经返修或加固处理的分项、分部工程，虽然改变外形尺寸，但仍能满足安全使用要求，可按技术处理方案和协商文件进行验收。"	这种情况是指出现更为严重的缺陷或者超过检验批的更大范围内的缺陷，可能影响结构的安全性和使用功能。若经法定检测单位检测鉴定以后认为达不到规范标准的相应要求，即不能满足最低限度的安全储备和使用功能，则必须按一定的技术方案进行加固处理，使之能保证其满足安全使用的基本要求。这样会造成一些永久性的缺陷，如改变结构外形尺寸，影响一些次要的使用功能等。为了避免社会财富更大的损失，在不影响安全和主要使用功能条件下，可按处理技术方案和协商文件进行验收，责任方应承担经济责任，但不能作为轻视质量而回避责任的一种出路，这是应该特别注意的

《统一标准》第 5.0.8 条以强制性条文的形式规定："通过返修或加固处理仍不能满足安全使用要求的分部（子分部）工程、单位（子单位）工程，严禁验收。"

这种情况是非常少的，但确实是存在的。这种情况通常是在制定加固技术方案之前，就知道加固补强措施效果不会太好，或是加固费用太高不值得加固处理，或是加固后仍达不到保证安全、功能的情况。这种情况就应该坚决拆掉，返工重做，严禁验收。故规范规定"严禁验收"，并列为强制性条文。

第三节　建筑工程施工质量验收标准

建筑工程质量验收时，一个单位工程最多可划分为单位工程、子单位工程、分部工程、子分部工程、分项工程和检验批六个层次。对于每一个验收层次的验收，国家标准只给出了合格条件，没有给出优良标准，也就是说现行国家质量验收标准为强制性标准，对于工程质量验收只设一个"合格"质量等级，工程质量在被评定合格的基础上，希望有更高质量等级评定的，可按照另外制定的推荐性标准执行。

一、检验批质量验收合格的规定

（一）主控项目

主控项目的条文是必须达到的要求，是保证工程安全和使用功能的重要检验项目，是对安全、卫生、环境保护和公众利益起决定性作用的检验项目，是确定该检验批主要性能的检验项目。主控项目中所有子项目必须全部符合各专业验收规范规定的质量指标，方能判定该主控项目质量合格。反之，只要其中某一子项甚至某一抽查样本检验后达不到要求，即可判定该检验批质量为不合格，则该检验批拒收。换言之，主控项目中某一子项甚至某一抽查样本的检查结果若为不合格时，即行使对检验批质量的否决权。主控项目的主要内容有以下几方面：

（1）重要材料、构件及配件、成品及半成品、设备性能及附件的材质、技术性能等。检查出厂证明及试验数据，如水泥、钢材的质量，预制楼板、墙板、门窗等构配件的质量，风机等设备的质量等。检查出厂证明，其技术数据、项目应符合有关技术标准的规定。

（2）结构的强度、刚度和稳定性等检验数据、工程性能的检测，如混凝土、砂浆的强度，钢结构的焊缝强度，管道的压力试验，风管的系统测定与调整，电气的绝缘、接地测试，电梯的安全保护、试运转结果等。检查测试记录，其数据及项目要符合设计要求和相关验收规范规定。

（3）一些重要的允许偏差项目，必须控制在允许偏差限值之内。

（二）一般项目

一般项目是指除主控项目以外的检验项目。为了使检验批的质量符合工程安全和使用功能的基本要求，达到保证工程质量的目的，各专业工程质量验收规范对各检验批的一般项目的合格质量给予明确的规定，如钢筋连接的一般项目为：钢筋的接头宜设置在受力较小处。同一纵向受力钢筋不宜设置两个或两个以上接头。接头末端至钢筋弯起点的距离不应小于钢筋直径的 10 倍。对于一般项目，虽然允许存在一定数量的不合格点，但某些不合格点的指标与合格要求偏差较大或存在严重缺陷时，仍将影响使用功能或感观的要求，对这些位置应进行维修处理。

一般项目包括的主要内容有以下几个方面：

（1）允许有一定偏差的项目，而放在一般项目中，用数据规定的标准，可以有个别偏差范围。

（2）对不能确定偏差值而又允许出现一定缺陷的项目，则以缺陷的数量来区分、如砖砌体预埋拉结筋，其留置间距偏差；混凝土钢筋露筋，露出一定长度，等等。

（3）其他一些无法定量的而采用定性的项目。如碎拼大理石地面颜色协调，无明显裂缝和坑洼等。

质量控制资料反映了检验批从原材料到最终验收的各施工工序的操作依据、检查情况以及保证质量所必需的管理制度等。对其完整性的检查，实际是对过程控制的确认，这是检验批合格的前提。

二、分项工程质量验收规定

分项工程质量验收应由专业监理工程师组织施工单位项目技术负责人等进行。验收前，施工单位应先对施工完成的分项工程进行自检，合格后填写分项工程质量验收记录及分项工程报审、报验表，并报送项目监理机构申请验收。专业监理工程师对施工单位所报送的竣工资料进行审查，符合要求后签认分项工程报审、报验表及质量验收记录。

分项工程质量验收合格的规定有以下两条：

（1）分项工程所含检验批的质量均应验收合格。

（2）分项工程所含检验批的质量验收记录应完整。

分项工程的验收是在检验批的基础上进行的。一般情况下，检验批和分项工程两者具有相同或相近的性质，只是批量的大小不同而已，将有关的检验批汇集构成分项工程。

实际上，分项工程质量验收是一个汇总统计的过程，并无新的内容和要求。分项工程质量验收合格条件比较简单，只要构成分项工程的各检验批的质量验收资料完整，并且均已验收合格，则分项工程质量验收合格。因此，在分项工程质量验收时应注意以下三点：

（1）核对检验批的部位、区段是否全部覆盖分项工程的范围，有没有缺漏的部位没有验收到。

（2）一些在检验批中无法检验的项目，在分项工程中直接验收，如砖砌体工程中的全高垂直度、砂浆强度的评定等。

（3）检验批验收记录的内容及签字人是否正确、齐全。

三、检验批与分项工程质量验收记录及填写说明

检验批的质量验收记录由施工项目专业质量检查员填写，监理工程师（建设单位项目专业技术负责人）组织项目专业质量检查员等进行验收，并按表3-16记录。

表3-16　检验批质量验收记录

单位（子单位）工程名称		分部（子分部）工程名称			分项工程名称		
施工单位		项目负责人			项目经理		
分包单位		分包单位项目负责人			检验批部位		
施工依据				验收依据			
		验收项目	设计要求及规范规定	最小、实际抽样数量	检查记录		检查结果
主控项目	1						
	2						
	3						
	4						
	5						
	6						
	7						
	8						
	9						
	10						
一般项目	1						
	2						
	3						
	4						

续表

施工单位检查结果	专业工长： 项目专业质量检查员： 　　　　　年　　月　　日
监理单位验收结论	 专业监理工程师： 　　　　　年　　月　　日

注：本表摘自《建筑工程施工质量验收统一标准》（GB 50300—2013）

　　检验批质量验收记录填表说明：在实际工程中，对于每一个检验批的检查验收，按各分部工程质量验收规范的规定，施工单位应填写上述验收表格，先进行自行检查，并将检查的结果填在"施工单位检查评定记录"内，然后报给监理工程师申请验收，监理工程师依然采用同样的表格按规定的数量抽测，如果符合要求，就在"监理（建设）单位验收记录"内填写验收结果，这是一种形式。另外还有一种做法，即某分项工程检验批完成后，监理工程师和施工单位进行平行检验，由施工单位填写验收记录中的实测结果，由监理单位填写验收结论。

　　分项工程质量应由监理工程师（建设单位项目专业技术负责人）组织项目专业技术负责人等进行验收，并按表 3-17 记录。

表 3-17　分项工程质量验收记录

单位（子单位） 工程名称		分部（子分部） 工程名称			
分项工程数量		检验批数量			
施工单位		项目负责人		项目技术 负责人	
分包单位		分包单位负责人		分包内容	
序号	检验批 名称	检验批容量	部位、区段	施工单位检查结果	监理单位验收结论
1					
2					
3					
4					
5					
6					
7					

续表

8				
9				
10				
11				
12				
13				
14				
15				

说明：

施工单位 检查结果		项目专业技术负责人： 年　月　日
监理单位 验收结论		专业监理工程师： 年　月　日

注：本表摘自《建筑工程施工质量验收统一标准》（GB 50300—2013）

分项工程质量验收记录填写说明：

（1）表名填上所验收分项工程的名称。

（2）表头及"检验批部位、区段""施工单位检查评定结果"均由施工单位专业质量检查员填写，由施工单位的项目专业技术负责人检查后给出评价并签字，交监理单位或建设单位验收。

（3）监理单位的专业监理工程师（或建设单位的专业负责人）应逐项审查，同意项填写"合格"或"符合要求"，不同意项暂不填写，待处理后再验收，但应做标记，注明验收和不验收的意见。如同意验收应签字确认，不同意验收要指出存在的问题，明确处理意见和完成时间。

四、分部（子分部）工程质量验收规定

分部（子分部）工程质量验收规定主要包含以下五方面。

（一）分部（子分部）工程所含分项工程的质量均应验收合格

分部（子分部）工程所含分项工程的质量均应验收合格。实际验收中，这项内容也是一项统计工作。在做这项工作时应注意以下三点：

（1）检查每个分项工程验收是否正确。

（2）注意查对所含分项工程，有没有漏、缺的分项工程没有进行归纳，或是没有进行验收。

（3）注意检查分项工程的资料是否完整，每个验收资料的内容是否有缺漏项，以及各分项工程验收人员的签字是否齐全及符合规定。

（二）质量控制资料应完整

质量控制资料完整是工程质量合格的重要条件，在分部工程质量验收时，应根据各专业工程质量验收规范的规定，对质量控制资料进行系统地检查，着重检查资料的齐全、项目的完整、内容的准确和签署的规范。

质量控制资料检查实际也是统计、归纳工作，主要包括以下三个方面的资料：

（1）核查和归纳各检验批的验收记录资料，查对其是否完整。

有些龄期要求较长的检测资料，在分项工程验收时，尚不能及时提供，应在分部（子分部）工程验收时进行补查。

（2）检验批验收时，要求检验批资料准确完整后，方能对其开展验收。对在施工中质量不符合要求的检验批、分项工程按有关规定进行处理后的资料归档审核。

（3）注意核对各种资料的内容、数据及验收人员签字的规范性。

对于建筑材料的复验范围，各专业验收规范都作了具体规定，检验时按产品标准规定的组批规则、抽样数量、检验项目进行，但有的规范另有不同要求，这一点在质量控制资料核查时须引起注意。

（三）分部工程有关安全及功能的检验和抽样检测结果应符合有关规定

这项验收内容包括安全检测资料与功能检测资料两个部分。涉及结构安全及使用功能检验（检测）的要求，应按设计文件及各专业工程质量验收规范中所作的具体规定执行。抽测其检测项目在各专业质量验收规范中已有明确规定，在验收时应注意以下三个方面的工作：

（1）检查各规范中规定的检测项目是否都进行了验收，不能进行检测的项目应该说明原因。

（2）检查各项检测记录（报告）的内容、数据是否符合要求，包括检测项目的内容，所遵循的检测方法标准、检测结果的数据是否达到了规定的标准。

（3）核查资料的检测程序、有关取样人、检测人、审核人、试验负责人，以及公章签字是否齐全等。

（四）观感质量验收应符合要求

观感质量验收是指在分部工程所含的分项工程完成后，在前三项检查的基础上，对已完工部分工程的质量，采用目测、触摸和简单量测等方法所进行的一种宏观检查方式。

分部（子分部）工程观感质量验收，其检查的内容和质量指标已包含在各个分项工程内。对分部工程进行观感质量检查和验收，并不增加新的项目，只不过是转换一下视角而已，采用一种更直观、便捷、快速的方法，对工程质量从外观上做一次重复的、扩大的、全面的检查，这是由建筑施工特点所决定的。

在进行质量检查时，注意一定要在现场将工程的各个部位全部看到，能操作的应实地操作，观察其方便性、灵活性或有效性等；能打开观察的应打开观察，全面检查分部（子分部）工程的质量。

检查结果并不给出"合格"或"不合格"的结论，而是综合给出"好"、"一般"、"差"

的质量评价结果，所谓"一般"是指观感质量检验能符合验收规范的要求；所谓"好"是指在质量符合验收规范的基础上，能到达精致、流畅的要求，细部处理到位、精度控制好；所谓"差"是指勉强达到验收规范要求，或有明显的缺陷，但不影响安全或使用功能的。评为"差"的项目能进行返修的应进行返修，不能返修的只要不影响结构安全和使用功能的可通过验收。有影响安全和使用功能的项目，不能评价，应返修后再进行评价。

评价时，施工企业应先自行检查合格后，由监理单位来验收，参加评价的人员应具有相应的资格，由总监理工程师组织，不少于三位监理工程师来检查，在听取其他参加人员的意见后，共同作出评价，但总监理工程师的意见应为主导意见。在作评价时，可分项目逐点评价，也可按项目进行大方面综合评价，最后对分部（子分部）作出评价。

（五）分部（子分部）工程质量验收记录及填写说明

分部（子分部）工程质量应由总监理工程师（建设单位项目专业负责人）组织施工项目经理和有关勘察、设计单位项目负责人进行验收，并按表 3-18 记录。

表 3-18　分部（子分部）工程验收记录

单位（子单位）工程名称			子分部工程数量		分项工程数量	
施工单位			项目负责人		技术（质量）负责人	
分包单位			分包单位负责人		分包内容	
序号	子分部工程名称	分项工程名称	检验批数量	施工单位检查结果	监理单位验收结论	
1						
2						
3						
4						
5						
6						
质量控制资料						
安全和功能检验结果						
观感质量验收结果						
综合验收结论						
施工单位 项目负责人： 年 月 日		勘察单位 项目负责人： 年 月 日		设计单位 项目负责人： 年 月 日	监理单位 总监理工程师： 年 月 日	

注：本表摘自《建筑工程施工质量验收统一标准》（GB 50300—2013）

1. 验收内容

分部（子分部）工程质量验收的主要内容包括以下几个方面：

（1）分项工程。应按分项工程第一个检验批施工的先后顺序，将分项工程名称填上，在第二栏内分别填写各项工程实际的检验批数量，并将各分项工程评定表按顺序附在表后。

（2）质量控制资料。按《建筑工程施工质量验收统一标准》（GB 50300—2013）单位（子单位）工程质量控制资料核查记录中的相关内容来确定所验收的分部（子分部）工程的质量控制资料项目，按资料检查的要求，逐项进行核查。能基本反映工程质量情况，达到保证结构安全和使用功能的要求，可通过验收。全部项目都通过，可在施工单位检查评定栏内打"√"标注检查合格，并送监理单位或建设单位验收。监理单位总监理工程师组织审查，符合要求后，在验收意见栏内签注"同意验收"。

（3）安全和功能检验（检测）报告。本项目指竣工抽样检测的项目，能在分部（子分部）工程中检测的，尽量放在分部（子分部）工程中检测。每个检测项目都通过审查，即可在施工单位检查评定栏内打"√"标注检查合格。由项目经理送监理单位或建设单位验收，监理单位总监理工程师或建设单位项目专业负责人组织审查，符合要求后，在验收意见栏内签注"同意验收"。

（4）观感质量验收。由施工单位项目经理组织进行现场检查，经检查合格后，将施工单位填写的内容填写好后，由项目经理签字后交监理单位或建设单位验收。

2. 验收单位签字认可

验收单位签字是指按表列参与工程建设责任单位的有关人员应亲自签名，以示负责，并方便追查质量责任。

五、单位（子单位）工程质量验收规定

（一）单位（子单位）工程质量验收合格条件

单位工程质量验收也称质量竣工验收，是建筑工程投入使用前的最后一次验收，也是最重要的一次验收。参建各方责任主体和有关单位及人员，应加以重视，认真做好单位工程质量竣工验收，把好工程质量管。验收合格的条件包括以下五个方面：

（1）所含分部（子分部）工程的质量均应验收合格。

（2）质量控制资料应完整。

（3）所含分部工程有关安全、节能、环保和主要使用功能的检验资料应完整。

（4）主要功能项目的抽查结果应符合相关专业质量验收规范的规定；

（5）观感质量验收应符合要求。

为加深理解单位（子单位）工程质量验收合格条件，应注意以下五个方面的内容。

1. 所含分部（子分部）工程的质量均应验收合格

施工单位应事先进行认真准备，将所有分部、子分部工程质量验收的记录表及相关资料及时进行收集整理，并列出目次表，依序将其装订成册。在核查及整理过程中，应注意以下三点：

（1）核查各分部工程中所含的子分部工程是否齐全。

（2）核查各分部、子分部工程质量验收记录表的质量评价是否完善。如分部、子分部工程质量的综合评价，质量控制资料的评价，地基与基础、主体结构和设备安装分部、子分部工程的有关安全及功能的检测和抽测项目的检测记录，以及分部、子分部观感质量的评价等。

（3）核查分部、子分部工程质量验收记录表及相关资料的验收人员是否是规定的有相应资质的技术人员，并进行评价和签认。

2．质量控制资料应完整

质量控制资料主要有以下几方面：

（1）建筑工程质量控制资料是反映建筑工程施工过程中各个环节工程质量状况的基本数据和原始记录，反映完工项目的测试结果和记录。这些资料是反映工程质量的客观见证，是评价工程质量的主要依据。工程质量资料是工程的"合格证"和技术"证明书"。

（2）单位（子单位）工程进行质量验收时，质量控制资料应完整，总承包单位应对各分部（子分部）工程应有的质量控制资料进行核查。图纸会审及变更记录，定位测量放线记录，施工操作依据，原材料、构配件等质量证书，按规定进行检验的检测报告，隐蔽工程验收记录，施工中的有关施工试验、测试、检验等，以及抽样检测项目的检测报告等，由总监理工程师进行核查确认，可按单位工程所包含的分部、子分部分别核查，也可综合抽查。其目的是强调对建筑结构、设备性能、使用功能方面等主要技术性能的检验。

（3）由于每个工程的具体情况不一，因此资料是否完整，要视工程特点和已有资料的情况而定。总之，有一点是验收人员应掌握的，即看其是否可以反映工程的结构安全和使用功能，是否达到设计要求。如果资料能保证该工程结构安全和使用功能，能达到设计要求，则可认为是完整的；否则，不能判定为完整。

3．单位（子单位）工程所含分部工程有关安全和功能的检测资料应完整

在分部、子分部工程中提出了一些检测项目，在分部、子分部工程检查和验收时，应进行检测来保证和验证工程的综合质量和最终质量。这种检测（检验）应由施工单位来进行，检测过程中可请监理工程师或建设单位有关负责人参加监督检测工作，达到要求后，形成检测记录并签字认可。在单位工程、子单位工程验收时，监理工程师应对各分部、子分部工程应检测的项目进行核对，对检测资料的数量、数据及使用的检测方法、检测标准、检测程序进行核查，并核查有关人员的签认情况等。

这种对涉及安全和使用功能的分部工程检验资料的复查，不仅要全面检查其完整性（不得有漏检缺项），而且对分部工程验收时补充进行的见证抽样检验报告也要复核。这种强化验收的手段体现了对安全和主要使用功能的重视。

4．主要功能项目的抽查结果应符合相关专业质量验收规范的规定

主要功能项目的抽查结果应符合相关专业质量验收规范的规定有以下两条：

（1）使用功能的检查是对建筑工程和设备安装工程最终质量的综合检验，也是用户最为关心的内容。因此，在分项、分部工程验收合格的基础上，竣工验收时再做全面检查。通常主要功能抽测项目应为有关项目最终的综合性的使用功能，如室内环境检测、屋面淋

水检测、照明全负荷试验检测、智能建筑系统运行等。

（2）抽查项目是在检查资料文件的基础上由参加验收的各方人员商定，并用计量、计数的抽样方法确定检查部位。检查要求按有关专业工程施工质量验收标准的要求进行。

5．观感质量验收应符合要求

单位工程观感质量的验收方法和内容与分部、子分部工程的观感质量评价一样，只是分部、子分部工程的范围小一些而已，一些分部、子分部工程的观感质量，可能在单位工程检查时已经看不到了。所以单位工程的观感质量更宏观一些。其内容按各有关检验批的主控项目、一般项目有关内容综合掌握，给出"好"、"一般"、"差"的评价。

（二）单位（子单位）工程质量验收记录及填写说明

单位（子单位）工程质量验收应按表 3-19 记录，表 3-19 为单位工程质量竣工验收的汇总表，与表 3-18 和表 3-20~表 3-22 配合使用。表 3-20 为单位（子单位）工程质量控制资料核查记录，表 3-21 为单位（子单位）工程安全和功能检验资料核查及主要功能抽查记录，表 3-22 为单位（子单位）工程观感质量检查记录。

表 3-19 验收记录由施工单位填写，验收结论由监理（建设）单位填写。综合验收结论由参加验收各方共同商定，建设单位填写，应对工程质量是否符合设计和规范要求及总体质量水平作出评价。

表 3-19　单位（子单位）工程质量竣工验收记录

工程名称		结构类型		层数/建筑面积	/
施工单位		技术负责人		开工日期	
项目经理		项目技术负责人		竣工日期	
序号	项 目		验 收 记 录		验 收 结 论
1	分部工程		共　　分部，经查　　分部，符合标准及设计要求　　分部		
2	质量控制资料核查		共　　项，经审查符合要求　　项，经核定符合规范要求　　项		
3	安全和主要使用功能核查及抽查结果		共核查　　项，符合要求　　项，共抽查　　项，符合要求　　项，经返工处理符合要求　　项		
4	观感质量验收		共抽查　　项，达到"好"和"一般"的　　项，经返修处理符合要求的　　项		
	综合验收结论				
参加单位验收	建设单位	监理单位	施工单位		设计单位
	（公章）项目负责人：　年　月　日	（公章）总监理工程师：　年　月　日	（公章）项目负责人：　年　月　日		（公章）项目负责人：　年　月　日

注：本表摘自《建筑工程施工质量验收统一标准》（GB 50300—2013）

表 3-20　单位工程质量控制资料核查记录

工程名称			施工单位				
序号	项目	资料名称	份数	施工单位		监理单位	
				核查意见	核查人	核查意见	核查人
1	建筑与结构	图纸会审记录、设计变更通知单、工程洽商记录					
2		工程定位测量、放线记录					
3		原材料出厂合格证书及进场检验、试验报告					
4		施工试验报告及见证检测报告					
5		隐蔽工程验收记录					
6		施工记录					
7		预制构件、预拌混凝土合格证					
8		地基基础、主体结构检验及抽样检测资料					
9		分项、分部工程质量验收记录					
10		工程质量事故及事故调查处理资料					
11		新材料、新工艺施工记录					
12							
1	给水排水与采暖	图纸会审记录、设计变更通知单、工程洽商记录					
2		原材料出厂合格证书及进场检验、试验报告					
3		管道、设备强度试验、严密性试验记录					
4		隐蔽工程验收记录					
5		系统清洗、灌水、通水、通球试验记录					
6		施工记录					
7		分项、分部工程质量验收记录					
8							
1	建筑电气	图纸会审记录、设计变更通知单、工程洽商记录					
2		材料、设备出厂合格证书及进场检（试）验报告					
3		设备调试记录					
4		接地、绝缘电阻测试记录					
5		隐蔽工程验收记录					
6		施工记录					
7		分项、分部工程质量验收记录					
8							
1	通风与空调	图纸会审记录、设计变更通知单、工程洽商记录					
2		原材料出厂合格证书及进场检验、试验报告					
3		制冷、空调、水管道强度试验、严密性试验记录					
4		隐蔽工程验收记录					
5		制冷设备运行调试记录					

续表

6		通风、空调系统调试记录				
7		施工记录				
8		分项、分部工程质量验收记录				
9						
1	建筑智能化	图纸会审、设计变更、洽商记录、竣工图及设计说明				
2		原材料出厂合格证书及进场检验、试验报告				
3		隐蔽工程验收记录				
4		施工记录				
5		系统功能测定及设备调试记录				
6		系统技术、操作和维护手册				
7		系统管理、操作人员培训记录				
8		系统检测报告				
9		分项、分部工程质量验收报告				
10		新技术论证、备案及施工记录				
11						
1	建筑节能	图纸会审、设计变更、洽商记录、竣工图及设计说明				
2		原材料出厂合格证书及进场检验、试验报告				
3		隐蔽工程验收记录				
4		施工记录				
5		外墙、外窗节能检验报告				
6		设备系统节能检测报告				
7		分项、分部工程质量验收记录				
8		新技术论证、备案及施工记录				
9						
1	电梯	土建布置图纸会审、设计变更、洽商记录				
2		设备出厂合格证书及开箱检验记录				
3		隐蔽工程验收记录				
4		施工记录				
5		接地、绝缘电阻测试记录				
6		负荷试验、安全装置检查记录				
7		分项、分部工程质量验收记录				
8		新技术论证、备案及施工记录				
9						

结论:

施工单位项目负责人:　　　　　　　　　　总监理工程师:

　　　　　　年　月　日　　　　　　　　　　　　　年　月　日

表 3-21 单位工程安全和功能检验资料核查及主要功能抽查记录

工程名称			施工单位				
序号	项目	资料名称	份数	核查意见	抽查结果	核查（抽查）人	
1	建筑与结构	地基承载力检验报告					
2		桩基承载力检验报告					
3		混凝土强度试验报告					
4		砂浆强度试验报告					
5		主体结构尺寸、位置抽查记录					
6		建筑物垂直度、标高、全高测量记录					
7		屋面淋水或蓄水试验记录					
8		地下室渗漏水检测记录					
9		有防水要求的地面蓄水试验记录					
10		抽气(风)道检查记录					
11		外窗气密性、水密性、耐风压检测报告					
12		幕墙气密性、水密性、耐风压检测报告					
13		建筑物沉降观测测量记录					
14		节能、保温测试记录					
15		室内环境检测报告					
16		土壤氧气浓度检测报告					
1	给排水与采暖	给水管道通水试验记录					
2		暖气管道、散热器压力试验记录					
3		卫生器具满水试验记录					
4		消防管道、燃气管道压力试验记录					
5		排水干管通球试验记录					
6							
1	通风与空调	通风、空调系统试运行记录					
2		风量、温度测试记录					
3		洁净室洁净度测试记录					
4		制冷机组试运行调试记录					
5							
1	电气	照明全负荷试验记录					
2		大型灯具牢固性试验记录					
3		避雷接地电阻测试记录					
4		线路、插座、开关接地检验记录					

续表

5							
1	智能	系统试运行记录					
2	建筑	系统电源及接地检测报告					
1	建筑	外墙节能构造检查记录或热工性能检验报告					
2	节能	设备系统节能性能检查记录					
3							
1	电	电梯运行记录					
2	梯	电梯安全装置检测报告					
3							

结论：

总监理工程师：

施工单位项目经理： 年 月 日 （建设单位项目负责人） 年 月 日

注：①抽查项目由验收组协商确定

②本表摘自《建筑工程施工质量验收统一标准》（GB 50300—2013）

表 3-22 单位工程观感质量检查记录

工程名称				施工单位		
序号		项目	抽查质量状况			质量评价
1	建筑与结构	主体结构外观	共检查 点，好 点，一般 点，差 点			
2		室外墙面	共检查 点，好 点，一般 点，差 点			
3		变形缝、雨水管	共检查 点，好 点，一般 点，差 点			
4		屋面	共检查 点，好 点，一般 点，差 点			
5		室内墙面	共检查 点，好 点，一般 点，差 点			
6		室内顶棚	共检查 点，好 点，一般 点，差 点			
7		室内地面	共检查 点，好 点，一般 点，差 点			
8		楼梯、踏步、护栏	共检查 点，好 点，一般 点，差 点			
9		门窗	共检查 点，好 点，一般 点，差 点			
10		雨罩、台阶、坡道、散水	共检查 点，好 点，一般 点，差 点			
1	给排水与采暖	管道接口、坡度、支架	共检查 点，好 点，一般 点，差 点			
2		卫生器具、支架、阀门	共检查 点，好 点，一般 点，差 点			
3		检查口、扫除口、地漏	共检查 点，好 点，一般 点，差 点			
4		散热器、支架	共检查 点，好 点，一般 点，差 点			

续表

5				
1	通风与空调	风管、支架	共检查　点，好　点，一般　点，差　点	
2		风口、风阀	共检查　点，好　点，一般　点，差　点	
3		风机、空调设备	共检查　点，好　点，一般　点，差　点	
4		阀门、支架	共检查　点，好　点，一般　点，差　点	
5		水泵、冷却塔	共检查　点，好　点，一般　点，差　点	
6		绝热	共检查　点，好　点，一般　点，差　点	
1	建筑电气	配电箱、盘、板，接线盒	共检查　点，好　点，一般　点，差　点	
2		设备器具、开关、插座	共检查　点，好　点，一般　点，差　点	
3		防雷、接地、防火	共检查　点，好　点，一般　点，差　点	
4				
1	智能建筑	机房设备安装及布局	共检查　点，好　点，一般　点，差　点	
2		现场设备安装	共检查　点，好　点，一般　点，差　点	
3			共检查　点，好　点，一般　点，差　点	
1	电梯	运行、平层、开关门	共检查　点，好　点，一般　点，差　点	
2		层门、信号系统	共检查　点，好　点，一般　点，差　点	
3		机房	共检查　点，好　点，一般　点，差　点	
观感质量综合评价				

结论：

施工单位项目负责人：　　　　　　　　　　总监理工程师：

　　年　月　日　　　　　　　　　　　　　年　月　日

注：本表摘自《建筑工程施工质量验收统一标准》（GB 50300—2013）

　　单位（子单位）工程质量验收记录填写说明如下：

　　（1）单位工程质量验收也称质量竣工验收，是建筑工程投入使用前的最后一次验收，也是最重要的一次验收。单位（子单位）工程验收记录按表3-20进行。

　　（2）单位（子单位）工程质量验收由五部分内容组成，每一项内容都有自己的专门验收记录表，而单位（子单位）工程质量竣工验收记录（表3-20）是一个综合性的表，是各项验收合格后填写的。

　　（3）单位（子单位）工程由建设单位（含分包单位）（项目）负责组织施工，设计、监理单位（项目）负责人进行验收。单位（子单位）工程验收表中的表3-20由参加验收单位盖公章，并由负责人签字。

本章小结

　　本章主要介绍了建筑工程施工质量验收标准；建筑工程施工质量验收程序和标准；建筑工程施工质量验收的程序、内容和组织，工程项目的交接与回访、保修。

　　本章的主要内容有建筑工程施工质量验收内容；建筑工程施工质量验收程序；建筑工程质量验收组织；工程质量验收意见分歧的解决；建设工程竣工验收备案；工程项目的交接；工程项目的回访与保修；工程建设标准基本知识；建筑工程施工质量验收规范体系及其特点；《建筑工程施工质量验收统一标准》简介；检验批质量验收合格的规定；分项工程质量验收规定；检验批与分项工程质量验收记录及填写说明；分部（子分部）工程质量验收规定；单位（子单位）工程质量验收规定。通过本章的学习，读者能够具有对一般工程进行质量验收划分的能力。

复习思考题

　　1．什么是工程建设标准？

　　2．检验批质量验收记录填表时应注意哪些？

　　3．施工质量验收层次划分的目的是什么？

　　4．单位（子单位）工程质量验收合格的条件有哪些？

　　5．分部（子分部）工程质量验收时应注意什么？

第四章　地基与基础工程质量管理

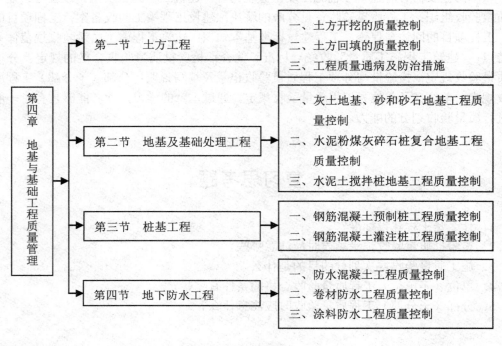

本章结构图

【本章学习目标】

➢ 了解土方工程、地基及基础处理工程、桩基工程、地下防水工程的质量控制要点；

➢ 了解土方工程、地基及基础处理工程、桩基工程、地下防水工程的质量验收标准；

➢ 掌握土方工程、地基及基础处理工程、桩基工程、地下防水工程的验收方法以及质量通病的防治。

第一节　土方工程

土方工程是建筑工程施工中主要的分部工程之一，土方工程具有量大面广、劳动繁重和施工条件复杂等特点，受气候、水文、地质、地下障碍等因素影响较大，不确定因素较多，存在较大的危险性。因此在施工前必须做好调查研究，选择合理的施工方案，采用先进的施工方法和施工机械，以保证工程的质量和安全。对于无支护的土方工程可以划分为土方开挖和土方回填两个分项工程。

一、土方开挖的质量控制

土方开挖的质量控制的主要工作内容包括土方工程施工前的准备工作、土方开挖过程中的质量控制、土方开挖质量检验和工程质量通病及防治措施。

（一）土方工程施工前的准备工作

土方工程施工前的准备工作是一项非常重要的基础性工作，准备工作充分与否，对土方工程施工能否顺利进行起着确定性作用。土方工程施工前的准备工作概括起来主要包括以下几个方面：

（1）场地清理。场地清理包括清理地面及地下各种障碍。在施工前应拆除旧建筑；拆迁或改建通信、电力设备，上、下水道以及地下建（构）筑物；迁移树木并去除耕植土及河塘淤泥等。此项工作由业主委托有资质的拆卸公司或建筑施工公司完成，发生费用由业主承担。

（2）排除地面水。场地内低洼地区的积水必须排除，同时应注意雨水的排除，使场地保持干燥，以利土方施工。地面水的排除一般采用排水沟、截水沟、挡水土坝等措施。

（3）修筑临时设施。修筑好临时道路及供水、供电等临时设施，做好材料、机具及土方机械的进场工作。

（4）定位放线。土方开挖施工时，应按建筑施工图和测量控制网进行测量放线，开挖前应按设计平面图，认真检查建筑物或构筑物的定位桩或轴线控制桩；按基础平面图和放坡宽度，对基坑的灰线进行轴线和几何尺寸的复核，并认真核查工程的朝向、方位是否符合图样内容；办理工程定位测量记录、基槽验线记录。

（二）土方开挖过程中的质量控制

土方开挖过程中的质量控制的主要内容有以下几个方面：

（1）在土方开挖前应检查定位放线、排水和降低地下水位系统，合理安排土方运输车的行走路线和弃土场。

（2）在挖方前，应做好地面排水和降低地下水位工作。

（3）施工过程中应检查平面位置、水平标高、边坡坡度、压实度以及排水和降低地下水位系统，并随时观测周围的环境变化。

（4）在当土方工程挖方较深时，施工单位应采取措施，防止基坑底部土的隆起并避免危害周围环境。

（5）为了使建（构）筑物有一个比较均匀的下沉，对地基应进行严格的检验，与地质勘察报告进行核对，检查地基土与工程地质勘查报告、设计图纸是否相符，有无破坏原状土的结构或发生加大的扰动现象。

（6）临时性挖方的边坡值应符合表 4-1 的规定。

表 4-1　临时性挖方的边坡值

土的类别		边坡值（高∶宽）
砂土（不包括细砂、粉砂）		1∶125～1∶150
一般性黏土	硬	1∶075～1∶100
	硬、塑	1∶100～1∶125
	软	1∶150 或更缓
碎石类土	充填坚硬、硬塑黏性土	1∶050～1∶100
	充填砂土	1∶100～1∶150

注：①设计有要求时，应符合设计标准
　　②如采用降水或其他加固措施，可不受本表限制，但应计算复核
　　③开挖深度，对软土不应超过 4 m，对硬土不应超过 8 m

（三）土方开挖质量检验

土方开挖工程的质量检验标准应符合表 4-2 的规定。

表 4-2　土方开挖工程质量的检验标准

项目	序号	项目	允许偏差或允许值					检验方法
			柱基基坑基槽	挖方场地平整		管沟	地（路）面基层	
				人工	机械			
主控项目	1	标高	−50	±30	±50	−50	−50	水准仪
	2	长度、宽度（由设计中心线向两边量）	+200 −50	+300 −100	+500 −150	+100	—	经纬仪，用钢尺量
	3	边坡	设计要求					用坡度尺检查
一般项目	1	表面平整	20	20	50	20	20	用 2 m 靠尺和楔形塞尺检查
	2	基底土性	设计要求					观察或土样分析

注：地（路）面基层的偏差只适用于直接在挖、填方上做地（路）面的基层。

（四）工程质量通病及防治措施

工程质量通病及防治措施如表 4-3 所示。

表 4-3　工程质量通病及防治措施

序号	项目	质量通病	防治措施
1	边坡超挖	边坡面界面不平，出现较大凹陷，造成积水，使边坡坡度加大，影响边坡稳定	机械开挖应预留 0.3 m 厚度，采用人工修坡

续表

		松软土层应避免各种外界机械车辆等的扰动，
		加强测量复测，进行严格定位，在坡顶边脚设置明显标志和边线，并设专人检查
2	基土扰动	基坑挖好后，立即浇筑混凝土垫层保护地基，不能立即浇筑垫层时，应预留一层150～200 mm厚土层不挖，待下一道工序开始后再挖至设计标高
	基坑挖好后，地基土表层局部或大部分出现松动、浸泡等情况，原土结构遭到破坏，造成承载力降低，基土下沉	基坑挖好后，避免在基土上行驶施工机械和车辆或堆放大量材料。必要时，应铺路基箱或填道木保护
		基坑四周应做好排降水措施，降水工作应持续到基坑回填土完毕。雨期施工时，基坑应挖好一段浇筑一段混凝土垫层。冬期施工时，如基底不能浇筑垫层，应在表面进行适当覆盖保温，或预留一层200～300 mm厚土层后挖，以防冻胀
3	基坑（槽）开挖遇流沙	防治方法主要是减小或平衡动水压力或使动水压力向下，使坑底土粒稳定，不受水压的干扰
	当基坑（槽）开挖深于地下水位0.5 m以下，采取坑内抽水时，坑（槽）底下面的土产生流动状态，随地下水一起涌进坑内，出现边挖边冒，无法挖深的现象。发生流沙时，土会完全失去承载力，不但使施工条件恶化，而且严重时会引起基础边坡塌方，附近建筑物会因地基被掏空而下沉、倾斜，甚至倒塌	在全年最低水位季节施工，使基坑内动水压力减小。
		采取水下挖土（不抽水或少抽水），使坑内水压与坑外地下水压相平衡或缩小水头差
		采用井点降水，使水位降至距基坑底0.5 m以上，使动水压力方向朝下，坑底土面保持无水状态
		沿基坑外围四周打板桩，深入坑底面下一定深度，增加地下水从坑外流入坑内的渗流路线和渗水量，减小动水压力；或采用化学压力注浆，固结基坑周围粉砂层，使其形成防渗帷幕
		往坑底抛大石块，增加土的压重和减小动水压力，同时组织人员快速施工。当基坑面积较小时，也可在四周设钢板护筒，随着挖土不断加深，直至穿过流沙层
4	基底标高或土质不符合要求	控制桩或标志板被碰撞或移动时，应及时复测纠正，防止标高出现误差
	基坑（槽）底标高不符合设计规定值；或基底持力土质不符合设计要求，或被人工扰动。前者会导致浅基础埋置深度不足或超挖，后者会导致持力层承载能力降低。	采用机械开挖基坑（槽），在基底以上应预留一层200～300 mm厚土方人工开挖，以防止超挖
		基坑（槽）挖至基底标高后应会同设计、监理（或建设）单位检查基底土质是否符合要求，并做隐蔽工程记录。
		当个别部位超挖时，应用与基土相同的土料填补，并夯至要求的密度，或用碎石类土填补夯实

二、土方回填的质量控制

土方回填工程质量控制的工作分为材料质量要求和施工过程质量控制。

（一）材料质量要求

土方回填工程的材料质量要求主要包括以下两个方面：

（1）土料。填方土料应符合设计要求，保证填方的强度和稳定性。填方土料宜采用就地挖出的黏性土及塑性指数大于 4 的粉土，土内不得含有松软杂质和耕植土；土料应过筛，其颗粒不应大于 15 mm；回填土含水量要符合压实要求。若土过湿，要进行晾晒或掺入干土、白灰等处理；若土含水量偏低，可适当洒水湿润。

（2）石屑。石屑中应不含有机质，最大颗粒不大于 50 mm，碾压前宜充分洒水湿透，以提高压实效果。填料为爆破石渣时，应通过碾压试验确定含水量的控制范围。

（二）施工过程质量控制

土方回填施工过程质量控制的主要内容有以下几个方面：

（1）土方回填前应清除基底的垃圾、树根等杂物，基底有积水、淤泥时应将其抽除。

（2）查验回填土方的土质及含水量是否符合要求，填方土料应按设计要求验收后方可填入。

（3）土方回填过程中，填筑厚度及压实遍数应根据土质、压实系数及所用机具确定。如果无试验依据，应符合表 4-4 的规定。

（4）基坑（槽）回填时应在相对两侧或四周同时进行回填和夯实。

表 4-4　填土施工时的分层厚度及压实遍数

压实机具	分层厚度/mm	每层压实遍数
平碾	250～300	6～8
振动压实机	250～350	3～4
柴油打夯机	200～250	3～4
人工打夯	<200	3～4

（三）土方回填质量检验

土方回填质量检验工作的内容有以下几个方面：

（1）土方回填前应清除基底的垃圾、树根等杂物，抽除坑穴积水、淤泥，验收基底标高，如在耕植土或松土上填方，应在基底压实后再进行。

（2）对填方土料应按设计要求验收后方可填入。

（3）填方施工过程中应检查排水措施、每层填筑厚度、含水量控制、压实程度。填筑厚度及压实遍数应根据土质、压实系数及所用机具确定。如无试验依据，也应符合表 4-4 的规定。

（4）填方施工结束后，应检查标高、边坡坡度、压实程度等，检验标准应符合表 4-5

的规定。

表 4-5　填土工程质量检验标准

项目	序号	检查项目	允许偏差或允许值					检验方法
			柱基基坑基槽	挖方场地平整		管沟	地（路）面基层	
				人工	机械			
主控项目	1	标高	−50	±30	±50	−50	−50	水准仪
	2	层压实系数	设计要求					按规定方法
一般项目	3	回填土料	设计要求					取样检查或直观鉴别
	1	分层厚度及含水量	设计要求					水准仪及抽样检查
	2	表面平整度	20	20	30	20	20	用靠尺或水准仪

三、工程质量通病及防治措施

土方工程质量通病主要有填方基底处理不当、基坑（槽）回填土沉陷、基础墙体被挤动变形和回填土质不符合要求，密实度差。

（一）填方基底处理不当

填方基底未经处理，局部或大面积填方出现下陷，或发生滑移等现象。其主要的防治措施可从以下几方面进行：

（1）填土场地周围做好排水措施，防止地表滞水流入基底而浸泡地基，造成基底土下陷。

（2）回填土方基底上的草皮、淤泥、杂物应清除干净，积水应排除，耕土、松土应先经夯实处理，然后回填。

（3）当填方地面陡于 1/5 时，应先将斜坡挖成阶梯形，阶高 0.2～0.3m，阶宽大于 1 m，然后分层回填夯实，以利于合并防止滑动。

（4）对于水田、沟渠、池塘或含水量很大的地段回填，基底应根据具体情况采取排水、疏干、挖去淤泥、换土、抛填片石、填砂砾石、翻松、掺石灰压实等处理措施，以加固基底土体。

（5）冬期施工基底土体受冻易胀，应先解冻，夯实处理后再进行回填。

（二）基坑（槽）回填土沉陷

基坑（槽）回填土局部或大片出现沉陷，造成靠墙地面、室外散水空鼓、下陷，建筑物基础积水，有的甚至引起建筑结构不均匀下沉，而出现裂缝。其主要防治措施可从以下几方面进行：

（1）基坑（槽）回填前，应将槽中积水排净，将淤泥、松土、杂物清理干净，如有地下水或地表滞水，应有排水措施。

（2）填土土料中不得含有直径大于 50 mm 的土块，不应有较多的干土块，亟须进行下一道工序时，宜用 2∶8 或 3∶7 灰土回填夯实。

（3）回填土采取分层回填、夯实。每层虚铺土厚度不得大于 300 mm。土料和含水量应符合规定。回填土密实度要按规定抽样检查，使其符合要求。

（4）如下沉较小并已稳定，可填灰土或黏土、碎石混合物夯实。

（5）如地基下沉严重并继续发展，应将基槽透水性大的回填土挖除，重新用黏土或粉质黏土等透水性较小的土回填夯实，或用 2∶8 或 3∶7 灰土回填夯实。

（三）基础墙体被挤动变形

夯填基础墙两侧土方或用推土机送土时，将基础、墙体挤动变形，造成了基础墙体裂缝、破裂，轴线偏移，严重地影响了墙体的受力性能。其防治措施可从以下几个方面进行：

（1）基础两侧用细土同时分层回填夯实，使受力平衡。两侧填土高差不超过 300 mm。

（2）如暖气沟或室内外回填标高相差较大，回填土时可在另一侧临时加木支撑顶牢。

（3）基础墙体施工完毕，达到一定强度后再进行回填土施工。同时避免在单侧临时大量堆土、材料或设备，以及行走重型机械设备。

（4）对已造成基础墙体开裂、变形、轴线偏移等严重影响结构受力性能的质量事故，要会同设计部门，根据具体损坏情况，采取加固措施（如填塞缝隙、加围套等），或将基础墙体局部或大部分拆除重砌。

（四）回填土质不符合要求，密实度差

基坑（槽）填土出现明显沉陷和不均匀沉陷，导致室内地坪开裂及室外散水坡裂断、空鼓、下陷。其主要防治措施可从以下几个方面进行：

（1）填土前，应清除沟槽内的积水和有机杂物。当有地下水或滞水时，应采用相应的排水和降低地下水位的措施。

（2）基槽回填顺序，应按基底排水方向由高至低分层进行。

（3）回填应分层进行，并逐层夯压密实。每层铺填厚度和压实要求应符合施工及验收规范的规定。

（4）回填土料质量应符合设计要求和施工规范的规定。

第二节　地基及基础处理工程

地基与基础工程是建筑工程中重要的分部工程，任何一个建筑物或构筑物都是由上部结构、基础和地基三部分组成的。基础承受建筑物的全部荷载并将其传递给地基一起向下产生沉降；地基承受基础传来的全部荷载，并随土层深度向下扩散，被压缩而产生了变形。

地基是指基础下面承受建筑物全部荷载的土层，其关键指标是地基每平方米能够承受基础传递下来荷载的能力，称为地基承载力。地基分为天然地基和人工地基，天然地基是指不经过人工处理能直接承受房屋荷载的地基；人工地基是指由于土层较软弱或较复杂，

必须经过人工处理，使其提高承载力，才能承受房屋荷载的地基。

基础是指建筑物（构筑物）地面以下墙（柱）的扩大部分，根据埋置深度不同分为浅基础（埋深 5 m 以内）和深基础；根据受力情况分为刚性基础和柔性基础；按基础构造形式分为条形基础、独立基础、桩基础和整体式基础（筏形和箱形）。

任何建（构）筑物都必须有可靠的地基和基础。建筑物的全部重量（包括各种荷载）最终将通过基础传给地基，所以，对某些地基的处理及加固就成为基础工程施工中的一项重要内容。

一、灰土地基、砂和砂石地基工程质量控制

灰土地基、砂和砂石地基工程质量控制的主要工作内容包括材料质量要求、施工过程质量控制和质量检验。

（一）材料质量要求

灰土地基、砂和砂石地基工程的材料质量要求主要有以下几方面：

（1）土料。优先采用就地挖出的黏土及塑性指数大于 4 的粉土。土内不得含有块状黏土、松软杂质等；土料应过筛，其颗粒不应大于 15 mm，含水量应控制在最优含水量±2% 的范围内。严禁采用冻土、膨胀土和盐渍土等活动性较强的土料及地表耕植土。

（2）石灰。应用Ⅲ级以上新鲜的块灰，氧化钙、氧化镁含量越高越好，使用前消解并过筛，其颗粒不得大于 5 mm，并不得夹有未熟化的生石灰块及其他杂质。

（3）灰土。石灰、土过筛后，应按设计要求严格控制配合比。灰土拌和应均匀一致，至少应翻 2～3 次，达到颜色一致。

（4）水泥。选用强度为 425 级硅酸盐水泥或普通硅酸盐水泥，其稳定性和强度应经复试合格。

（5）砂及砂石。采用中砂、粗砂、碎石、卵石、砾石等材料，所有的材料内不得含有草根、垃圾等有机杂质，碎石或卵石的最大粒径不宜大于 50 mm。

（二）施工过程质量控制

灰土地基、砂和砂石地基工程施工过程质量控制的工作主要有以下几个方面：

（1）先验槽，将基坑（槽）内的积水、淤泥清除干净，合格后方可铺设。

（2）灰土配合比应符合设计规定，一般采用石灰与土的体积比为 3∶7 或 2∶8。

（3）分段施工时，不得在转角、柱墩及承重窗间隔下面接缝。接头处应做成斜坡，每层错开 0.5～1 m，并充分捣实。

（4）灰土的干密度或贯入度，应分层进行检验，检验结果必须符合设计要求。

（5）须分段施工的灰土地基，留槎位置应避开墙角、柱基以及承重的窗间墙位置。上下两层灰土的接缝间距不得小于 500 mm，接槎时应沿槎垂直切齐，接缝处的灰土应充分夯实。

（6）施工过程中应严格控制分层铺设的厚度，并检查分段施工时上下两层的搭接长度、夯压遍数、压实参数。灰土分层厚度如表 4-6 所示。

表 4-6　灰土最大虚铺厚度

序号	夯实机具	重量/t	厚度/mm	备注
1	石夯、木夯	0.04～0.08	200～250	人力送夯，落距 400～500 mm 一夯压半夯，夯实后 80～100 mm 厚
2	轻型夯实机械	0.12～0.4	200～250	蛙式或柴油打夯机，夯实后 100～150 mm 厚
3	压路机	6～10	200～300	双轮

（7）一层当天夯（压）不完需隔日施工留槎时，在留槎处保留 300～500 mm，虚铺灰工不夯（压），待次日接槎时与新铺灰土拌和重铺后再进行夯（压）。

（8）灰土基层有高低差时，台阶上下层间压槎宽度应不小于灰土地基厚度。

（9）最优含水量可通过击实试验确定。一般为 14%～18%，以"手握成团、落地开花"为好。

（10）夯打（压）遍数应根据设计要求的干土密度和现场试验确定，一般不少于 3 遍。

（11）用蛙式打夯机夯打灰土时，要求是后行压前行的半行，循序渐进。用压路机碾压灰土，应使后遍轮压前遍轮印的半轮，循序渐进。用木夯或石夯进行人工夯打灰土，举夯高度不应小于 600 mm（夯底高过膝盖），夯打程序分 4 步：夯倚夯，行倚行；夯打夯间，一夯压半夯；夯打行间，一行压半行；行间打夯，仍应一夯压半夯。

（12）灰土回填每层夯（压）实后，应根据规范进行环刀取样，测出灰土的质量密度，达到设计要求时，才能进行上一层灰土的铺摊。压实系数采用环刀法取土检验，压实质量应符合设计要求，压实标准一般取 0.95。

（三）质量检验

1. 灰土地基的质量检验

灰土地基的质量检验工作主要有以下几方面：

（1）灰土土料、石灰或水泥（当水泥替代灰土中的石灰时）等材料及配合比应符合设计要求，灰土应搅拌均匀。

（2）施工过程中应检查分层铺设的厚度、分段施工时上下两层的搭接长度、夯实时加水量、夯实遍数、压实系数。

（3）施工结束后，应检验灰土地基的承载力。

（4）灰土地基质量检验标准与检验方法如表 4-7 所示。

表 4-7　灰土地基质量检验标准与方法

项目	序号	检查项目	允许偏差或允许值		检查方法
			单位	数值	
主控项目	1	地基承载力	设计要求		按规定方法
	2	配合比	设计要求		按拌和时的体积比
	3	压实系数	设计要求		压实系数

续表

	1	石灰粒径	mm	≤5	筛分法
一般项目	2	土料有机质含量	%	≤5	实验室焙烧法
	3	土颗粒粒径	mm	≤15	筛分法
	4	含水量（与要求的最优含水量比较）	%	±2	烘干法
	5	分层厚度偏差（与设计要求比较）	mm	±50	水准仪

2．砂和砂石地基

砂和砂石地基的质量检验工作主要有以下几个方面：

（1）砂、石等原材料质量、配合比应符合设计要求，砂、石应搅拌均匀。

（2）施工过程中必须检查分层厚度、分段施工时搭接部分的压实情况、加水量、压实遍数、压实系数。

（3）施工结束后，应检验砂、石地基的承载力。

（4）砂及砂石地基质量检验标准与检查方法如表 4-8 所示。

表 4-8　砂及砂石地基质量检验标准与方法

项目	序号	检查项目	允许偏差或允许值		检查方法
			单位	数值	
主控项目	1	地基承载力	设计要求		按规定方法
	2	配合比	设计要求		检查拌和时的体积比或重量比
	3	压实系数	设计要求		现场实测
一般项目	1	砂石料有机质含量	%	≤5	焙烧法
	2	砂石料含泥量	%	≤5	水洗法
	3	石料粒径	mm	≤15	筛分法
	4	含水量（与要求的最优含水量比较）	%	±2	烘干法
	5	分层厚度偏差（与设计要求比较）	mm	±50	水准仪

（四）工程质量通病及防治措施

1．灰土地基接槎处理不正确

接槎位置不正确，接槎处灰土松散不密实；未分层留槎，接槎位置不符合规范要求；上下两层接槎未错开 500 mm 以上，并做成直槎，导致接槎处强度降低，出现不均匀沉降，使上部建筑开裂。其主要的防治措施如下：

（1）接槎位置应按规范规定位置留设。

（2）分段施工时，不得留在墙角、桩基及承重窗间墙下接缝，上下两层的接缝距离不得小于 500 mm，接缝处应夯压密实，并做成直槎。

（3）当灰土地基高度不同时，应做成阶梯形，每阶宽不少于 500 mm；同时注意接槎质量，每层虚土应从留缝处往前延伸 500 mm，夯实时应夯过接缝 300 mm 以上。

2．地基密实度达不到要求

灰土地基中，由于所使用的材料不纯，砂土地基中所使用的砂、石中含有草根、垃圾等杂质，分层虚铺土的厚度过大，未能根据所采用的夯实机具控制虚铺厚度而造成地基密实度达不到要求。因此，施工中应根据造成密实度不够的原因采取相应的预防和处理措施。

3．砂和砂石地基用砂石级配不匀

人工级配砂石地基中的配合比例是通过试验确定的，如不拌和均匀铺设，将使地基中存在不同比例的砂石料，甚至出现砂窝或石子窝，使密实度达不到要求，降低地基承载力，在荷载作用下产生不均匀沉陷。其防治措施如下：

（1）人工级配砂石料必须按体积比或重量比准确计量，用人工或机械拌和均匀，分层铺填夯压密实。

（2）不符合要求的部位应挖出，重新拌和均匀，再按要求铺填夯压密实。

4．虚铺土层厚度不均，接槎位置不正确

当灰土、砂和砂石地基基础分层、分段施工时，留槎的形状、位置、尺寸及接槎方法不符合要求。施工过程中应分析缺陷造成的具体原因，并根据缺陷原因采取相应的预防和处理措施。

二、水泥粉煤灰碎石桩复合地基工程质量控制

水泥粉煤灰碎石桩复合地基工程质量控制的主要工作内容包括材料质量要求、施工过程质量控制、质量检验和工程质量通病及防治措施。

（一）材料质量要求

水泥粉煤灰碎石桩复合地基工程材料质量要求主要有以下几方面：

（1）水泥。应选用强度为 42.5 级及以上普通硅酸盐水泥，材料进入现场时，应检查产品标签、生产厂家、产品批号、生产日期、有效期限等。并取样送检，检验合格后方能使用。

（2）粉煤灰。若用振动沉管灌注成桩和长螺旋钻孔灌注成桩施工时，粉煤灰可选用粗灰；当用长螺旋钻孔管内泵压混合料灌注成桩时，为增加混合料的和易性和可泵性，宜选用细度不大于 45％的Ⅲ级或Ⅲ级以上等级的粉煤灰（0.045 mm 方孔筛筛余百分比）。

（3）砂或石屑。中、粗砂粒径 0.5～1mm 为宜，石屑粒径 25～10 mm 为宜，含泥量不大于 5％。

（4）碎石。质地坚硬，粒径不大于 16～31 mm，含泥量不大于 5％，且不得含泥块。

（二）施工过程质量控制

水泥粉煤灰碎石桩复合地基工程施工过程质量控制的主要工作有以下几方面：

（1）一般选用钻孔或振动沉管成桩法和锤击沉管成桩法施工。

（2）施工前应进行成桩工艺和成桩质量试验，确定配合比、提管速度、夯填度、振动器振动时间、电动机工作电流等施工参数，以保证桩身连续和密度均匀。

（3）施工中应选用适宜的桩尖结构，保证顺利出料和有效地挤压桩孔内水泥粉煤灰碎石料。

（3）提拔钻杆（或套管）的速度必须与泵入混合料的速度相匹配，遇到饱和砂土和饱和粉土不得停机待料，否则容易产生缩颈或断桩或爆管的现象，（长螺旋钻孔，管内压混合料成桩施工时，当混凝土泵停止泵灰后应降低拔管速度）而且不同土层中提拔的速度不一样，砂性土、砂质黏土、黏土中提拔的速度为 12～15 m/min，在淤泥质土中应当放慢。

（5）桩顶标高应高出设计标高 0.5 m。由沉管方法成孔后时，应注意新施工桩对已成桩的影响，避免挤桩。

（6）选用沉管法成桩时，要特别注意新施工桩对已制成桩的影响，避免侧向土体挤压发生桩身破坏。

（7）冬期施工时混合料入孔温度不得低于 5 ℃，对桩头和桩间土应采取保温措施。

（二）质量检验

水泥粉煤灰碎石桩复合地基质量检验要求如下：

（1）水泥、粉煤灰、砂及碎石等原材料应符合设计要求。

（2）水泥粉煤灰碎石桩复合地基的质量检验标准应符合表 4-9 的规定。

表 4-9　水泥粉煤灰碎石桩复合地基质量检验标准与方法

项目	序号	检查项目	允许偏差或允许值		检查方法
			单位	数值	
主控项目	1	原材料	设计要求		查产品合格证书或抽样送检
	2	桩径	mm	−20	用钢尺量或计算填料量
	3	桩身强度	设计要求		查 28 d 试块强度
	4	地基承载力	设计要求		按规定办法
一般项目	1	桩身完整性	按桩基检测技术规范		按桩基检测技术规范
	2	桩位偏差	满堂布桩≤0.40D 条基布桩≤0.25D		用钢尺量，D 为桩径
	3	桩垂直度	%	≤15	用经纬仪测桩管
	4	桩长	mm	＋100	测桩管长度或垂球测孔深
	5	褥垫层夯填度	≤0.9		用钢尺量

注：①夯填度指夯实后的褥垫层厚度与虚铺厚度的比值。

②桩径允许偏差负值是指个别断面。

（3）施工中应检查桩身混合料的配合比、坍落度和提拔钻杆速度（或提拔套管速度）、成孔深度、混合料灌入量等。

（4）施工结束后，应对桩体质量及复合地基承载力做检验，褥垫层应检查其夯填度。

（四）工程质量通病及防治措施

工程质量通病及防治措施如表 4-10 所示。

表 4-10　工程质量通病及防治措施

项目	质量通病	防治措施
水泥粉煤灰碎石桩复合地基质量检验	地面不平坦、不实或遇到地下物、干硬黏土、硬夹层，致使桩体偏斜过大，成桩未达到设计深度	施工前场地要平整压实（一般要求地面承载力为 $100\sim50$ kN/m²），若雨期施工，地面较软，地面可铺垫一定厚度的砂卵石、碎石、灰土或选用路基箱
		施工前要选择合格的桩管，桩管要双向校正（用垂球吊线或选用经纬仪成 90° 角校正），规范控制垂直度 $0.5\%\sim10\%$。
		放桩位点最好用钎探查找地下物（钎长 10~15 m），过深的地下物用补桩或移桩位的方法处理
		桩位偏差应在规范允许范围之内（10~20 mm）
		遇到硬夹层造成沉桩困难或穿不过时，可选用射水沉管或用"植桩法"（先钻孔的孔径应小于或等于设计桩径）
		沉管至干硬黏土层深度时，可采用先注水浸泡 24 h 以上，再沉管的办法
		遇到软硬土层交接处，沉降不均，或滑移时，应设计研究采用缩短桩长或加密桩的办法等
		选择合理的打桩顺序，如连续施打、间隔跳打，视土性和桩距全面考虑；满堂补桩不得从四周向内推进施工，而应采取从中心向外推进或从一边向另一边推进的方案
缩颈、断桩	由于土层变化，在高水位的黏性土中，振动作用下会产生缩颈；开槽及桩顶处理不好或冬期施工冻层与非冻层结合部易产生缩颈或断桩	要严格按不同土层进行配料，搅拌时间要充分，每盘至少 3 min
		控制拔管速度，一般为 $1\sim2$ m/min。用浮标观测（测每米混凝土灌量是否满足设计灌量）以找出缩颈部位，设拔管 15~20 m，留振 20 s 左右（根据地质情况掌握留振次数与时间或者不留振）
		出现缩颈或断桩，可采取扩颈方法或者加桩进行处理
		混合料应注意做好季节施工，雨期防雨，冬期保温，都要苫盖，并保证贯入温度 5 ℃（冬期按规范）
		冬期施工，在冻层与非冻层结合部（超过结合部搭接 10 m 为好），要进行局部复打或局部翻插，克服缩颈或断桩

续表

粉煤灰地基用湿排灰直接铺设	电厂湿排灰未经沥干，就直接运到现场进行铺设，其含水量往往大大超过最优含水量，不仅很难压实，达不到密实度要求，而且易形成橡皮土，使地基强度降低，建筑物产生附加沉降，引起下沉开裂	铺设粉煤灰要选用Ⅲ级以上，含 SiO_2、Al_2O_3、Fe_2O_3 总量高的颗粒粒径在 0.001～2.0 mm 的粉煤灰，不得混入植物、生活垃圾及其他有机杂质。粉煤灰进场，其含水量应控制在 31%±2% 的范围内，或通过击穿试验确定
		如含水量过大，须摊铺沥干后再碾压
		夯实或碾压时，如出现"橡皮土"的现象，应暂停压实，可采取将地基开槽、翻松、晾晒或换灰等办法处理

三、水泥土搅拌桩地基工程质量控制

水泥土搅拌桩地基工程质量控制主要内容包括材料质量要求、施工过程质量控制和水泥土搅拌桩地基质量检验。

（一）材料要求

水泥土搅拌桩地基工程材料质量要求主要有以下几个方面：

（1）水泥。宜采用强度为 4.25 级的普通硅酸盐水泥。水泥进场时，应检查产品标签、生产厂家、产品批号、生产日期等，并按批量、批号取样送检。

（2）外渗剂。减水剂选用木质素磺酸钙，早强剂选用三乙醇胺、氯化钙、碳酸钠或二水玻璃等材料，掺入量通过试验确定。

（二）水施工过程质量控制

水泥土搅拌桩地基工程施工过程质量控制的工作主要有以下几个方面：

（1）检查水泥外渗剂和土体是否符合要求，调整好搅拌机、灰浆泵、拌浆机等设备。

（2）施工现场应事先予平整，必须清除地上、地下一切障碍物。潮湿和场地低洼时应抽水和清淤，分层夯实回填黏性土料，不得回填杂填土或生活垃圾。

（3）作为承重水泥土搅拌桩施工时，设计停浆面应高出基础底面标高 300～500 mm（基础埋深大取小值、反之取大值）。在开挖基坑时，应将该施工质量较差段用手工挖除，以防止发生桩顶与挖土机械碰撞断裂现象。

（4）为保证水泥土搅拌桩的垂直度，要注意起吊搅拌设备的平整度和导向架的垂直度。水泥土搅拌桩的垂直度控制为不得大于 1.5% 范围内，桩位布置偏差不得大于 50 mm，桩径偏差不得大于 $4D\%$（D 为桩径）。

（5）预搅下沉时不宜冲水，当遇到较硬土层下沉太慢时，方可适当冲水，但应用缩小浆液水灰比或增加掺入浆液等方法来弥补冲水对桩身强度的影响。

（6）水泥土搅拌桩施工过程中，为确保搅拌充分、桩体质量均匀，搅拌机头提速不宜过快，否则会使搅拌桩体局部水泥量不足或水泥不能均匀地拌和在土中，导致桩体强度不一。

（7）施工时因故停浆，应将搅拌头下沉至停浆点以下 0.5 m 处，待恢复供浆时再喷浆提升。若停机 3 h 以上，应拆卸输浆管路，清洗干净，防止恢复施工时堵管。

（8）壁状加固时桩与桩的搭接长度宜为 200 mm，搭接时间不大于 24 h。如因特殊原因超过 24 h 时，应对最后一根桩先进行空钻留出榫头以待下一个桩搭接；如间隔时间过长，与下一根桩无法搭接时，应在设计和业主方认可后采取局部补桩或注浆措施。

（9）拌浆、输浆、搅拌等均应有专人记录。桩深记录误差不得大于 100 mm，时间记录误差不得大于 5 s。

（10）施工结束后，应检查桩体强度、桩体直径及地基承载力。

进行强度检验时，对承重水泥土搅拌桩应取 90 d 后的试件；对支护水泥土搅拌桩应取 28 d 后的试件。强度检验取 90 d 后的试样是根据水泥土的特性而定的，如工程需要（如作为围护结构用的水泥土搅拌桩），可根据设计要求以 28 d 强度为准。由于水泥土搅拌桩施工的影响因素较多，故检查数量略多于一般桩基。

（三）水泥土搅拌桩地基质量检验

水泥土搅拌桩地基质量检验的注意事项有以下几个方面：

（1）施工前应检查水泥及外掺剂的质量、桩位、搅拌机工作性能及各种计量设备完好程度（主要是水泥浆流量计及其他计量装置）。

（2）施工中应检查机头提升速度、水泥浆或水泥注入量、搅拌桩的长度及标高。

（3）施工结束后，应检查桩体强度、桩体直径及地基承载力。

（4）进行强度检验时，对承重水泥土搅拌桩应取 90 d 后的试件；对支护水泥土搅拌桩应取 28 d 后的试件。

（5）水泥土搅拌桩地基质量检验标准与检查方法如表 4-11 所示。

表 4-11　水泥土搅拌桩地基质量检验标准与方法

项目	序号	检查项目	允许偏差或允许值		检查方法
			单位	数值	
主控项目	1	水泥及外掺剂质量	设计要求		查产品合格证书或抽样送检
	2	水泥用量	参数指标		查看流量计
	3	桩体强度	设计要求		按规定办法
	4	地基承载力	设计要求		按规定办法
一般项目	1	机头提升速度	m/min	≤0.5	量机头上升距离及时间
	2	桩底标高	mm	±200	测机头深度
	3	桩顶标高	mm	+100 −5	水准仪（最上部 500 mm 不计入）
	4	桩位偏差	mm	<50	用钢尺量
	5	桩径		<0.04D	用钢尺量，D 为桩径
	6	垂直度	%	≤15	经纬仪
	7	搭接	mm	>200	用钢尺量

（四）工程质量通病及防治措施

1. 搅拌不均匀，桩强度降低

搅拌机械、注浆机械中途发生故障，造成注浆不连续，供水不均匀，使软黏土被扰动，无水泥浆拌和，造成桩体强度降低。其防治措施如下：

（1）施工前应该对搅拌机械、注浆设备和制浆设备等进行检查维修，使其处于正常状态。

（2）灰浆拌和机搅拌时间一般不少于 2 min，增加拌和次数，保证拌和均匀，勿使浆液沉淀。

（3）提高搅拌转数，降低钻进速度，边搅拌，边提升，提高拌和均匀性。

（4）拌制固化剂时不得任意加水，以防改变水灰比（水泥浆），降低拌和强度。

2. 桩体直径偏小

在施工操作时对桩位控制不严，使桩径和垂直度产生较大偏差，出现不合格的桩。其主要防治措施为：施工中应严格控制桩位，使其偏差控制在允许范围内。当出现不合格桩时，应分别采取补桩或加强邻桩的措施。

第三节　桩基工程

桩基是一种深基础，桩基一般由设置于土中的桩和承接上部结构的承台组成。桩基工程是地基与基础分部工程的子分部工程。根据类型不同，桩基工程可以分为静力压桩、预应力离心管桩、钢筋混凝土预制桩、钢桩、混凝土灌注桩等分项工程。

一、钢筋混凝土预制桩工程质量控制

钢筋混凝土预制桩是指在地面预先制作成型并通过锤击或静压的方法沉至设计标高而形成的桩。

（一）材料质量要求

钢筋混凝土预制桩工程的材料质量要求的主要内容包括以下几个方面：

（1）粗骨料。应采用质地坚硬的卵石、碎石，其粒径宜用 5～40 mm 连续级配，含泥量不大于 2%，无垃圾及杂物。

（2）细骨料。应选用质地坚硬的中砂，含泥量不大于 3%，无有机物、垃圾、泥块等杂物。

（3）水泥。宜用强度等级为 32.5、42.5 级的硅酸盐水泥或普通硅酸盐水泥，使用前必须有出厂质量证明书和水泥现场取样复试试验报告，合格后方准使用。

（4）钢筋。应具有出厂质量证明书和钢筋现场取样复试试验报告，合格后方准使用。

（5）拌合用水。一般饮用水或洁净的自然水。

（6）混凝土配合比。用现场材料，按设计要求强度和经实验室试配后出具的混凝土配合比进行配合。

（二）成品桩质量要求

钢筋骨架的质量要求及检验方法应符合相关规定，如表 4-12 所示。

表 4-12　钢筋混凝土预制桩钢筋骨架质量检验标准　　　　　　　单位：mm

项目	序号	检查项目	允许偏差或允许值	检查方法
主控项目	1	主筋距桩顶距离	±5	用钢尺量
	2	多节桩锚固钢筋位置	5	用钢尺量
	3	多节桩预埋铁件	±3	用钢尺量
	4	主筋保护层厚度	±5	用钢尺量
一般项目	1	主筋间距	±5	用钢尺量
	2	桩尖中心线	10	用钢尺量
	3	箍筋间距	±20	用钢尺量
	4	桩顶钢筋网片	±10	用钢尺量
	5	多节桩锚固钢筋长度	±10	用钢尺量

采用工厂生产的成品桩时，桩进场后应进行外观及尺寸检查，要有产品合格证书。

（三）施工过程质量控制

钢筋混凝土预制桩工程施工过程质量控制的主要内容有预制桩钢筋骨架质量控制，混凝土预制桩的起吊、运输和堆存质量控制，混凝土预制桩接桩施工质量控制和混凝土预制桩沉桩质量控制。

1. 预制桩钢筋骨架质量控制

预制桩钢筋骨架质量控制的具体方法如下：

（1）桩主筋可采用对焊或电弧焊，同一截面的主筋接头不得超过 50%，相邻主筋接头截面的距离应大于 $35d$（d 为主筋直径）且不小于 500 mm。

（2）为了防止桩顶击碎，桩顶钢筋网片位置要按图施工严格控制，并采取措施使网片位置固定正确、牢固。保证混凝土浇筑时不移位；浇筑预制桩混凝土时，从柱顶开始浇筑，要保证柱顶和桩尖不积聚过多的砂浆。

（3）为防止锤击时桩身出现纵向裂缝，使桩身击碎，被迫停锤，预制桩钢筋骨架中主筋距桩顶的距离须严格控制，绝不允许出现主筋距桩顶面过近甚至触及桩顶的质量问题。

（4）预制桩分段长度的确定，应在掌握地层土质的情况下，决定分段桩长度时要避开桩应接近硬持力层或桩尖处于硬持力层中接桩，防止桩尖停在硬层内接桩，电焊接桩应抓紧时间，以免耗时长，桩摩阻得到恢复，使桩下沉产生困难。

2. 混凝土预制桩的起吊、运输和堆存质量控制

混凝土预制桩的起吊、运输和堆存质量控制的具体方法如下：

（1）预制桩达到设计强度 70% 方可起吊，达到 100% 才能运输。

（2）桩水平运输，应用运输车辆，严禁在场地上直接拖拉桩身。

（3）垫木和吊点应保持在同一横断面上，且各层垫木上下对齐，防止垫木参差不齐而桩被剪切断裂。

（4）根据许多工程的实践经验，凡龄期和强度都达到要求的预制桩，才能顺利打入土中，很少打裂。沉桩应做到强度和龄期双控制。

3．混凝土预制桩接桩施工质量控制

混凝土预制桩接桩施工质量控制的具体方法如下：

（1）硫黄胶泥锚接法仅适用于软土层，管理和操作要求较严；一级建筑桩基或承受拔力的桩应慎用。

（2）焊接接桩材料时，钢板宜用低碳钢，焊条宜用 E43；焊条使用前必须经过烘焙，降低烧焊时含氢量，防止焊缝产生气孔而降低其强度和韧性；焊条烘焙应有记录。

（3）焊接接桩时，应先将四角点焊固定，焊接必须对称进行以保证设计尺寸正确，使上下节桩对正。

4．混凝土预制桩沉桩质量控制

混凝土预制桩沉桩质量控制的具体方法如下：

（1）沉桩顺序是打桩施工方案的一项十分重要的内容，必须正确选择、确定，避免桩位偏移、上拔、地面隆起过多、邻近建筑物破坏等事故发生。

（2）沉桩中停止锤击应根据桩的受力情况确定，摩擦型桩以标高为主，贯入度为辅，而端承型桩应以贯入度为主，标高为辅，并进行综合考虑，当两者差异较大时，应会同各参与方进行研究，共同确定停止锤击桩标准。

（3）为避免或减少沉桩挤土效应和对邻近建筑物、地下管线的影响，在施打大面积密集桩群时，有采取预钻孔，设置袋装砂井或塑料排水板，消除部分超孔隙水压力以减少挤土现象，设置隔离板桩或地下连续墙、开挖地面防振沟以消除部分地面振动等辅助措施。无论采取一种或多种措施，在沉桩前都应对周围建筑、管线进行原始状态观测数据记录，在沉桩过程应加强观测和监护，每天在监测数据的指导下进行沉桩，做到有备无患。

（4）插桩是保证桩位正确和桩身垂直度的重要开端，插桩应控制桩的垂直度，并应逐桩记录，以备核对查验，避免打偏。

（四）钢筋混凝土预制桩质量检验

（1）桩在现场预制时，应对原材料、钢筋骨架（见表 4-13）、混凝土强度进行检查。采用工厂生产的成品桩时，桩进场后应进行外观及尺寸检查。

表 4-13　预制桩钢筋骨架质量验收标准　　　　　　　　　单位：mm

项目	序号	检查项目	允许偏差或允许值	检查方法
主控项目	1	主筋距桩顶距离	±5	用钢尺量
	2	多节桩锚固钢筋位置	5	用钢尺量
	3	多节桩预埋铁件	±3	用钢尺量
	4	主筋保护层厚度	±5	用钢尺量

一般项目	1	主筋间距	±5	用钢尺量
	2	桩尖中心线	10	用钢尺量
	3	箍筋间距	±20	用钢尺量
	4	桩顶钢筋网片	±10	用钢尺量
	5	多节桩锚固钢筋长度	±10	用钢尺量

（2）施工中应对桩体垂直度、沉桩情况、桩顶完整状况、接桩质量等进行检查，对电焊接桩，重要工程应做10%的焊缝探伤检查。

（3）施工结束后，应对承载力及桩体质量做检验。

（4）对长桩或总锤击数超过500击的锤击桩，应符合桩体强度及28 d龄期的两项条件才能锤击。

（5）钢筋混凝土预制桩的质量检验标准应符合表4-14的规定。

表 4-14　钢筋混凝土预制桩的质量验收标准　　　　　　　　　单位：mm

项目	序号	检查项目	允许偏差或允许值		检查方法
			单位	数值	
主控项目	1	桩体质量检验	按基桩检测技术规范		按基桩检测技术规范
	2	桩位偏差	符合设计要求		用钢尺量
	3	承载力	按基桩检测技术规范		按基桩检测技术规范
一般项目	1	砂、石、水泥、钢材等原材料（现场预制时）	符合设计要求		查出厂质保文件或抽样送检
	2	混凝土配合比及强度（现场预制时）	符合设计要求		检查称量及查试块记录
	3	成品桩外形	表面平整，颜色均匀，掉角深度小于 10 mm，蜂窝面积小于总面积0.5%		用经纬仪测桩管
	4	成品桩裂缝（收缩裂缝或起吊、装运、堆放引起的裂缝）	深度<20 mm，宽度<0.25 mm，横向裂缝不超过边长的一半		裂缝测定仪，该项在地下水有侵蚀地区及锤击数超过500击的长桩不适用
	5	成品桩尺寸：横截面边长　桩顶对角线差　桩尖中心线　桩身弯曲矢高　桩顶平整度	mm　mm　mm　　mm	±5　<10　<10　<1/1000l　<2	用钢尺量　用钢尺量　用钢尺量　用钢尺量，l 为桩长　用水平尺量
	6	电焊接桩：焊缝质量　电焊结束后停歇时间　上下节平面偏差　节点弯曲矢高	符合设计要求　min　mm	>1.0　<10　<1/1000l	秒表测定　秒表测定　用钢尺量，l 为两节桩长

续表

7	硫黄胶泥接桩： 胶泥浇筑时间 浇筑后停歇时间	Min min	<2 >7	秒表测定 秒表测定
8	桩顶标高	mm	±50	水准仪
9	停锤标准	设计要求		现场实测或查沉桩记录

（五）工程质量通病及防治措施

1. 桩顶加强钢筋网片互相重叠或距桩顶距离大

桩顶钢筋网片重叠在一起或距桩顶距离超过设计要求，易使网片间和桩顶部混凝土击碎，露出钢筋骨架，无法继续打（沉）桩。其防治措施为：桩顶网片按图 4-1 均匀设置，并用电焊与主筋焊连，防止振捣时位移。

网片的四角或中间用长短不同的连接钢筋与钢筋骨架连接，如图 4-1 所示。

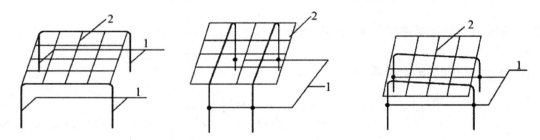

图 4-1　桩顶网片伸出钢筋与主筋焊接图

1—从三片网片伸出连接主筋的钢筋；2—网片

2. 桩顶钢筋骨架主筋布置不符合要求

混凝土预制桩钢筋骨架的主筋离桩顶距离过小或触及桩顶。锤击沉桩或压桩时，压力直接传至主筋，桩身出现纵向裂缝。其具体防治措施为：主筋距桩顶距离按设计图施工，主筋长度按负偏差 −10 mm 执行，不准出现正偏差。

3. 桩顶位移或桩身上浮、涌起

在沉桩过程中，相邻的桩产生横向位移或桩身上涌，影响和降低桩的承载力。其主要防治措施如下：

（1）沉桩两个方向吊线坠检查垂直度；桩不正以及桩尖不在桩纵轴线上时不宜使用，一节桩的细长比不宜超过 40。

（2）应注意打桩顺序，同时避免打桩期间同时开挖基坑，一般宜间隔 $4\sim4d$（d 为桩直径），以除消空隙压力，避免桩位移或涌起。

（3）位移过大，应拔出移位再打；位移不大，可用木架顶正，再慢锤打入；障碍物埋设不深，可挖出回填后再打；上浮、涌起量大的桩应重新打入。

4．接桩处松脱开裂、接长桩脱桩

接桩处经过锤击后，出现松脱开裂等现象；长桩打入施工完毕检查完整性时，发现有的桩出现脱节现象（拉开或错位），会降低和影响桩的承载能力。其主要防治措施如下：

（1）连接处的表面应清理干净，不得留有杂质、雨水和油污等。

（2）采用焊接或法兰连接时，连接铁件及法兰表面应平整，不能有较大间隙，否则极易造成焊接不牢或螺栓拧不紧。

（3）采用硫黄胶泥接桩时，硫黄胶泥配合比应符合设计规定，严格按操作规程熬制，温度控制要适当等。

（4）上下节桩双向校正后，其间隙用薄铁板填实焊牢，所有焊缝要连续饱满，按焊接质量要求操作。

（5）对因接头质量引起的脱桩，若未出现错位情况，属有修复可能的缺陷桩。当成桩完成，土体扰动现象消除后，采用复打方式，可弥补缺陷，恢复功能。

（6）对遇到复杂地质情况的工程，为避免出现桩基质量问题，可改变接头方式，如用钢套方法，接头部位设置抗剪键，插入后焊死，可有效防止脱开。

二、钢筋混凝土灌注桩工程质量控制

（一）材料质量要求

钢筋混凝土灌注桩工程的材料质量要求主要有以下几方面：

（1）粗骨料。选用质地坚硬的卵石或碎石，卵石粒径≤50 mm，碎石≤40 mm，含泥量≤2%，无杂质。

（2）细骨料。应选用质地坚硬的中砂，含泥量不大于3%，无有机物、垃圾、泥块等。

（3）水泥。宜用42.5级的普通硅酸盐水泥或硅酸盐水泥，见证复试合格后方准使用，严禁用快硬水泥浇筑水下混凝土。

（4）钢筋。应有出厂合格证，见证复试合格后方准使用。

（5）拌合用水。一般饮用水或洁净的自然水。

（6）混凝土配合比。依据现场材料和设计要求强度，采用经试验室试配后出具的混凝土配合比。

（二）施工过程质量控制

混凝土灌注桩的质量检验应较其他桩种严格，这是工艺本身的要求，由其引发的工程事故也较多，因此，对监测手段要事先落实。

（1）施工前，施工单位应根据工程具体情况编制专项施工方案；监理单位应编制确实可行的监理实施细则。

（2）灌注桩施工，应先做好建筑物的定位和测量放线工作，施工过程中应对每根桩位复查（特别是定位桩的位置），以确保桩位。

（3）施工前应对水泥、砂、石子、钢材等原材料进行检查，也应对进场的机械设备、施工组织设计中制定的施工顺序、检测手段进行检查。

（4）桩施工前，应进行"试成孔"。试孔桩的数量每个场地不少于两个，通过试成孔检查核对地质资料、施工参数及设备运转情况。

（5）试孔结束后应检查孔径、垂直度、孔壁稳定性等是否符合设计要求。

（6）检查建筑物位置和工程桩位轴线是否符合设计要求。应对每根桩位复核，桩位的放样允许偏差如下：群桩 20 mm，单排桩 10 mm。泥浆护壁成孔桩应检查护筒的埋设位。

（7）在施工过程中必须随时检查施工记录，并对照规定的施工工艺对每根桩进行质量检查。检查重点是：成孔、沉渣厚度（二次清孔后的结果）、放置钢筋笼、灌注混凝土等进行全过程，人工挖孔桩尚应复验孔底持力层土（岩）性。嵌岩桩必须有桩端持力层的岩性报告。

（8）泥浆护壁成孔桩成孔过程要检查钻机就位的垂直度和平面位置，开孔前对钻头直径和钻具长度进行量测，并记录备查，检查护壁泥浆的相对密度及成孔后沉渣的厚度。

（9）人工挖孔桩挖孔过程中要随时检查护壁的位置、垂直度，及时纠偏。上下节护壁的搭接长度大于 50 mm。挖至设计标高后，检查孔壁、孔底情况，及时清除孔壁渣土淤泥、孔底残渣、积水。

（10）混凝土的坍落度对成桩质量有直接影响，坍落度合理的混凝土可有效地保证混凝土的灌注性、连续性和密实性，坍落度一般应控制在 18～22 cm 范围内。

（11）导管底端在混凝土面以下的深度是否合理关系到成桩质量，必须予以严格控制。开浇时料斗必须储足一次下料能保证导管埋入混凝土 1.0 m 以上的混凝土初灌量，以免因导管下口未被埋入混凝土内造成管内反混浆现象，导致开浇失败；在浇筑过程中，要经常探测混凝土面的实际标高，计算混凝土面上升高度、导管下口与混凝土面相对位置，及时拆卸导管，保持导管合理埋深，严禁将导管拔出混凝土面。导管埋深一般应控制在 1～6 m 内，过大或过小都会在不同外界条件下出现不同形式的质量问题，直接影响桩的质量。

（三）钢筋混凝土灌注桩地基质量检验

钢筋混凝土灌注桩地基质量检验内容如下：

（1）混凝土灌注桩的质量检验标准应符合表 4-15 和表 4-16 的规定。

表 4-15　混凝土灌注桩钢筋笼质量验收标准　　　　　单位：mm

项目	序号	检查项目	允许偏差或允许值	检查方法
主控项目	1	主筋间距	±10	用钢尺量
	2	长度	±100	用钢尺量
一般项目	1	钢筋材质检验	设计要求	抽样送检
	2	箍筋间距	±20	用钢尺量
	3	直径	±10	用钢尺量

表 4-16　混凝土灌注桩质量验收标准　　　　　　　单位：mm

项目	序号	检查项目	允许偏差或允许值		检查方法
			单位	数值	
主控项目	1	桩位	符合设计要求		基坑开挖前量护筒，开挖后量桩中心
	2	孔深	mm	+300	只深不浅，用重锤测，或测钻杆、套管长度，嵌岩桩应确保进入设计要求的嵌岩深度
	3	桩体质量检验	按基桩检测技术规范，如钻芯取样，大直径嵌岩桩应钻至桩尖下 50 cm		按基桩检测技术规范
	4	混凝土强度	设计要求		试件报告或钻芯取样送检
	5	承载力	按基桩检测技术规范		按基桩检测技术规范
一般项目	1	垂直度	符合设计要求		测套管或钻杆，或用超声波探测，干施工时吊垂球
	2	桩径	符合设计要求		井径仪或超声波检测，干施工时用钢尺量，人工挖孔不包括内衬厚度
	3	浆比重（黏土或砂性土中）	1.15～1.20		用比重计测，清孔后在距孔底 50 cm 处取样
	4	泥浆面标高（高于地下水位）	m	0.5～1.0	目测
	5	沉渣厚度：端承桩摩擦桩	mm mm	≤50 ≤150	用测渣仪或重锤测量
	6	混凝土坍落度：水下灌注 干施工	mm mm	160～220 70～100	坍落度仪
	7	钢筋笼安装深度	mm	±100	用钢尺量
	8	混凝土充盈系数	>1		检查每根桩的实际灌注量
	9	桩顶标高	mm	+30 -50	水准仪，需扣除桩顶浮浆层及劣质桩体

（2）施工前应对水泥、砂、石子（如现场搅拌）、钢材等原材料进行检查，对施工组织设计中制定的施工顺序、检测手段（包括仪器、方法）也应检查。

（3）施工中应对成孔、清渣、放置钢筋笼、灌注混凝土等进行全过程检查，人工挖孔桩尚应复验孔底持力层土（岩）性。嵌岩桩必须有桩端持力层的岩性报告。

（4）施工结束后，应检查混凝土强度，并应做桩体质量及承载力的检验。

（四）工程质量通病及防治措施

1．钻孔出现偏移、倾斜

成孔后不直，出现较大的垂直偏差，降低桩的承载能力。其主要防治措施如下：

（1）安装钻机时，要对导杆进行水平和垂直校正，检修钻孔设备，如钻杆弯曲，及时调换或更换；遇软硬土层、倾斜岩层或砂卵石层应控制进尺，低速钻进。

（2）桩孔偏斜过大时，可填入石子、黏土重新钻进，控制钻速、慢速上下提升、下降，往复扫孔纠正；如遇探头石，宜用钻机钻透；用冲击钻时，宜用低锤密击，把石块击碎；遇倾斜基岩时，可投入块石，使表面略平，再用冲锤密打。

2．灌注桩出现脚桩、断桩

成孔后，桩身下部局部没有混凝土或夹有泥土形成吊脚桩；水下灌注混凝土，桩截面上存在泥夹层造成断桩，两类情形导致桩的整体性破坏，影响桩承载力。其主要防治措施如下：

（1）做好清孔工作，达到要求立即灌注桩混凝土，控制间歇不超过 4 h。注意控制泥浆密度，同时使孔内水位经常保持高于孔外水位 0.5 m 以上，以防止塌孔。

（2）力争首批混凝土一次浇灌成功；钻孔选用较大密度和黏度、胶体率好的泥浆护壁；控制进尺速度，保持孔壁稳定。导管接头应用方螺纹连接，并设橡胶圈密封严密；孔口护筒不应埋置太浅；下钢筋笼骨架过程中，不应碰撞孔壁；施工时突然下雨，要力争一次性灌注完成。

（3）灌注桩孔壁严重塌方或导管无法拔出形成断桩，可在一侧补桩；深度不大可挖出，对断桩处做适当处理后，支模重新浇筑混凝土。

3．扩大头偏位

由于扩大头处土质不均匀，或者雷管和炸药放置的位置不正，或者是由于引爆程序不当而造成扩大头不在规定的桩孔中心而偏向一边。其具体防治措施：为避免扩大头偏位，在选择扩孔位置的土层时，要求选择强度较高、土质均匀的土层作为扩大头的持力层；同时在爆扩时，雷管要垂直放于药包的中心，药包放于孔底中心并稳固好，当孔底不平时，应铺干砂垫平再放药包，以防止爆扩后扩大头偏位。爆扩大头后，一般第一次灌注的混凝土量填不满扩大头的空腔，因此可用测孔器测出扩大头是否有偏头现象。如发生偏头事故，可在偏头的后方孔壁边再放一小药包，并浇灌少量混凝土，进行补充爆扩。

第四节　地下防水工程

地下防水工程施工是建设工程中的重要组成部分。通过对防水材料的合理选择与施工，预防建筑工程浸水和渗漏发生，确保工程建设能够充分发挥使用功能，延长使用寿命。因此地下防水工程的施工必须严格遵守有关操作规定，切实保证工程质量。

一、防水混凝土工程质量控制

防水混凝土工程质量控制的主要工作包括材料质量要求、施工过程质量控制、质量检验和工程质量通病及防治措施。

（一）材料质量要求

防水混凝土工程质量控制的材料质量要求具体如下：

（1）水泥。水泥宜采用普通硅酸盐水泥或硅酸盐水泥，其强度等级不应低于42.5级，不得使用过期或受潮结块水泥。

（2）集料。石子采用碎石或卵石，粒径宜为5～40 mm，含泥量不得大于10%，泥块含量不得大于0.5%。砂宜用中砂，含泥量不得大于30%，泥块含量不得大于10%。

（3）水。拌制混凝土所用的水，应采用不含有害物质的洁净水。

（4）外加剂。外加剂的技术性能，应符合国家或行业标准一等品及以上的质量要求。

（5）粉煤灰。粉煤灰的级别不应低于二级，掺量不宜大于20%；硅粉掺量不应大于3%；其他掺合料的掺量应通过试验确定。

（二）施工过程质量控制

防水混凝土工程施工过程质量控制的主要内容有以下几个方面：

（1）施工配合比应通过试验确定，抗渗等级应比设计要求试配要求提高一级。

（2）拌制混凝土所用材料的品种、规格和用量，每工作班检查不应少于两次。每盘混凝土组成材料计量结果的允许偏差应符合表4-17的规定。

表4-17　混凝土组成材料计量结果的允许偏差

混凝土组成材料	每盘计量/%	每盘计量/%
水泥、掺合料	±2	±1
粗、细集料	±3	±0
水、外加剂	±2	±1

注：累计计量仅适用于微机控制计量的搅拌站。

（3）混凝土在浇筑地点的坍落度，每工作班至少检查两次，坍落度试验应符合现行国家标准《普通混凝土拌合物性能试验方法标准》（GB/T 50080—2002）的有关规定。混凝土坍落度允许偏差应符合表4-18的规定。

表4-18　混凝土坍落度允许偏差　　　　　　　　　　单位：mm

要求坍落度	允许偏差
≤40	±10
50～90	±15
>90	±20

（4）泵送混凝土在交货地点的入泵坍落度，每工作班至少检查两次。混凝土入泵时的坍落度允许偏差应符合表4-19的规定。

表 4-19　混凝土入泵时的坍落度允许偏差　　　　　　　单位：mm

所需坍落度	允许偏差
≤40	±20
>100	±30

（5）若防水混凝土拌合物在运输后出现离析，必须进行二次搅拌。当坍落度损失后不能满足施工要求时，应加入原水胶比的水泥浆或掺加同品种的减水剂进行搅拌，严禁直接加水。

（6）防水混凝土的振捣必须采用机械振捣，振捣时间不应少于 2 min。掺外加剂的应根据外加剂的技术要求确定搅拌时间。

（三）防水混凝土质量检验

1. 主控项目质量检验

防水混凝土主控项目质量检验的主要内容有以下几个方面：

（1）防水混凝土的原材料、配合比及坍落度必须符合设计要求。

【检验方法】检查产品合格证、产品性能检测报告、计量措施和材料进场检验报告。

（2）防水混凝土的抗压强度和抗渗性能必须符合设计要求。

【检验方法】检查混凝土抗压强度、抗渗性能检验报告。

（3）防水混凝土结构的施工缝、变形缝、后浇带、穿墙管、埋设件等设置和构造必须符合设计要求。

【检验方法】观察检查和检查隐蔽工程验收记录。

2. 一般项目质量检验

防水混凝土一般项目质量检验的主要内容有以下几个方面：

（1）防水混凝土结构表面应坚实、平整，不得有露筋、蜂窝等缺陷；埋设件位置应准确。

【检验方法】观察检查。

（2）防水混凝土结构表面的裂缝宽度不应大于 0.2 mm，且不得贯通。

【检验方法】用刻度放大镜检查。

（3）防水混凝土结构厚度不应小于 250 mm，其允许偏差应为 −5～+8 mm；主体结构迎水面钢筋保护层厚度不应小于 50 mm，其允许偏差应为 ±5 mm。

【检验方法】尺量检查和检查隐蔽工程验收记录。

（四）工程质量通病及防治措施

防水混凝土厚度小（不足 250 mm），其透水通路短，地下水易从防水混凝土中通过，当混凝土内部的阻力小于外部水压时，混凝土就会发生渗漏。其防治措施为：防水混凝土能防水，除了混凝土密实性好、开放孔少、孔隙率小以外，还必须具有一定厚度，以延长混凝土的透水通路，加大混凝土的阻水截面，使混凝土的蒸发量小于地下水的渗水量，混凝土则不会发生渗漏。综合考虑现场施工的不利条件及钢筋的引水作用等诸因素，防水混凝土结构的最小厚度必须大于 250 mm，才能抵抗地下压力水的渗透作用。

二、卷材防水工程质量控制

卷材防水工程质量控制的主要工作包括材料质量要求、施工过程质量控制、质量检验和工程质量通病及防治措施。

（一）材料质量要求

卷材防水层应选用高聚物改性沥青类或合成高分子类防水卷材（该类材料具有延伸率较大、对基层伸缩或开裂变形适应性较强的特点，适用于地下防水施工），并应符合以下规定：

（1）卷材外观质量、品种规格应符合现行国家标准或行业标准；卷材及其胶粘剂应具有良好的耐水性、耐久性、耐刺穿性、耐腐蚀性和耐菌性；防水卷材及配套材料的主要性能应符合相关要求。

（2）所选用的基层处理剂、胶粘剂、密封材料等配套材料，均应与铺贴的卷材材性相容。卷材及胶粘剂种类繁多、性能各异，胶粘剂有溶剂型、水乳型、单组分、多组分等，各类不同的卷材都应有与其配套（相容）的胶粘剂及其他辅助材料。不同种类卷材的配套材料不能相互混用，否则有可能发生腐蚀侵害或达不到黏结质量标准。

（3）材料进场应提供质量证明文件，并按规定现场随机取样进行复检，复检合格了方可用于工程。

（二）施工过程质量控制

卷材防水工程施工过程质量控制的主要内容有以下几个方面：

（1）防水卷材的搭接宽度应符合表 4-20 的要求。铺贴双层卷材时，上下两层和相邻两幅卷材的接缝应错开 1/3～1/2 幅宽，且两层卷材不得相互垂直铺贴。

表 4-20　防水卷材的搭接宽度

卷材品种	搭接宽度/mm
弹性体改性沥青防水卷材	100
改性沥青聚乙烯胎体防水卷材	100
自粘聚合物改性沥青防水卷材	80
三元乙丙橡胶防水卷材	100/60（胶粘剂/胶粘带）
聚氯乙烯防水卷材	60/80（单焊缝/双焊缝）
	100（黏结料）
聚乙烯丙纶复合防水卷材	100（黏结料）

（2）铺贴防水卷材前，基面应干净、干燥，并应涂刷基层处理剂；当基面潮湿时，应涂刷湿固化型胶粘剂或潮湿界面隔离剂。

（3）基层阴阳角应做成圆弧或45°坡角，其尺寸应根据卷材品种确定；在转角处、变形缝、施工缝、穿墙管等部位应铺贴卷材加强层，加强层宽度不应小于500 mm。

（4）采用冷粘法铺贴卷材时，胶粘剂的涂刷对保证卷材防水施工质量关系极大，应符合下列规定：

① 胶粘剂涂刷应均匀，不露底，不堆积。

② 铺贴卷材时应控制胶粘剂涂刷与卷材铺贴的间隔时间，排除卷材下面的空气，并辊压黏结牢固，不得有空鼓。

③ 铺贴卷材应平整、顺直，搭接尺寸应正确，不得有扭曲、皱褶。

④ 接缝口应用密封材料封严，其宽度不应小于10 mm。

（三）卷材防水工程质量检验

1．主控项目质量检验

卷材防水工程主控项目质量检验的主要内容有以下几个方面：

（1）卷材防水层所用卷材及其配套材料必须符合设计要求。

【检验方法】检查产品合格证、产品性能检测报告和材料进场检验报告。

（2）卷材防水层在转角处、变形缝、施工缝、穿墙管等部位做法必须符合设计要求。

【检验方法】观察检查和检查隐蔽工程验收记录。

2．一般项目质量检验

卷材防水工程一般项目质量检验的主要内容有以下几个方面：

（1）卷材防水层的搭接缝应粘贴或焊接牢固，密封严密，不得有扭曲、折皱、翘边和起泡等缺陷。

【检验方法】观察检查。

（2）采用外防外贴法铺贴卷材防水层时，立面卷材接槎的搭接宽度，高聚物改性沥青类卷材应为150 mm，合成高分子类卷材应为100 mm，且上层卷材应盖过下层卷材。

【检验方法】观察和尺量检查。

（3）侧墙卷材防水层的保护层与防水层应结合紧密，保护层厚度应符合设计要求。

【检验方法】观察和尺量检查。

（4）卷材搭接宽度的允许偏差应为−10 mm。

【检验方法】观察和尺量检查。

（四）工程质量通病及防治措施

如在潮湿基层上铺贴卷材防水层，卷材防水层与基层黏结困难，易产生空鼓现象，立面卷材还会下坠。其主要防治措施如下：

（1）为保证黏结质量，当主体结构基面潮湿时，应涂刷湿固化型黏结剂或潮湿界面隔离剂，以不影响黏结剂固化和封闭隔离湿气。

（2）选用的基层处理剂必须与卷材及黏结剂的材性相容，才能粘贴牢固。

（3）基层处理剂可采取喷涂法或涂刷法施工，喷涂应均匀一致，不得露底，为确保其黏结质量，必须待表面干燥后，方可铺贴防水卷材。

三、涂料防水工程质量控制

涂料防水工程质量控制的主要工作包括材料质量要求、施工过程质量控制、质量检验和工程质量通病及防治措施。

（一）材料质量要求

地下结构属长期浸水部位，涂料防水层所选用的涂料应符合下列规定：

（1）具有良好的耐水性、耐久性、耐腐蚀性及耐菌性。

（2）无毒，难燃，低污染。

（3）无机防水涂料应具有良好的湿干黏结性、耐磨性和抗刺穿性；有机防水涂料应具有较好的延伸性及较大的适应基层变形的能力。

（4）防水涂料及配套材料的主要性能应符合相关规范的要求。

（二）施工过程质量控制

涂料防水工程施工过程质量控制的主要内容包括以下几个方面：

（1）涂刷施工前，基层表面的气孔、凹凸不平、蜂窝、缝隙、起砂等，应修补处理，基面必须干净、无浮浆、无水珠、不渗水。

（2）涂料涂刷前应先在基面上涂一层与涂料相溶的基层处理剂。

（3）多组分涂料应按配合比准确计量，搅拌均匀，并应根据有效时间确定每次配制的用量。

（4）涂料应分层涂刷或喷涂，涂层应均匀，涂刷应待前遍涂层干燥成膜后进行。每遍涂刷时应交替改变涂层的涂刷方向，同层涂膜的先后搭压宽度宜为 30～50 mm。

（5）应注意保护涂料防水层的施工缝（甩槎），搭接缝宽度不应小于 100 mm，接涂前应将其甩槎表面处理干净。

（6）采用有机防水涂料时，基层阴阳角处应做成圆弧状；在转角处、变形缝、施工缝、穿墙管等部位应增加胎体增强材料和增涂防水涂料，宽度不应小于 500 mm。

（7）胎体增强材料的搭接宽度不应小于 100 mm。上、下两层和相邻两幅胎体的接缝应错开 1/3 幅宽，且上下两层胎体不得相互垂直铺贴。

（8）涂料防水层完工并经验收合格后应当及时做保护层。保护层规定跟卷材防水层相同。

（三）涂料防水工程质量检验

1. 主控项目质量检验

涂料防水工程主控项目质量检验的主要内容有以下几个方面：

（1）涂料防水层所用的材料及配合比必须符合设计要求。

【检验方法】检查产品合格证、产品性能检测报告、计量措施和材料进场检验报告。

（2）涂料防水层在转角处、变形缝、施工缝、穿墙管等部位做法必须符合设计要求。

【检验方法】观察检查和检查隐蔽工程验收记录。

（3）涂料防水层的平均厚度应符合设计要求，最小厚度不得小于设计厚度的90％。

【检验方法】用针测法检查。

2．一般项目的质量检验

涂料防水工程一般项目质量检验的主要内容有以下几个方面：

（1）涂料防水层应与基层黏结牢固，涂刷均匀，不得流淌、鼓泡、露槎。

【检验方法】观察检查。

（2）侧墙涂料防水层的保护层与防水层应结合紧密，保护层厚度应符合设计要求。

【检验方法】观察检查。

（3）涂层间夹铺胎体增强材料时，应使防水涂料浸透胎体覆盖完全，不得有胎体外露现象。

【检验方法】观察检查。

（四）工程质量通病及防治措施

每遍涂层施工操作中很难避免出现小气孔、微细裂缝及凹凸不平等缺陷，加之涂料表面张力等影响，只涂刷一遍或两遍涂料，很难保证涂膜的完整性和涂膜防水层的厚度及其抗渗性能。其防治措施为：根据涂料不同类别确定不同的涂刷遍数。一般在涂膜防水施工前，必须根据设计要求的每 $1 \, m^2$ 涂料用量、涂膜厚度及涂料材性，事先试验确定每遍涂料的涂刷厚度以及每个涂层需要涂刷的遍数。溶剂型和反应型防水涂料最少须涂刷 3 遍；水乳型高分子涂料宜多遍涂刷，一般不得少于 6 遍。

本章小结

本章主要介绍土方工程、地基及基础处理工程、桩基工程和地下防水工程在施工过程中的质量管理。

本章的主要内容有土方开挖的质量控制；土方回填的质量控制；工程质量通病及防治措施；灰土地基、砂和砂石地基工程质量控制；水泥粉煤灰碎石桩复合地基工程质量控制；水泥土搅拌桩地基工程质量控制；钢筋混凝土预制桩工程质量控制；钢筋混凝土灌注桩工程质量控制；防水混凝土工程质量控制；卷材防水工程质量控制；涂料防水工程质量控制。通过本章学习，读者可以具有参与编制专项施工方案的能力。

复习思考题

1．土方开挖时的质量通病有哪些？如何进行防治？

2．填方基底未经处理，局部或大面积填方出现下陷等现象应如何处理？

3．如何预防基坑开挖时遇到"流沙"现象？

4．钢筋混凝土预制桩施工过程质量控制要点有哪些？

5．卷材防水工程材料质量要求有哪些？

第五章　主体结构工程质量管理

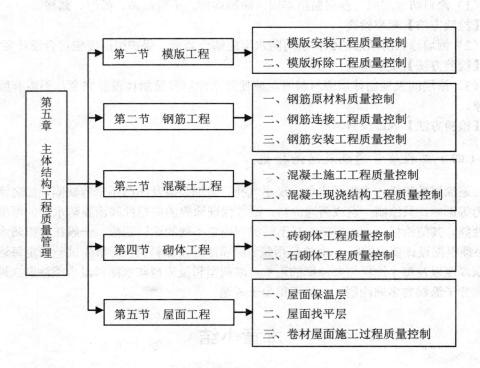

本章结构图

		一、模版安装工程质量控制
	第一节　模版工程	二、模版拆除工程质量控制
第五章 主体结构工程质量管理	第二节　钢筋工程	一、钢筋原材料质量控制 二、钢筋连接工程质量控制 三、钢筋安装工程质量控制
	第三节　混凝土工程	一、混凝土施工工程质量控制 二、混凝土现浇结构工程质量控制
	第四节　砌体工程	一、砖砌体工程质量控制 二、石砌体工程质量控制
	第五节　屋面工程	一、屋面保温层 二、屋面找平层 三、卷材屋面施工过程质量控制

【本章学习目标】

➢ 了解钢筋工程、混凝土工程、模板工程、砌体工程、屋面工程和钢结构工程的质量控制要点。

➢ 了解钢筋工程、混凝土工程、模板工程、砌体工程、屋面工程和钢结构工程的质量验收标准。

➢ 掌握钢筋工程、混凝土工程、模板工程、砌体工程、屋面工程和钢结构工程的验收方法以及质量通病的防治。

➢ 能够依据质量控制要点、施工质量验收标准，对钢筋工程、混凝土工程、模板工程、砌体工程、屋面工程和钢结构工程等施工质量进行检查、控制和验收。

第一节　模板工程

混凝土结构的模板工程，是混凝土构件成型的一个十分重要的组成部分。现浇混凝土结构使用的模板工程造价约占钢筋混凝土工程总造价的 30%，总用工量的 50%。因此，采用先进的模板技术，对于提高工程质量、加快施工速度、提高劳动生产率、降低工程成本和实现文明施工，都具有十分重要的意义。

一、模板安装工程质量控制

模板安装工程质量控制的主要工作包括材料质量要求、施工过程质量控制、涂料防水工程质量检验和工程质量通病及防治措施。

（一）材料质量要求

混凝土结构模扳有木楼板、钢模板、铝合金模板、木胶合板模板、竹胶合扳模板、塑料和玻璃钢模板等。常用的模板主要有木模板、钢模板、竹胶合板模板以及钢模板等。

（1）木模板的材质不宜低于Ⅲ等材。其含水率应不小于 25%。平板模板宜用定型模板铺设，其底端要支持牢固。模板安装尽量做到构造简单，装拆方便。木模板在拼制时板边应找平刨直，接缝严密，不得漏浆。模板安装硬件应具有足够的强度、刚度及稳定性。当为清水混凝土时，板面应刨光。

（2）组合钢模板由钢模板、连接件和支承件组成，其规格如表 5-1 所示。

表 5-1　组合钢模板规格　　　　　　单位：mm

规格	平面模板	阴角模板	羊角模板	连接角模
宽度	100、150、200、250、300	150×150、100×150	100×100、50×50	50×50
长度	450、600、900、1200、1500			
肋高	55			

配板时宜选用大规格的钢模极为主板，使用的种类应尽量少；应根据模面的形状和几何尺寸以及支撑形式决定配板；模板长向拼接应错开配制尽量采用横排或竖排，并利于支撑系统布置。预埋件和预留孔洞的位置应在配板图上标明并注明固定方法。

连接件有 U 形卡、L 形插销、紧固螺栓、钩头螺栓、对拉螺栓及扣件等，应满足配套使用、装拆方便、操作安全的要求，使用前应检查质量合格证明。连接件的容许拉力、容许荷载应满足要求。

支承件有木支架和钢支架两种，必须有足够强度、刚度和稳定性支架，应能承受新浇筑混凝土的质量、模扳质量、侧压力以及施工荷载。其质量应符台有关标准的规定，并应检查质量合格证明。

钢模板采用 Q235 钢材制成，钢板厚度为 2.5 mm，对于大于等于 400 mm 的宽面钢模板的钢板厚度应为 2.75 mm 或 3.0 mm。

（3）应选用无变质、厚度均匀、含水率小的竹胶合板模板，并优先采用防水胶质型。竹胶合板根据板面处理的不同分为素面板、复木扳、涂膜板和覆膜板，表面处理应按《竹胶合板模板》（JG/T 156—2004）的要求进行。

（4）不得采用影响结构性能或妨碍装饰工程施工的隔离剂，严禁使用废机油作隔离剂。常用的隔离剂有皂液、滑石粉、石灰水及其混合液和各种专门化学制品（如脱模剂）

等。脱模剂材料宜拌成粘稠状，并涂刷均匀，不得流淌。

（二）施工过程质量控制

模板安装工程施工过程质量控制的主要内容包括以下几个方面：

（1）模板及其支架应根据工程结构形式、荷载大小、地基土类别、施工设备和材料供应等条件进行设计。模板及其支架应具有足够的承载能力、刚度和稳定性，能可靠地承受浇筑混凝土的重量、侧压力以及施工荷载。

（2）一般情况下，模板自下而上地安装。在安装过程中要注意模板的稳定，可设置临时支撑稳住模板，待安装完毕且校正无误后方可将其固定牢固。

（3）安装过程中要多检查，注意垂直度、中心线、标高及各部分的尺寸，保证结构部分的几何尺寸和相对位置正确。

（4）墙柱模板安装时应先弹好建筑轴线、楼层的墙身线、门窗洞口位置线及标高线。施工过程中应随时检查测量、放样、弹线工作是否按施工技术方案进行，并进行复核记录。

（5）模板应涂刷隔离剂。涂刷隔离剂时，应选取适宜的隔离剂品种，注意不要使用影响结构或妨碍装饰装修工程施工的油性隔离剂。同时由于隔离剂沾污钢筋和混凝土接槎处可能对混凝土结构受力性能造成明显的不利影响，在涂刷模板隔离剂时，不得沾污钢筋和混凝土接槎处，并应随时全数认真检查。

（6）模板的接缝不应漏浆。模板漏浆会造成混凝土外观蜂窝麻面，直接影响混凝土质量。因此无论采用何种材料制作模板，其接缝都应严密，不漏浆。采用木模板时，由于木材吸水会胀缩，故木模板安装时的接缝不宜过于严密。安装完成后应浇水湿润，使木板接缝闭合。浇水时湿润即可，模板内不应积水。

（7）模板安装完后，应检查梁、柱、板交叉处，楼梯间墙面间隙接缝处等，防止有漏浆、错台现象。办理完模板工程预检验收，方准浇筑混凝土。

（8）模板安装和浇筑混凝土时，应对模板及其支架进行观察和维护。发生异常情况时，应按施工技术方案及时进行处理。模板及其支架拆除的顺序及安全措施应按施工技术方案执行。

（三）工程质量检验

预制构件模板安装的偏差及检验方法如表 5-2 所示。

表 5-3　预制构件模板安装的允许偏差及检验方法

项目		允许偏差/mm	检验方法
长　度	板、梁	±5	钢尺量两角边，取其中较大值
	薄膜梁、桁架	±10	
	柱	0，−10	
	墙板	0，−5	

续表

宽 度	板、墙板	0，—5	钢尺量一端及中部，取其中较大值
	梁、薄腹梁、桁架、柱	+2，—5	
高（厚）度	板	+2，—3	钢尺量一端及中部，取其中较大值
	墙 板	0，—5	
	梁、薄腹梁、桁架、柱	+2，—5	
侧向弯曲	梁、板、柱	$l/1000$ 且≤15	拉线、钢尺量最大弯曲处
	墙板、薄腹梁、桁架	$l/1500$ 且≤15	
板的表面平整度		3	2 m 靠尺和塞尺检查
相邻两板表面高低差		1	钢尺检查
对角线差	板	7	钢尺量两个对角线
	墙 板	5	
翘 曲	板、墙板	$l/1500$	调平尺在两端量测
设计起拱	薄腹梁、桁架、梁	±3	拉线、钢尺量跨中

注：l 为构件长度（mm）。

检查数量：首次使用及大修后的模板应全数检查；使用中的模板应定期进行检查，并根据使用情况不定期抽查。

现浇结构模板安装工程质量检验标准和检验方法如表 5-3 所示。

表 5-3 现浇结构模板安装工程质量检验标准和检验方法

项目	序号	检验项目	检验标注或允许偏差 /mm	检查数量	检验方法
主控项目	1	现浇结构模板及支架的安装	安装现浇结构的上层模板及其支架时，下层楼板应具有承受上层荷载的承载能力，或加设支架；上、下层支架的立柱应对准，并铺设垫板	全数检查	对照模板设计文件和施工技术方案观察
			板应具有承受上层荷载的承载能力，或加设支架；上、下层支架的立柱应对准，并铺设垫板		案观察
	2	隔离剂涂刷	不得沾污钢筋和混凝土接槎处。不准使用油性隔离剂，不能影响装修		现场观察检查
一般项目	1	模板安装的一般要求	模板的接缝不应漏浆；模板内的杂物应清理干净；模板内应涂刷隔离剂；对清水混凝土工程及装饰混凝土工程，应使用能达到设计效果的模板。	全数检查	现场观察检查

2	用做模板的地坪、胎模	应平整光洁,不得产生影响构件质量的下沉、裂缝、起砂或起鼓		全数检查	现场观察检查
3	模板起拱	对跨度不大于4 m的现浇钢筋混凝土梁、板,其模板应按设计要求起拱;当设计无具体要求时,起拱高度宜为跨度的1‰~3‰		在同一检验批内,对梁、柱和独立基础,应抽查构件数量的10%,且不少于3件;对墙和板,应按有代表性的自然间抽查10%,且不少于3间;对大空间结构,墙可按相邻轴线间高度5 m左右划分检查面,板可按纵横轴线划分检查面,抽查10%,且均不少于3面	水准仪或拉线、钢尺检查
4	预埋件、预留孔洞	预埋钢板中心线位置	3		钢尺检查中心线位置。检查时应按纵、横两个方向测,并取其中的较大值
		预埋管、预留孔中心线位置	3		
		插筋 中心线位置	5		
		插筋 外露长度	+10,0		
		预埋螺栓 中心线位置	2		
		预埋螺栓 外露长度	+10,0		
		预留洞 中心线位置	10		
		预留洞 尺寸	+10,0		
5	模板安装	轴线位置	5		钢尺检查
		底模上表面标高	±5		水准仪或拉线,钢尺检查
		截面内部尺寸 基础	±10		钢尺检查
		截面内部尺寸 柱、墙、梁	+4,−5		钢尺检查
		层高垂直度 不大于5 m	6		经纬仪或吊线,钢尺检查
		层高垂直度 大于5 m	8		经纬仪或吊线,钢尺检查
		相邻两板表面高低差	2		钢尺检查
		表面平整度	5		靠尺和塞尺检查

(四)工程质量通病及防治措施

1. 采用易变形的木材制作模板,模板拼缝不严

采用易变形木材制作的模板,因其材质软、吸水率高,混凝土浇捣后模板变形较大,混凝土容易产生裂缝,表面毛糙。模板与支撑面结合不严或者模板拼缝处没刨光的,拼缝处易漏浆,混凝土容易产生蜂窝、裂缝或"砂线"。

其防治措施为：采用木材制作模板，应选用质地坚硬的木料，不宜使用黄花松木或其他易变形的木材制作模板。模板拼缝应刨光拼严，模板与支撑面应贴紧，缝隙处可用薄海绵封贴或批嵌纸筋灰等嵌缝材料，使其不漏浆。

2．竖向混凝土构件的模板安装未吊垂线检查垂直度

墙体、立柱等竖向构件模板安装后，如不经过垂直度校正，各层垂直度累积偏差过大将造成构筑物向一侧倾斜；各层垂直度累积偏差不大，但相互间相对偏差较大，也将导致混凝土实测质量不合格，且给面层装饰找平带来困难和隐患。局部外倾部位如需凿除，可能危及结构安全及露出结构钢筋，造成受力不利及钢筋易锈蚀；局部内倾部位如需补足粉刷，则粉刷层过厚会造成起壳等隐患。

其防治措施为：竖向构件每层施工模板安装后，均须在立面内外侧用线坠吊测垂直度，并校正模板垂直度在允许偏差范围内。在每施工一定层次后须从顶到底统一吊垂线检查垂直度，从而控制整体垂直度在一定允许偏差范围内，如发现墙体有向一侧倾斜的趋势，应立即加以纠正。

对每层模板垂直度校正后须及时加支撑牢固，以防止浇捣混凝土过程中模板受力后再次发生偏位。

3．封闭或竖向模板无排气孔、浇捣孔

由于封闭或竖向的模板无排气孔，混凝土表面易出现气孔等缺陷，高柱、高墙模板未留浇捣孔，易出现混凝土浇捣不实或空洞现象。

其防治措施为：墙体的大型预留洞口（门窗洞等）底模应开设排气孔，使混凝土浇筑时气泡及时排出，确保混凝土浇筑密实。高柱、高墙（超过 3 m）侧模要开设浇捣孔，以便于混凝土浇筑和振捣。

二、模板拆除工程质量控制

（一）模板拆除工程施工过程质量控制

模板拆除工程施工过程质量控制的主要内容包括以下几个方面：

（1）模板及其支架的拆除时间和顺序应事先在施工技术方案中确定，拆模必须按拆模顺序进行，一般是后支的先拆，先支的后拆；先拆非承重部分，后拆承重部分。重大复杂的模板拆除，按专门制定的拆模方案执行。

（2）拆模时不要用力过大过急，拆下来的模板和支撑用料要及时运走、整理。

（3）现浇楼板采用早拆模施工时，经理论计算复核后将大跨度楼板改成支模形式为小跨度楼板（≤2 m），当浇筑的楼板混凝土实际强度达到 50％的设计强度标准值，可拆除模板，保留支架，严禁掉换支架。

（4）多层建筑施工，当上层楼板正在浇筑混凝土时，下一层楼板的模板支架不得拆除，再下一层楼板的支架，仅可拆除一部分；跨度 4 m 及 4 m 以上的梁下均应保留支架，其间距不得大于 3 m。

（5）高层建筑梁、板模板完成一层结构，其底模及其支架的拆除时间控制，应对所

用混凝土的强度发展情况,分层进行核算,确保下层梁及楼板混凝土能承受上层全部荷载。

(6)拆除前应先清理脚手架上的垃圾杂物,再拆除连接杆件,经检查安全可靠后方可按顺序拆除模板。拆除时要有统一指挥、专人监护,设置警戒区,防止交叉作业,拆下物品及时清运、整修、保养。

(7)后张法预应力结构构件,侧模宜在预应力张拉前拆除;底模及支架的拆除应按施工技术方案,当无具体要求时,应在结构构件建立预应力之后拆除。

(8)后浇带模板的拆除和支顶方法应按施工技术方案执行。

现浇结构模板拆除工程质量检验标准和检验方法如表 5-4 所示。

表 5-4 模板拆除工程质量检验标准和检验方法

项目	序号	检验项目		检验标准		检查数量	检验方法
			构件跨度/m	达到设计强度等级的百分率/%			
主控项目	1	底模支架拆模强度	板	≤2	≥50	全数检查	检查同条件养护试件强度试验报告
				>2,≤8	≥75		
				>8	≥100		
			梁、拱、壳	≤8	≥75		
				>8	≥100		
			悬臂构件	—	≥100		
	2	后张法预应力混凝土结构模板拆除	侧模宜在预应力张拉前拆除;底模支架的拆除应按施工技术方案执行,当无具体要求时,不应在结构构件建立预应力前拆除			全数检查	现场观察检查
	3	后浇带模板的拆除和支顶	应按施工技术方案执行			全数检查	现场观察检查
一般项目	1	侧模拆除	混凝土强度应能保证其表面及棱角不受损伤			全数检查	现场观察检查
	2	模板拆除操作、堆放	应对楼层形成冲击荷载。拆除的模板和支架宜分散堆放并及时清运			全数检查	现场观察检查

(二)工程质量通病及防治措施

由于现场使用急于周转模板,或因为不了解混凝土构件拆模时所应遵守的强度和时间龄期要求,不按施工方案要求,过早地将混凝土强度等级和龄期还没有达到设计要求的构件底模拆除,此时混凝土还不能承受全部使用荷载或施工荷载,造成构件出现裂缝甚至破坏,严重至坍塌的质量事故。其主要防治措施如下:

(1)应在施工组织设计、施工方案中明确考虑施工工序安排、进度计划和模板安装及拆除要求。拆模一定要严格按施工组织方案要求落实,满足一定的工艺时间间歇要求。同时施工现场应落实拆模令,即拆除重要混凝土结构件的模板必须由现场施工员提出申请,技术员签字把关。

（2）现场可以制作混凝土试块，并与现浇混凝土构件同条件养护，到达施工组织方案规定拆模时间时进行抗压强度试验，以检查现场混凝土是否达到了拆模要求的强度标准。

（3）施工现场交底要明确，不能使操作人员处于不了解拆模要求的状况。

（4）按照施工组织方案配备足够数量的模板，不能因为模板周转数量少而影响施工工期或提早拆模。

第二节　钢筋工程

一、钢筋原材料质量控制

钢筋原材料质量控制的主要工作包括材料质量要求、施工过程质量控制、涂料防水工程质量检验和工程质量通病及防治措施。

（一）材料质量要求

钢筋原材料的质量要求主要有以下几个方面：

（1）钢筋采购时，混凝土结构所采用的热轧钢筋、热处理钢筋、碳素钢丝、刻痕钢丝和钢绞线的质量，应符合现行国家标准的规定。

（2）钢筋从钢厂发出时，应具有出厂质量证明书或试验报告单，每捆（盘）钢筋均应有标牌。

（3）钢筋进入施工单位的仓库或放置场时，应按炉罐（批）号及直径分批验收。验收内容包括查对标牌，外观检查，之后按有关技术标准的规定抽取试样做机械性能试验，检查合格后方可使用。

（4）钢筋在运输和储存时，必须保留标牌，严格防止混料，并按批分别堆放整齐，无论在检验前或检验后，都要避免锈蚀和污染。

（5）钢筋在使用前应全数检查其外观质量。钢筋外表面应平直、无损伤，弯折后的钢筋不得敲直后作为受力钢筋使用。钢筋表面不应有影响钢筋强度和锚固性能的锈蚀和污染，即表面不得有裂纹、油污、颗粒状或片状老锈。

（6）当发现钢筋脆断、焊接性能不良或力学性能显著不正常等现象时，应对该批钢筋进行化学成分检验或其他专项检验。

（二）加工工程质量控制

钢筋原材料加工过程中质量控制的主要内容包括以下几个方面：

（1）仔细查看结构工图，弄清不同结构件的配筋数量、规格、间距、尺寸等（注意处理好接头位置和接头百分率问题）。

（2）钢筋的表面应洁净。油渍、漆污和用锤敲击时能剥落的浮皮、铁锈等应在使用前清除干净。在焊接前，焊点处的水锈应清除干净。

（3）在除锈过程中发现钢筋表面氧化铁皮鳞落现象严重并损伤钢筋截面，或在除锈后钢筋表面有严重的麻坑、斑点伤蚀截面时，应降级使用或剔除不用。

（4）钢筋调直宜采用机械方法，也可用冷拉方法。当采用冷拉方法调直钢筋时，HPB235 级钢筋的冷拉率不宜大于 4%，HRB335 级、HRB400 级和 RRB400 级钢筋的冷拉率不宜大于 1%。由于钢筋的冷拉率控制比较复杂，常常出现失控现象，目前我国一些地区限制采用冷拉调直法。

（5）钢筋切断时，将同规格钢筋根据不同长度长短搭配，统筹排料；一般先断长料，后断短料，以减少短头及损耗。断料时应避免用短尺量长料，防止在量料中产生累计误差。

（6）在切断过程中，如发现钢筋有劈裂、缩头或严重的弯头，必须切除。若发现钢筋的硬度与该钢筋有较大出入，应向有关人员报告并查明情况，钢筋的端口不得有马蹄型或起弯现象。

（7）钢筋弯曲前，对形状复杂的钢筋，可根据钢筋下料单上标明的尺寸，用石笔在弯曲位置划线。画线时宜从钢筋中线开始向两边进行，两边不对称的钢筋也可从一端开始，若画到另一端有出入时再进行调整，钢筋弯曲点不得出现裂缝。

（8）钢筋加工过程中要检查钢筋翻样图及配料单中的钢筋尺寸、形状是否符合设计要求，加工尺寸偏差应符合规定，还要检查受力钢筋加工时的弯钩、弯折的形状和弯曲半径以及箍筋末端的弯钩形式。同时检查钢筋冷拉的力法和控制参数。

（9）钢筋加工过程中，若发现钢筋脆断、焊接性能不良或力学性能显著不正常等现象时，应立即停止使用，并对该批钢筋进行化学成分检验或其他专项检验，按其检验结果进行技术处理。如果发现力学性能或化学成分不符合要求时，必须作退货处理。

（10）钢筋加工机械须经试运转，调试正常后，才能投入使用。

（三）钢筋原材料加工工程质量检验

当钢筋的品种、级别或规格需要变更时，应办理设计变更文件。在浇筑混凝土之前，应进行钢筋隐蔽工程验收，其内容包括以下几个方面：

（1）纵向受力钢筋的品种、规格、数量、位置等。

（2）钢筋的连接方式、接头位置、接头数量、接头面积百分率等。

（3）箍筋、横向钢筋的品种、规格、数量、间距等。

（4）预埋件的规格、数量、位置等。

1. 主控项目

钢筋原材料加工工程主控项目质量检验的主要内容有以下几个方面：

（1）钢筋进场时，应按现行国家标准《钢筋混凝土用钢 第 2 部分：热轧带肋钢筋》（GB 14992—2008）等的规定抽取试件作力学性能检验，其质量必须符合有关标准的规定。

【检查数量】按进场的批次和产品的抽样检验方案确定。

【检验方法】检查产品合格证、出厂检验报告和进场复验报告。

（2）对有抗震设防要求的框架结构，其纵向受力钢筋的强度应满足设计要求；当设计无具体要求时，对一、二级抗震等级，检验所得的强度实测值应符合下列规定：

① 钢筋的抗拉强度实测值与屈服强度实测值的比值不应小于 1.25。

② 钢筋的屈服强度实测值与强度标准值的比值不应大于 1.3。

【检查数量】按进场的批次和产品的抽样检验方案确定。

【检验方法】检查进场复验报告。

（3）当发现钢筋脆断、焊接性能不良或力学性能显著不正常等现象时，应对该钢筋进行化学成分检验或其他专项检验。

【检验方法】检查化学成分等专项检验报告。

2．一般项目

钢筋应平直、无损伤，表面不得有裂纹、油污、颗粒状或片状老锈。

【检查数量】进场时和使用前全数检查。

【检验方法】观察法。

（四）工程质量通病及防治措施

1．钢筋成形后弯曲处产生裂纹

钢筋成形后弯曲处外侧产生横向裂纹。其具体防治措施如下：

（1）每批钢筋送交仓库时，都需要认真核对合格证件，应特别注意冷弯栏所写弯曲角度和弯心直径是不是符合钢筋技术标准的规定。寒冷地区钢筋加工成形场所应采取保温或取暖措施，保证环境温度达到 0 ℃以上。

（2）取样复查冷弯性能。取样分析化学成分，检查磷的含量是否超过了规定值。检查裂纹是否由于原先已弯折或碰损而形成，如有这类痕迹，则属于局部外伤，可不必对原材料进行性能检验。

2．表面锈蚀

由于保管不良，受到雨、雪的侵蚀，长期存放在潮湿、通风不良的环境中生锈。其防治措施为：钢筋原料应存放在仓库或料棚内，保持地面干燥；钢筋不得堆放在地面上，必须用混凝土墩、砖或垫木垫起，使离地面 200 mm 以上；库存期限不得过长，原则上先进库的先使用。工地临时保管钢筋原料时，应选择地势较高、地面干燥的露天场地；根据天气情况，必要时加盖苫布；场地四周要有排水措施；堆放期要尽量缩短。

3．钢筋调直切断时被顶弯

使用钢筋调直机切断钢筋，在切断过程中钢筋被顶弯。其防治措施为：调整弹簧预压力，使钢筋顶不动定尺板。

二、钢筋连接工程质量控制

（一）钢筋连接工程质量控制内容

钢筋连接工程质量控制内容如下：

（1）钢筋连接方法有机械连接、焊接、绑扎搭接等，纵向受力钢筋的连接方式应符合设计要求。钢筋的机械接头、焊接接头外观质量和力学性能，应按国家现行标准规定抽取试件进行检验，其质量应符合要求。绑扎搭头应重点查验搭接长度，特别注意钢筋接头百分率对搭接长度的修正。

（2）钢筋机械连接和焊接的操作人员必须经过专业培训，考试合格后持证上岗。焊接操作工作只能在其上岗证规定的施焊范围实施操作。

（3）钢筋连接操作前应进行安全技术交底，并履行相关手续。

（4）钢筋机械连接技术包括直、锥螺纹连接和套筒挤压连接，钢筋应先调直再下料。切口端面应与钢筋轴线垂直，不得有马蹄形或挠曲，不得用气割下料。连接钢筋时，钢筋规格和连接套的规格应一致，并确保钢筋和连接套的丝扣干净完好无损。采用预埋接头时，连接套的位置、规格和数量应符合设计要求。带连接套的钢筋应固定牢固，连接套的外露端应加密封盖。必须采用精度±5%的力矩扳手拧紧接头，且要求每半年用扭力仪检定力矩扳手一次，连接钢筋时，应对正轴线将钢筋拧入连接套，然后用力距扳手拧紧，接头拧紧值应满足规定的力矩值，不得超拧。拧紧后的接头应做上标志。

（5）钢筋的焊接连接技术包括：电阻点焊、闪光对焊、电弧焊和竖向钢筋接长的电渣压力焊以及气压焊。下面仅就电弧焊和电渣压力焊施工质量控制进行介绍。

电弧焊的施工质量控制操作要点：

① 进行帮条焊时，两钢筋端头之间应留 2～5 mm 的间隙。

② 进行搭接焊时，钢筋宜预弯，以保证两钢筋的轴线在一直线上。

③ 焊接时，引弧应在帮条或搭接钢筋一端开始，收弧应在帮条或搭接钢筋端头上，弧坑应填满。

④ 熔槽帮条焊钢筋端头应加工成平面。两钢筋端面间隙为 10～16 mm；焊接时电流宜稍大，从焊缝根部引弧后连续施焊，形成熔池，保证钢筋端部熔合良好。焊接过程中应停焊敲渣一次。焊平后，进行加强缝的焊接。

⑤ 坡口焊钢筋坡面应平顺，切口边缘不得有裂纹和较大的钝边、缺棱；钢筋根部最大间隙不宜超过 10 mm；为了防止接头过热，应采用几个接头轮流施焊；加强焊缝的宽度应超过 V 形坡口的边缘 2～3 mm。

电渣压力焊的施工质量控制操作要点：

① 为使钢筋端部局部接触，以利引弧，形成渣池，进行手工电渣压力焊时，可采用直接引弧法。

② 待钢筋熔化达到一定程度后，在切断焊接电源的同时，迅速进行顶压，持续数秒钟，方可松开操作杆，以免接头偏斜或接合不良。

③ 焊剂使用前，须经恒温 250 ℃烘焙 1～2 h。

④ 焊前应检查电路，观察网路电压波动情况，如电源的电压降大于 5%，则不宜进行焊接。

（二）钢筋连接工程质量检验

1. 主控项目

钢筋连接工程主控项目质量检验标准和检查方法具体如下：

（1）纵向受力钢筋的连接方式符合设计要求。

【检查数量】全数检查。

【检查方法】现场观察检查。

（2）钢筋机械连接接头、焊接接头力学性能应按国家现行标准规定抽取钢筋机械连接接头、焊接接头试件进行力学性能检验，其质量应符合有关规程的规定。

【检查数量】按有关规程确定。

【检查方法】检查产品合格证、接头力学性能试验报告。

2．一般项目

钢筋连接工程一般项目质量检验标准和检查方法具体如下：

（1）钢筋接头宜设置在受力较小处。同一纵向受力钢筋不宜设置两个或两个以上接头。接头末端至钢筋弯起点的距离不应小于钢筋直径的 10 倍。

【检查数量】全数检查。

【检查方法】观察，钢尺检查。

（2）钢筋接头应按国家现行标准规定进行外观检查，其质量应符合有关规程的规定。

【检查数量】全数检查。

【检查方法】现场观察检查。

（3）钢筋机械连接接头或焊接接头在同一构件中的设置。接头宜相互错开。纵向受力钢筋机械连接接头及焊接接头连接区段的长度为 $35d$（d 为纵向受力钢筋的较大直径）且不应小于 500 mm，凡接头中点位于该连接区段长度内的接头均属于同一连接区段。同一连接区段内，纵向受力钢筋机械连接及焊接的接头面积百分率为该区段内有接头的纵向受力钢筋截面面积与全部纵向受力钢筋截面面积的比值，如图 5-1 所示。

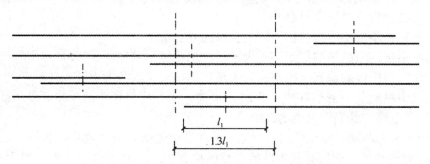

图 5-1　钢筋绑扎搭接接头连接区段及接头面积百分率

注：图中所示搭接接头同一连接区段内的搭接钢筋为两根，当各钢筋直径相同时，接头面积百分率为 50%。

同一连接区段内，纵向受力钢筋的接头面积百分率应符合设计要求；当设计无具体要求时，应符合下列规定：

① 在受拉区不宜大于 50%。

② 接头不宜设置在有抗震设防要求的框架梁端、柱端的箍筋加密区；当无法避开时，对等强度高质量机械连接接头，不应大于 50%。

③ 直接承受动力荷载的结构构件中，不宜采用焊接接头；当采用机械连接接头时，不应大于 50%。

【检查数量】在同一检验批内，对梁、柱和独立基础，应抽查构件数量的 10%，且不少于 3 件；对墙和板，应按有代表性的自然间抽查 10%，且不少于 3 间；对大空间结构，墙可按相邻轴线间高度 5 m 左右划分检查面，板可按纵横轴线划分检查面，抽查 10%，且均不少于 3 面。

【检查方法】观察，钢尺检查。

（4）同一构件中相邻纵向受力钢筋的绑扎搭接接头设置。搭接接头宜相互错开。绑扎搭接接头中钢筋的横向净距不应小于钢筋直径，且不应小于 25 mm。

钢筋绑扎搭接接头连接区段的长度为 $1.3l_1$（l_1 为搭接长度），凡搭接接头中点位于该连接区段长度内的搭接接头均属于同一连接区段。同一连接区段内，纵向钢筋搭接接头面积百分率为该区段内有搭接接头的纵向受力钢筋截面面积与全部纵向受力钢筋截面面积的比值。同一连接区段内，纵向受拉钢筋搭接接头面积百分率应符合设计要求；当设计无具体要求时，应符合下列规定：

① 对梁类、板类及墙类构件，不宜大于 25%。

② 对柱类构件，不宜大于 50%。

③ 当工程中确有必要增大接头面积百分率时，对梁类构件，不应大于 50%；对其他构件，可根据实际情况放宽。

【检查数量】在同一检验批内，对梁、柱和独立基础，应抽查构件数量的 10%，且不少于 3 件；对墙和板，应按有代表性的自然间抽查 10%，且不少于 3 间；对大空间结构，墙可按相邻轴线间高度 5 m 左右划分检查面，板可按纵横轴线划分检查面，抽查 10%，且均不少于 3 面。

【检查方法】观察，钢尺检查。

（5）梁、柱类构件的纵向受力钢筋搭接长度范围的设置应按设计要求配置箍筋。当设计无具体要求时，应符合下列规定：

① 箍筋直径不应小于搭接钢筋较大直径的 0.25 倍。

② 受拉搭接区段的箍筋间距不应大于搭接钢筋较小直径的 5 倍，且不应大于 100 mm。

③ 受压搭接区段的箍筋间距不应大于搭接钢筋较小直径的 10 倍，且不应大于 200 mm。

④ 当柱中纵向受力钢筋直径大于 25 mm 时，应在搭接接头两个端面外 100 mm 范围内各设置两个箍筋，其间距宜为 50 mm。

【检查数量】在同一检验批内，对梁、柱和独立基础，应抽查构件数量的 10%，且不少于 3 件；对墙和板，应按有代表性的自然间抽查 10%，且不少于 3 间；对大空间结构，墙可按相邻轴线间高度 5 m 左右划分检查面，板可按纵横轴线划分检查面，抽查 10%，且均不少于 3 面。

【检查方法】钢尺检查。

（三）工程质量通病及防治措施

1. 钢筋焊接区焊点过烧

钢筋焊接区，上下电极与钢筋表面接触处均有烧伤，焊点周界熔化钢液外溢过大，而且毛刺较多，外观不美，焊点处钢筋呈现蓝黑色。其主要防治措施如下：

（1）除严格执行班前试验，正确优选焊接参数外，还必须进行试焊样品质量自检，目测焊点外观是否与班前合格试件相同，制品几何尺寸和外形是否符合规范和设计要求，全部合格后方可成批焊接。

（2）电压的变化直接影响焊点强度。在一般情况下，电压降低 15%，焊点强度可降低 20%；电压降低 20%，焊点强度可降低 40%。因此，要随时注意电压的变化，电压降低或升高应控制在 5% 的范围内。

（3）发现钢筋点焊制品焊点过烧时，应降低变压器级数，缩短通电时间，按新调整的焊接参数制作焊接试件，经试验合格后方可成批焊制产品。

2. 焊点压陷深度过大或过小

（1）质量通病。焊点实际压陷深度大于或小于焊接参数规定的上下限时，均称为焊点压陷深度过大或过小，并认为是不合格的焊接产品。

（2）防治措施。焊点压陷深度的大小，与焊接电流、通电时间和电极挤压力有着密切关系。要达到最佳的焊点压陷深度，关键是正确选择焊接参数，并经试验合格后，才能成批生产。

3. 带肋钢筋套筒挤压连接偏心、弯折

被连接的钢筋的轴线与套筒的轴线不在同一轴线上，接头处弯折大于 4°。其具体防治措施如下：

（1）摆正钢筋，使被连接钢筋处于同一轴线上，调整压钳，使压模对准套筒表面的压痕标志，并使压模压接方向与钢套筒轴线垂直。钢筋压接过程中，始终注意接头两端钢筋的轴线应保持一致。

（2）切除或调直钢筋弯头。

4. 气压焊钢筋接头偏心和倾斜

焊接头两端轴线偏移大于 $0.15d$（d 为较小钢筋直径），或超过 4 mm，如图 5-2（a）所示，接头弯折角度大于 4°，如图 5-2（b）所示。上述问题的具体防治措施如下：

（1）钢筋要用砂轮切割机下料，使钢筋端面与轴线垂直，端头处理不合格的不应焊接。

（2）两钢筋夹持于夹具内，轴线要对正，注意调整好调节器调向螺纹。

（3）焊接前要检查夹具质量，分析有无产生偏心和弯折的可能。办法是用两根光圆短钢筋安装在夹具上，直观检查两夹头是否同轴。

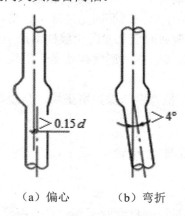

（a）偏心　　　　（b）弯折

图 5-2　气压焊接头缺陷

（4）确认夹紧钢筋后再施焊。

（5）焊接完成后，不能立即卸下夹具，待接头红色消失后，再卸下夹具，以免钢筋倾斜。

（6）对有问题的接头按下列方法进行处理：弯折角大于 4°的可以加热后校正；偏心大于 0.15d 或大于 4 mm 的要割掉重焊。

三、钢筋安装工程质量控制

（一）钢筋安装工程质量控制内容

钢筋安装工程质量控制的主要内容如下：

（1）钢筋安装前，应进行安全技术交底，并履行有关手续。应根据施工图核对钢筋的品种、规格、尺寸和数量，并落实钢筋安装工序。

（2）钢筋安装时应检查钢筋的品种、级别、规格、数量是否符合设计要求，检查钢筋骨架、钢筋网绑扎方法是否正确、是否牢固可靠。

（3）钢筋绑扎时应检查钢筋的交叉点是否用铁丝扎牢，板、墙钢筋网的受力钢筋位置是否准确；双向受力钢筋必须绑扎牢固，绑扎基础底板钢筋，应使弯钩朝上，梁和柱的箍筋（除有特殊设计要求外），应与受力钢筋垂直，箍筋弯钩叠合处，应沿受力钢筋方向错开放置，梁的箍筋弯钩应放在受压处。

（4）注意控制框架结构节点核心区、剪力墙结构暗柱与连梁交接处梁与柱的箍筋设置是否符合要求。框剪或剪力墙结构中连梁箍筋在暗柱中的设置是否符合要求。框架梁、柱箍筋加密区长度和间距是否符合要求。框架梁、连梁在柱（墙、梁）中的锚固方式和锚固长度是否符合设计要求（工程中往往存在部分钢筋水平段锚固不满足设计要求的现象）。

（5）当剪力墙钢筋直径较细时，注意控制钢筋的水平度与垂直度，应当采取适当措施（如增加梯子筋数量等）确保钢筋位置正确。

（6）工程实践中为便于施工，剪力墙中的拉筋加工往往是一端加工成 135°弯钩，另一端暂时加工成 90°弯钩，待拉筋就位后再将 90°弯钩弯扎成型，这样，如加工措施不当往往会出现拉筋变形使剪力墙筋骨架减小的现象，钢筋安装时应予以控制。

（7）工程中常常出现由于墙柱钢筋固定措施不合格，导致下柱（墙）钢筋位置偏离设计要求的现象，隐蔽工程验收时应查验防止墙柱钢筋错位的措施是否得当。

（7）钢筋安装时，检查梁、柱箍筋弯钩处是否沿受力钢筋方向相互错开放置，绑扎扣是否按变换方向进行绑扎。

（9）钢筋安装完毕后，检查钢筋保护层垫块、马蹬等是否根据钢筋直径、间距和设计要求正确放置。

（二）钢筋安装工程质量检验

1. 检验批划分

检验批可根据施工和质量控制机专业工程验收的需要按楼层、施工段、变形缝等进行划分，即每层、段可按基础、柱、剪力墙、梁、板、梯等结构件进行划分。

2．钢筋安装工程质量检验标准和检查方法

钢筋安装工程质量检验标准和检查方法见表 5-5。

表 5-5　钢筋安装工程质量检验标准和检查方法

项目	序号	检查项目			允许偏差/mm	检查数量	检验方法
主控项目	1	受力钢筋的品种、级别、规格和数量			符合设计要求	全数检查	观察，钢尺检查
一般项目	1	钢筋安装位置	绑扎钢筋网	长、宽	±10	在同一检验批内，对梁、柱和独立基础，应抽查构件数量的10%，且不少于3件；对墙和板，应按有代表性的自然间抽查10%，且不少于3间；对于大空间结构，墙可按相邻轴线间高度5 m左右划分检查面，板可按纵、横轴线划分检查面，抽查10%，且均不少于3面	钢尺检查
				网眼尺寸	±20		钢尺量连续三挡，取最大值
			绑扎钢筋骨架	长	±10		钢尺检查
				宽、高	±5		钢尺检查
			受力钢筋	间距	±10		钢尺量两端、中间各一点，取最大值
				排距	±5		
				保护层厚度 基础	±10		钢尺检查
				保护层厚度 柱、梁	±5		
				保护层厚度 板、墙、壳	±3		
			绑扎箍筋、横向钢筋间距		±20		钢尺量连续三挡，取最大值
			钢筋弯起点位置		20		钢尺检查
			预埋件	中心线位置	5		钢尺检查
				水平高差	+3，0		钢尺和塞尺检查
	2	钢筋保护层厚度			符合设计要求	抽查总数的10%，且不少于3件	钢尺和塞尺检查
	3	钢筋绑扎			牢固，无松动变形现象		钢尺检查

（三）工程质量通病及防治措施

1．柱子外伸钢筋错位

下柱外伸钢筋从柱顶甩出，由于位置偏离设计要求过大，与上柱钢筋搭接不上。其具体防治措施如下：

（1）在外伸部分加一道临时箍筋，按图纸位置安设好，然后用样板、铁卡或木方卡固定好；浇筑混凝土前再复查一遍，如发生移位，则应矫正后再浇筑混凝土。

（2）注意浇筑操作，尽量不碰撞钢筋；浇筑过程中由专人随时检查，及时校核改正。

（3）在靠紧搭接不可能时，仍应使上柱钢筋保持设计位置，并采取垫筋焊接连接；对错位严重的外伸钢筋（甚至超出上柱模板范围），应采取专门措施处理。例如，加大柱截面，设置附加箍筋以连接上、下柱钢筋，具体方案视实际情况由有关技术部门确定。

2．钢筋遗漏

在检查核对绑扎好的钢筋骨架时，发现某号钢筋遗漏。其防治措施为：绑扎钢筋骨架之前要基本上记住图纸内容，并按钢筋材料表核对配料单和料牌，检查钢筋规格是否齐全准确，形状、数量是否与图纸相符；在熟悉图纸的基础上，仔细研究各号钢筋绑扎安装顺序和步骤；整个钢筋骨架绑完后，应清理现场，检查有没有某号钢筋遗留。

3．梁箍筋弯钩与纵筋相碰

在梁的支座处，箍筋弯钩与纵向钢筋抵触。其防治措施为：绑扎钢筋前应先规划箍筋弯钩位置（放在梁的上部或下部），如果梁上部仅有一层纵向钢筋，箍筋弯钩与纵向钢筋便不抵触，为了避免箍筋接头被压开口，弯钩可放在梁上部（构件受拉区），但应特别绑牢，必要时用电弧焊点焊几处；对于有两层或多层纵向钢筋的，则应将弯钩放在梁下部。

第三节　混凝土工程

一、混凝土施工工程质量控制

混凝土施工工程质量控制的主要内容包括材料质量要求、施工过程质量控制、工程质量检验和工程质量通病及防治措施。

（一）材料质量要求

混凝土施工工程所需的材料的质量要求如下：

（1）水泥进场时必须有产品合格证、出厂检验报告。进场时还要对水泥品种、级别、包装或散装仓号、出厂日期等进行检查验收；对其强度、安定性及其他必要的性能指标进行复试，其质量必须符合《通用硅酸盐水泥》（GB 175—2007）的规定。

（2）混凝土中的集料有细集料（砂）、粗集料（碎石、卵石）。其质量必须符合国家现行标准《普通混凝土用砂、石质量及检验方法标准》（JGJ 52—2006）的规定。

（3）集料进场时，必须进行复检，按进场的批次和产品的抽样检验方案，检验其颗粒级配、含泥量及粗细集料的针片状颗粒含量，必要时还应检验其他质量标准。集料进场后，应按品种、规格分别堆放，集料中应严禁混入烧过的白云石和石灰石。

（4）混凝土中掺用的外加剂，质量应该符合现行国家标准要求。外加剂的品种及掺量必须依据混凝土的性能要求、施工及气候条件、混凝土所采用的原材料及配合比等因素经试验确定。在蒸汽养护的混凝土和预应力混凝土中，不宜掺入引气剂或引气减水剂。

在钢筋混凝土中掺用氯盐类防冻剂时，氯盐掺量按无水状态计算不得超过水泥用量的

1%，当采用素混凝土时，氯盐掺量不得大于水泥用量的3%。

（5）如果使用商品混凝土，混凝土商应该提供混凝土各类技术指标，如强度等级、配合比、外加剂品种、混凝土的坍落度等，按批量出具出厂合格证。

（二）施工过程质量控制

混凝土施工工程施工过程质量控制的主要工作有以下几个方面：

（1）混凝土施工前应检查混凝土的运输设备是否良好、道路是否畅通，保证混凝土的连续浇筑和良好的混凝土和易性。

（2）混凝土现场搅拌时应对原材料的计量进行检查，并经常检查坍落度，严格控制水灰比。

（3）检查混凝土搅拌的时间，并在混凝土搅拌后和浇筑地点分别抽样检测混凝土的坍落度，每班至少检查两次，评定时应以浇筑地点的测值为准。

（4）混凝土浇筑前检查模板表现是否清理干净，防止拆模时混凝土表面粘模，出现麻面。木模板要浇水湿润，防止出现由于木模板吸水黏结或脱模过早，拆模时缺棱、掉角导致露筋。

（5）混凝土施工中检查控制混凝土浇筑的方法和质量。一是防止浇筑速度过快，避免在钢筋上面和墙与板、梁与柱交界处出现裂缝。二是防止浇筑不均匀，或接槎处处理不好易形成裂缝。混凝土浇筑应在混凝土初凝前完成，浇筑高度不宜超过2 m，竖向结构不宜超过3 m，否则应检查是否采取了相应措施。控制混凝土一次浇筑的厚度，并保证混凝土的连续浇筑。浇筑与墙、柱连成一体的梁和板时，应在墙、柱浇筑完毕1～15 h后，再浇筑梁和板；梁和板宜同时浇筑混凝土。

（6）浇捣时间应连续进行，当必须间歇时，其间歇时间应尽量缩短，并应在前层混凝土初凝之前，将次层混凝土浇筑完毕。前层混凝土凝结时间不得超过相关规定，否则应留施工缝。

（7）施工缝的留置应符合以下规定：

① 柱，宜留置在基础的顶面、梁或吊车梁牛腿的下面、吊车梁的上面、无梁楼板柱帽的下面。

② 与板连成整体的大截面梁，留置在板底面以下20～30 mm处，当板下有梁托时，留置在梁托下部。

③ 单向板，留置在平行于板的短边的任何位置。

④ 有主次梁的楼板宜顺着次梁方向浇筑，施工缝应留置在次梁跨度的中间1/3范围内。

⑤ 墙，留置在门洞口过梁跨中1/3范围内，也可留在纵横墙的交接处。

⑥ 双向受力楼板、大体积混凝土结构、拱、穹拱、薄壳、蓄水池、斗仓、多层刚架及其他结构复杂的工程，施工缝的位置应按设计要求留置。

（8）混凝土施工过程中应对混凝土的强度进行检查，在混凝土浇筑地点随机留取标准养护试件和同条件养护试件，其留取的数量应符合要求。同条件试件必须与其代表的构件一起养护。

（9）混凝土浇筑后应检查是否按施工技术方案进行养护，并对养护的时间进行检查落实。混凝土的养护是在混凝土浇筑完毕后12 h内进行的，养护时间一般为14～28 d。混凝土浇筑后应对养护的时间进行检查落实。

（三）工程质量检验

混凝土施工工程质量检验内容如下：

（1）结构混凝土的强度等级必须符合设计要求。用于检查结构构件混凝土强度的试件，应在混凝土的浇筑地点随机抽取。取样与试件留置应符合下列规定：

① 每拌制 100 盘且不超过 100 m³ 的同配合比的混凝土，取样不得少于 1 次。

② 每工作班拌制的同一配合比的混凝土不足 100 盘时，取样不得少于 1 次。

③ 当连续浇筑超过 1000 m³ 时，同一配合比的混凝土每 200 m³ 取样不得少于 1 次。

④ 每一楼层、同一配合比的混凝土，取样不得少于 1 次。

⑤ 每次取样应至少留置 1 组标准养护试件，同条件养护试件的留置组数应根据实际的需要确定。

（2）混凝土施工工程检验批可根据施工和质量控制及专业验收需要按工作班、楼层、施工段、变形缝等进行划分，即每层、段可按基础、柱、剪力墙、梁、板、梯等结构划分。

【检验方法】检查试件抗渗试验报告。

（3）混凝土施工工程质量验收标准及检查方法如表 5-6 所示。

表 5-6　混凝土施工工程质量验收标准及检查方法

项目	序号	检验项目	检验标准或允许偏差		检查数量	检查方法
主控项目	1	结构混凝土强度等级	符合设计标准		留置应符合规定	检查施工记录及试件强度检测报告
主控项目	2	抗渗混凝土等级	符合设计标准		同一工程、同一配比的混凝土，取样不应少于 1 此，留置组数可根据实际需要确定	检查试件抗渗试验报告
主控项目	3	原材料每盘称量允许偏差	水泥、掺合料	±2%	每工作班抽查不应少于一次	复称
			粗、细骨料	±3%		
			水、外加剂	±2%		
	4	混凝土运输、浇筑及间歇时间	不应超过混凝土的初凝时间。同一施工段的混凝土应连续浇筑，并应在底层混凝土初凝之前将上一层混凝土浇筑完毕。否则应按施工技术方案中对施工缝的要求进行处理		全数检查	观察，检查施工记录

续表

一般项目	1	施工缝	位置应在混凝土浇筑前按设计要求和施工技术方案确定。施工缝的处理应按施工技术方案执行	全数检查	观察，检查施工记录
	2	后浇带	位置应按设计要求和施工技术方案确定，处理应按施工技术方案执行		
	3	混凝土养护措施	应按施工技术方案及时采取有效的养护措施，并应符合下列规定：①应在浇筑完毕后的 12 h 以内对混凝土加以覆盖并保湿养护。②混凝土浇水养护的时间：对采用硅酸盐水泥、普通硅酸盐水泥或矿渣硅酸盐水泥拌制的混凝土，不得少于 7 d；对掺用缓凝型外加剂或有抗渗要求的混凝土，不得少 14 d。③浇水次数应能保持混凝土处于湿润状态；混凝土养护用水应与拌制用水相同。④采用塑料布覆盖养护的混凝土，其敞露的全部表面应覆盖严密，并应保持塑料布内有凝结水。⑤混凝土强度达到 12 N/mm² 前，不得在其上踩踏或安装模板及支架		

（4）混凝土原材料每盘称量的偏差应符合表 5-7 的规定。

表 5-7　原材料每盘称量的允许偏差

材料名称	允许偏差
水泥、掺合料	±2%
粗、细集料	±3%
水、外加剂	±2%

（四）工程质量通病及防治措施

1. 大体积混凝土配合比中未采用低水化热的水泥

大体积混凝土由于体量大，在混凝土硬化过程中产生的水化热不易散发，如不采取措施，会由于混凝土内外温差过大而出现混凝土裂缝。

其具体防治措施为：配制大体积混凝土应先用水化热低的、凝结时间长的水泥，采用低水化热的水泥配制大体积混凝土是降低混凝土内部温度的可靠方法。应优先选用大坝水泥、矿渣水泥、粉煤灰硅酸盐水泥、火山灰质硅酸盐水泥。进行配合比设计应在保证混凝土强度及满足坍落度要求的前提下，提高掺合料和集料的含量以降低单方混凝土的水泥用量。大体积混凝土配合比确定后宜进行水化热的演算和测定，以了解混凝土内部水化热温度，控制混凝土的内外温差。在施工中必须使温差控制在设计要求以内，当设计无要求时，内外温差以不超过 25 ℃为宜。

2．混凝土表面疏松脱落

混凝土结构构件浇筑脱模后，表面出现疏松、脱落等现象，表面强度比内部要低很多。其具体防治措施如下：

（1）表面较浅的疏松脱落，可将疏松部分凿去，洗刷干净充分湿润后，用 1∶2 或 1∶25 的水泥砂浆抹平压实。

（2）表面较深的疏松脱落，可将疏松和突出颗粒凿去，刷洗干净充分湿润后支模，用比结构高一强度等级的细石混凝土浇筑，强力捣实，并加强养护。

二、混凝土现浇结构工程质量控制

现浇结构的外观质量缺陷，应由监理（建设）单位、施工单位等各方根据其对结构性能和使用功能影响的严重程度，按表 5-8 确定。

表 5-8　现浇结构的外观质量缺陷

名称	现象	严重缺陷	一般缺陷
露筋	构件内钢筋未被混凝土包裹而外露	纵向受力钢筋有露筋	其他钢筋有少量露筋
蜂窝	混凝土表面缺少水泥砂浆而形成石子外露	构件主要受力部位有蜂窝	其他部位有少量蜂窝
孔洞	混凝土中孔穴深度和长度均超过保护层厚度	构件主要受力部位有孔洞	其他部位有少量夹渣
夹渣	混凝土中夹有杂物且深度超过保护层厚度	构件主要受力部位有夹渣	其他部位有少量夹渣
疏松	混凝土中局部不密实	构件主要受力部位有疏松	其他部位有少量疏松
裂缝	缝隙从混凝土表面延伸至混凝土内部	构件主要受力部位有影响结构性能或使用功能的裂缝	其他部位有少量不影响结构性能或使用功能的裂缝
连接部位缺陷	构件连接处混凝土缺陷及连接钢筋、连接件松动	连接部位有影响结构传力性能的缺陷	接部位有基本不影响结构传力性能的缺陷
外形缺陷	缺棱掉角、棱角不直、翘曲不平、飞边凸肋等	清水混凝土构件有影响使用功能或装饰效果的外形缺陷	其他混凝土构件有不影响使用功能的外形缺陷
外表缺陷	构件表面麻面、掉皮、起砂、沾污等	具有重要装饰效果的清水混凝土构件有外表缺陷	其他混凝土构件有不影响使用功能的外表缺陷

（1）现浇混凝土结构待强度达到一定程度拆模后，应及时对混凝土外观质量进行检查（严禁未经检查擅自处理混凝土缺陷），主要对结构性能和使用功能影响的严重程度，

应及时提出技术处理方案，待处理后对经处理的部位应重新检查验收。

（2）现浇结构不应有影响结构性能和使用功能的尺寸偏差，混凝土设备基础不应有影响结构性能和设备安装的尺寸偏差。现浇结构的外观质量不应有严重缺陷。

（3）对于现浇混凝土结构外形尺寸偏差，检查主要轴线、中心线位置时，应沿纵横两个方向量测，并取其中的较大值。

（一）混凝土现浇结构工程质量检验

1. 主控项目

混凝土现浇结构工程主控项目质量检验标准和方法如下：

（1）现浇结构的外观质量不应有一般缺陷。对已经出现的一般缺陷，应由施工单位按技术处理方案进行处理，并重新检查验收。

【检查数量】全数检查。

【检验方法】现场观察，检查技术处理方案。

（2）结构和设备安装尺寸不应有影响结构性能、设备安装及使用功能的尺寸偏差。对超过尺寸允许偏差且影响结构性能和安装、使用功能的部位，应由施工单位提出技术处理方案，并经监理（建设）单位认可后进行处理。对经处理的部位，应重新检查验收。

【检查数量】全数检查。

【检验方法】量测，检查技术处理方案。

2. 一般项目

混凝土现浇结构工程一般项目质量检验标准和方法如表 5-9 所示。

（二）工程质量通病及防治措施

1. 结构混凝土缺棱掉角

由于木模板在浇筑混凝土前未充分浇水湿润或湿润不够，浇筑后养护不好，棱角处混凝土的水分被模板大量吸收，造成混凝土脱水，强度降低，或模板吸水膨胀将边角拉裂，拆模时棱角被粘掉，造成截面不规则、棱角缺损。其防治措施如下：

（1）木模板在浇筑混凝土前应充分湿润，浇筑后应认真浇水养护。

（2）拆除侧面非承重模板时，混凝土强度应具有 12 MPa 以上。

（3）拆模时注意保护棱角，避免用力过猛、过急；吊运模板时，防止撞击棱角；运料时，通道处的混凝土阳角应用角钢、草袋等保护好，以免碰损。

（4）对混凝土结构缺棱掉角的，可按照下列方法处理：

① 对较小的缺棱掉角，可将该处松散颗粒凿除，用钢丝刷刷洗干净，清水冲洗并充分湿润后，用 1∶2 或 1∶25 的水泥砂浆抹补齐整。

② 对较大的缺棱掉角，可将不实的混凝土和凸出的颗粒凿除，用水冲刷干净湿透，然后支模，用比原混凝土高一强度等级的细石混凝土填灌捣实，并认真养护。

图 5-9　混凝土现浇结构工程一般项目质量检验标准和方法

项目	序号	检验项目			检验标准或允许偏差/mm	检查数量	检验方法
一般项目	1	现浇结构尺寸允许偏差/mm	轴线位置	基础	15	在同一检验批内，对梁、柱和独立基础，抽查总数的10%，且不少于3件；对墙和板，应按有代表性的自然间抽查总数的10%，且不少于3间；对大空间结构，墙可按相邻轴线间高度5m划分检查面，板可按纵、横轴线划分检查面，抽查总数的10%，且均不少于3面，对电梯井，应全数检查	钢尺检查
				独立基础	10		
				墙、柱、梁	8		
				剪力墙	5		
			垂直度	层高 ≤5 m	8		经纬仪或吊线、钢尺检查
				>5 m	10		
				全高（H）	$H/1000$ 且 ≤3000		
			标高	层高	±10		水准仪或拉线，钢尺检查
				全高	±30		
			截面尺寸		+8，−5		钢尺检查
			电梯井	井筒长、宽对定位中心线	+25，0		钢尺检查
				井筒全高（H）垂直度	$H/1000$ 且 ≤3000		经纬仪，钢尺检查
			表面平整度		8		2 m靠尺和塞尺检查
			预埋设施中心线位置	预埋件	10		用钢尺检查
				预埋螺栓	5		
				预埋管	5		
			预留洞中心线位置		15		用钢尺检查
	2	设备尺寸偏差/mm	坐标位置		20		用钢尺检查
			不同平面的标高		0，−20		水平仪或拉线、钢尺检查
			平面外形尺寸		±20		用钢尺检查
			凸台上平面外形尺寸		0，−20		用钢尺检查
			凹穴尺寸		+20，0		用钢尺检查
			平面水平度	每米	5		用水平尺、塞尺检查
				全长	10		水准仪或拉线、钢尺检查
			垂直度	每米	5		经纬仪或吊线、钢尺检查
				全高	10		
			预埋地脚螺栓	标高（顶部）	+20，0		水准仪或拉线、钢尺检查
				中心距	±2		用钢尺检查

续表

		预埋地脚螺栓孔	中心线位置	10	用钢尺检查
			深度	+20，0	
			孔垂直度	10	吊线、钢尺检查
		预埋活动地脚螺栓锚板	标高	+20，0	水准仪或拉线、钢尺检查
			中心线位置	5	用钢尺检查
			带槽锚板平整度	5	用钢尺、塞尺检查
			带螺纹孔锚板平整度	2	

2. 混凝土结构表面露筋

混凝土结构内部主筋、副筋或箍筋局部裸露在表面，没有被混凝土包裹，从而影响结构性能。其防治措施如下：

（1）浇筑混凝土时应保证钢筋位置正确和保护层厚度符合规定要求，并加强检查。

（2）钢筋密集时，应选用适当粒径的石子，保证混凝土配合比正确和良好的和易性。浇筑高度超过 2 m 时，应用串桶、溜槽下料，以防离析。

（3）对表面露筋，刷洗干净后，在表面抹 1∶2 或 1∶25 的水泥砂浆，将露筋部位抹平；对较深露筋，凿去薄弱混凝土和凸出颗粒，刷洗干净后支模，用高一级的细石混凝土填塞压实并认真养护。

第四节　砌体工程

砌体工程是指由砖、石或各种类型砌块通过黏结砂浆组砌而成的工程。砌体工程是建筑工程的重要部分，在砖混结构中，砌体是承重结构。在框架结构中，砌体是维护填充结构。墙体材料通过砌筑砂浆连接成整体，实现对建筑物内部分隔和外部围护、挡风、防水、遮阳等作用。

一、砖砌体工程质量控制

砖砌体工程质量控制工作的主要内容包括材料质量要求、施工过程质量控制、工程质量检验和工程质量通病及防治措施。

（一）材料质量要求

1. 砖和砌块

砖砌体工程的砖和砌块必须满足以下要求：

（1）砌块应有出厂合格证，砖的品种、规格和强度等级必须符合设计要求。用于清水墙、柱表面的砖，应边角整齐、色泽均匀。砌筑时，蒸压（养）砖的产品龄期不得少于28 d。

（2）砌块进场应按要求进行取样试验，并出具试验报告，合格后方可使用。

（3）施工现场砖和砌块应堆放平整，堆放高度不宜超过 2 m，有防雨要求时要防止雨淋，并做好排水，保持砌块干净。

2. 水泥

水泥砂浆采用的水泥，其强度等级不宜大于 32.5 级；水泥混合砂浆采用的水泥，其强度等级不宜大于 42.5 级。水泥进场使用前，应分批对其强度、安定性进行复检。检验批应以同一生产厂家、同一编号为一批。当在使用中对水泥质量有怀疑或水泥出厂超过 3 个月（快硬性硅酸盐水泥超过 1 个月）时，应复查试验，并按其结果使用。不同品种、强度等级的水泥不得混合使用。

3. 砂

砂宜采用中砂，不得含有有害杂质。砂中含泥量，对水泥砂浆和强度等级不小于 M5 的水泥混合砂浆，不得超过 5%；对强度等级小于 M5 的水泥混合砂浆，不应超过 10%；人工砂、山砂及特细砂，经试配应能满足砌筑砂浆技术条件要求。

4. 石灰膏

生石灰熟化成石灰膏时，应用孔径不大于 3 mm×3 mm 的网过滤，熟化时间不得少于7 d；磨细生石灰粉的熟化时间不得少于 2 d。沉淀池中储存的石灰膏，应采取防止干燥、冻结和污染的措施。配制水泥石灰砂浆时，不得采用脱水硬化的石灰膏。

5. 添加剂

凡在砂浆中掺入有机塑化剂、早强剂、缓凝剂、防冻剂等，应在检验和试配符合要求后，方可使用。有机塑化剂应有砌体强度的型式检验报告。

6. 砂浆

砖砌体工程的砂浆应满足以下要求：

（1）砂浆的品种、强度等级必须符合设计要求。

（2）具有冻融循环次数要求的砌筑砂浆，经冻融试验后，质量损失率不得大于 5%，抗压强度损失率不得大于 25%。

（3）水泥砂浆中水泥用量不应小于 200 kg/m³；水泥混合砂浆中水泥和掺合料总量宜为 300～350 kg/m³。

（4）水泥混合砂浆不得用于基础等地下潮湿环境中的砌体工程。

7. 钢筋

用于砌体工程的钢筋品种、强度等级必须符合设计要求，并应有产品合格证书和性能检测报告，进场后应进行复检。设置在潮湿环境或有化学侵蚀性介质的环境中的砌体灰缝内的钢筋应采取防腐措施。

（二）施工过程质量控制

1. 放线和皮数杆

砖砌体工程施工过程中放线和皮数杆应按以下要求进行施工：

（1）建筑物的标高，应引自标准水准点或设计指定的水准点。基础施工前，应在建筑物的主要轴线部位设置标志板。标志板上应标明基础、墙身和轴线的位置及其标高。外形或构造简单的建筑物，可用控制轴线的引桩代替标志板。

（2）按设计要求，在基础及墙身的转角及某些交接处立好皮数杆，其间距每隔 10～15 m 立一根，皮数杆上画有每皮砖和灰缝厚度及门窗洞口、过梁、楼板等竖向构造的变化位置，控制楼层及各部位构件的标高。砌筑完每一楼层（或基础）后，应校正砌体的轴线和标高。

（3）砌筑前，弹好墙基大放脚外边沿线、墙身线、轴线、门窗洞口位置线，并必须用钢尺校核放线尺寸。

2. 砌体工作段的划分

砖砌体工程砌体工作段的划分的具体要求如下：

（1）相邻工作段的分段位置，宜设在伸缩缝、沉降缝、防震缝构造柱或门窗洞口处。

（2）砌体临时间断处的高度差，不得超过一步脚手架的高度。

（3）相邻工作段的高度差，不得超过一个楼层的高度，且不得大于 4 m。

（4）砌体施工时，楼面堆载不得超过楼板允许荷载值。

（5）尚未安装楼板或屋面的墙和柱，当可能遇到大风时，其允许自由高度不得超过表 5-10 的规定。如超过规定，须采取临时支撑等有效措施以保证墙或柱在施工中的稳定性。

表 5-10　墙和柱的允许自由高度

墙（柱）厚/mm	砌体密度＞1600 kg/m³			砌体密度 1300~1600 kg/m³		
	风载/kN·m⁻²					
	0.3（约 7 级风）	0.4（约 8 级风）	0.5（约 9 级风）	0.3（约 7 级风）	0.4（约 8 级风）	0.5（约 9 级风）
190	—	—	—	1.4	1.1	0.7
240	2.8	2.1	1.4	2.2	1.7	1.1
370	5.2	3.9	2.6	4.2	3.2	2.1
490	8.6	6.5	4.3	7.0	5.2	3.5
620	14.0	10.5	7.0	11.4	8.6	5.7

注：① 本表适用于施工处相对标高（H）在 10 m 范围内的情况。如 10 m＜H≤15 m，15 m＜H≤20 m 时，表中的允许自由高度应分别乘以 09、08 的系数；如 H＞20 m 时，应通过抗倾覆验算确定其允许自由高度。

② 当所砌筑的墙有横墙或其他结构与其连接，而且间距小于表列限值的 2 倍时，砌筑高度可不受本表的限制。

3．砌体留槎和拉结筋

砖砌体工程砌体留槎和拉结筋施工的具体要求如下：

（1）砖砌体接槎时必须将接槎处的表面清理干净，浇水湿润，填实砂浆并保持灰缝平直。

（2）多层砌体结构中，后砌的非承重砌体隔墙，应沿墙高每隔 500 mm 配置 2 根 Φ6 的钢筋与承重墙或柱拉结，每边伸入墙内不应小于 500 mm。抗震设防烈度为 8 度和 9 度区，长度大于 5 m 的后砌隔墙的墙顶，尚应与楼板或梁拉结。隔墙砌至梁板底时，应留一定空隙，间隔一周后再补砌挤紧。

4．砖砌体灰缝

砖砌体工程砖砌体灰缝施工的具体要求有以下几个方面：

（1）水平灰缝砌筑方法宜采用"三一"砌砖法，即"一铲灰、一块砖、一揉挤"的操作方法。竖向灰缝宜采用挤浆法或加浆法，使其砂浆饱满，严禁用水冲浆灌缝。

如采用铺浆法砌筑，铺浆长度不得超过 750 mm。施工期间气温超过 30 ℃时，铺浆长度不得超过 500 mm。水平灰缝的砂浆饱满度不得低于 80%；竖向灰缝不得出现透明缝、瞎缝和假缝。

（2）清水墙面不应有上下二皮砖搭接长度小于 25 mm 的通缝，不得有三分头砖，不得在上部随意变活、乱缝。

（3）筒拱拱体灰缝应全部用砂浆填满，拱底灰缝宽度宜为 5～8 mm，筒拱的纵向缝应与拱的横断面垂直。筒拱的纵向两端，不宜砌入墙内。

（4）空斗墙的水平灰缝厚度和竖向灰缝宽度一般为 10 mm，但不应小于 7 mm，也不应大于 13 mm。

（5）清水墙勾缝应采用加浆勾缝，勾缝砂浆宜采用细砂拌制的 1∶15 水泥砂浆。勾凹缝时深度为 4～5 mm，多雨地区或多孔砖可采用稍浅的凹缝或平缝。

（6）砖砌平拱过梁的灰缝应砌成楔形缝。灰缝宽度，在过梁底面不应小于 5 mm；在过梁的顶面不应大于 15 mm。拱脚下面应伸入墙内不小于 20 mm，拱底应有 1% 起拱。

（7）为保持清水墙面立缝垂直一致，当砌至一步架子高时，水平间距每隔 2 m，在丁砖竖缝位置弹两道垂直立线，控制游丁走缝。

（8）砌体的伸缩缝、沉降缝、防震缝中，不得夹有砂浆、碎砖和杂物等。

5．砖砌体预留孔洞和预埋件

砖砌体工程砖砌体预留孔洞和预埋件施工的具体要求如下：

（1）设计要求的洞口、管道、沟槽，应在砌筑时按要求预留或预埋，未经设计同意，不得打凿墙体和在墙体上开凿水平沟槽。超过 300 mm 的洞口上部应设过梁。

（2）砌体中的预埋件应做防腐处理，预埋木砖的木纹应与钉子垂直。

（3）在墙上留置临时施工洞口，其侧边离高楼处墙面不应小于 500 mm，洞口净宽度不应超过 1 m，洞顶部应设置过梁。

抗震设防烈度为 9 度的地区建筑物的临时施工洞口位置，应会同设计单位确定。临时施工洞口应做好补砌。

（4）预留外窗洞口位置应上下挂线，保持上下楼层洞口位置垂直，洞口尺寸应准确。

（5）不得在下列墙体或部位设置脚手眼：

① 120 mm 厚墙、料石清水墙和独立柱。

② 过梁上与过梁成 60°角的三角形范围及过梁净跨度 1/2 的高度范围内。

③ 宽度小于 1 m 的窗间墙。

④ 砌体门窗洞口两侧 200 mm（石砌体为 300 mm）和转角处 450 mm（石砌体为 600 mm）范围内。

⑤ 梁或梁垫下及其左右 500 mm 范围内。

⑥ 设计不允许设置脚手眼的部位。

（三）工程质量检验

1. 主控项目

砖砌体工程主控项目质量检验内容及方法如下：

（1）砖的规格、品种、性能及强度等级符合设计要求和产品标准。

【检查数量】每一生产厂家，烧结普通砖、混凝土实心砖每 15 万块，烧结多孔砖、混凝土多孔砖、蒸压灰砂砖及蒸压粉煤灰砖每 10 万块各为一验收批，不足上述数量时按 1 批计算，抽检数量为 1 组。

【检验方法】查进场试验报告及出厂合格证。

（2）砂浆材料规格、品种、性能、配合比及强度等级符合设计要求。

【检查数量】250 m³ 砌体。

【检验方法】查试块试验报告。

（3）砂浆饱满度不小于 80%。

【检查数量】每检验批抽查不应少于 5 处。

【检验方法】用百格网检查砖底面与砂浆的黏结痕迹面积，每处检测 3 块砖，取其平均值。

（4）砌体转角处和交接处应同时砌筑，严禁无可靠措施的内外墙分砌施工。对不能同时砌筑而又必须留置的临时间断处应砌成斜槎，斜槎水平投影长度不应小于高度的 2/3。

【检查数量】每检验批抽查 20% 的接槎，且不应少于 5 处。

【检验方法】现场观察检查。

（5）临时间断处非抗震设防及抗震设防烈度为 6 度、7 度地区的临时间断处，当不能留斜槎时，除转角处外，可留直槎，但直槎必须做成凸槎，且应加设拉结钢筋，拉结钢筋应符合下列规定：

① 每 120 mm 墙厚放置 1Φ6 拉结钢筋（120 mm 厚墙应放置 2Φ6 拉结钢筋）。

② 间距沿墙高不应超过 500 mm，且竖向间距偏差不应超过 100 mm。

③ 埋入长度从留槎处算起每边均不应小于 500 mm，对抗震设防烈度 6 度、7 度的地区，不应小于 1 000 mm。末端应有 90°弯钩，如图 5-3 所示。

【检查数量】每检验批抽查 20% 的接槎，且不应少于 5 处。

【检验方法】现场观察及用尺量。

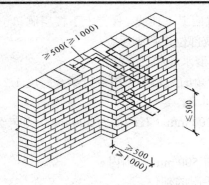

图 5-3　直槎处拉结钢筋示意图

（6）轴线位移不得大于 10 mm。

【检查数量】线检查全部承重墙柱；外墙垂直度全高查阳角，每层每 20 m 查 1 处，且不应少于 4 处；内墙按有代表性的自然间抽查总数的 10%，但不应少于 3 间，且每间不应少于 2 处，柱不少于 5 根。

【检查方法】用经纬仪和尺或用其他测量仪器检查。

（7）墙面垂直度每层允许偏差为 5 mm；全高不大于 10 mm 的允许偏差为 10 mm，全高大于 10 mm 的允许偏差为 20 mm。

【检查数量】轴线检查全部承重墙柱；外墙垂直度全高查阳角，每层每 20 m 查 1 处，且不应少于 4 处；内墙按有代表性的自然间抽查总数的 10%，但不应少于 3 间，且每间不应少于 2 处，柱不少于 5 根。

【检查方法】①每层：用 2 m 托线板检查；②全高：用经纬仪、吊线和尺检查。

2．一般项目

砖砌体工程质量一般项目检验标准和检验方法如表 5-11 所示。

表 5-10　砖砌体工程质量检验标准和检验方法

项目	序号	检验项目	检验标准或允许偏差 /mm	检查数量	检验方法
一般项目	1	组砌方法	组砌正确，内外搭砌，上、下错缝。清水墙、墙、窗间墙无通缝；混水墙中不得有长度大于 300 mm 的通缝，长度 200～300 mm 的通缝每间不超过 3 处，且不得位于同一面墙体上。砖柱不得采用包心砌法	外墙每 20 m 抽查一处，每处 3～5 m，且不应少于 3 处；内墙按有代表性的自然间抽查总数的 10%，且不应少于 3 间	现场观察检查

续表

2	水平灰缝厚度（10 mm）	±2	每步脚手架施工的砌体，每 20 m 抽查一处	用尺量 10 皮砖砌体高度折算
3	基础、墙、柱顶面标高	±15	不应少于 5 处	用经纬仪和尺或用其他测量仪器检查
4	表面平整度 清水墙、柱	5	抽查有代表性的自然间，抽查总数的 10%，但不应少于 3 间，且每间不应少于 2 处	用 2 m 靠尺和楔形塞尺检查
	混水墙、柱	8		
5	门窗洞口高、宽（后塞口）	±10	抽查检验批洞口总数的 10%，且不应少于 5 处	用尺检查
6	外墙上、下窗口偏移	20	抽查检验批总数的 10%，且不应少于 5 处	以底层窗口为准，用经纬仪或吊线检查
7	水平灰缝平直度 清水墙	7	抽查有代表性的自然间，抽查总数的 10%，但不应少于 3 间，且每间不应少于 2 处	拉 10 m 线和尺检查
	混水墙	10		
8	清水墙游丁走缝	20		以每层第一皮砖为准，用吊线和尺检查

（四）工程质量通病及防治措施

1. 砖缝砂浆不饱满，砂浆与砖黏结不良

砌体水平灰缝砂浆饱满度低于 80%；竖缝出现瞎缝，特别是空心砖墙，常出现较多的透明缝；砌筑清水墙采取大缩口铺灰，缩口缝深度甚至达 20 mm 以上，影响砂浆饱满度。砖在砌筑前未浇水湿润，干砖上墙，或铺灰长度过长，致使砂浆与砖黏结不良。其具体防治措施主要有以下几方面：

（1）改善砂浆和易性，提高黏结强度，确保灰缝砂浆饱满。

（2）改进砌筑方法。不宜采取铺浆法或摆砖砌筑，应推广"三一砌砖法"，即使用大铲，一块砖、一铲灰、一挤揉的砌筑方法。

（3）当采用铺浆法砌筑时，必须控制铺浆的长度，一般气温条件下不得超过 750 mm；当施工期间气温超过 30 ℃时，不得超过 500 mm。

（4）严禁用干砖砌墙。砌筑前 1～2 d 应将砖浇湿，使砌筑时烧结普通砖和多孔砖的含水率达到 10%～15%，灰砂砖和粉煤灰砖的含水率达到 8%～12%。

（5）冬期施工时，在正温条件下也应将砖面适当湿润后再砌筑。负温条件下施工无法浇砖时，应适当增大砂浆的稠度。对于 9 度抗震设防地区，在严冬无法浇砖的情况下，不能进行砌筑。

2．清水墙面游丁走缝

大面积的清水墙面常出现丁砖竖缝歪斜、宽窄不匀，丁不压中（丁砖在下层顺砖上不居中），清水墙窗台部位与窗间墙部位的上下竖缝发生错位等，直接影响到清水墙面的美观。其主要防治措施如下：

（1）砌筑清水墙，应选取边角整齐、色泽均匀的砖。

（2）砌清水墙前应进行统一摆底，并先对现场砖的尺寸进行实测，以便确定组砌方法和调整竖缝宽度。

（3）摆底时应将窗口位置引出，使砖的竖缝尽量与窗口边线相齐，如安排不开，可适当移动窗口位置（一般不大于 20 mm）。当窗口宽度不符合砖的模数（如 18 m 宽）时，应将七分头砖留在窗口下部的中央，以保持窗间墙处上下竖缝不错位，如图 5-4 所示。

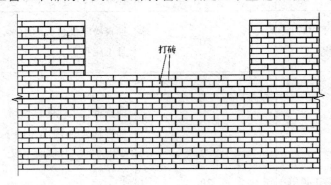

打砖

图 5-4　窗间墙上下竖缝情况

（4）在砌大面积清水墙（如山墙）时，在开始砌的几层砖中，沿墙角 1 m 处，用线坠吊一次竖缝的垂直度，至少保持一步架高度有准确的垂直度。

（5）游丁走缝主要是由丁砖游动所引起的，因此在砌筑时，必须强调丁压中，即丁砖的中线与下层顺砖的中线重合。

（6）沿墙面每隔一定间距，在竖缝处弹墨线，墨线用经纬仪或线坠引测。当砌至一定高度（一步架或一层墙）后，将墨线向上引伸，以作为控制游丁走缝的基准。

二、石砌体工程质量控制

石砌体工程质量控制工作的主要内容包括材料质量要求、施工过程质量控制、工程质量检验和工程质量通病及防治措施。

（一）材料质量要求

（1）石材。石砌体所用石材应质地坚实，无风化剥落和裂纹。用于清水墙、柱表面的石材，应色泽均匀。毛石砌体中所用的毛石应呈块状，其中部厚度不小于 150 mm，各种砌块用的料石宽度、厚度均不应小于 200 mm，长度不应大于厚度的 4 倍。

（2）水泥、砂、砂浆的质量要求同砖砌体工程。

（二）施工过程质量控制

石砌体工程施工过程质量控制需注意的事项有以下几个方面：

（1）石砌体采用的石材应质地坚实，无裂纹和无明显风化剥落；用于清水墙、柱表面的石材，尚应色泽均匀。

（2）石材表面的泥垢、水锈等杂质，砌筑前应清除干净。

（3）砌筑毛石基础的第 1 皮石块应坐浆，并将大面向下；砌筑料石基础的第 1 皮石块应用丁砌层坐浆砌筑。

（4）毛石砌体的第 1 皮及转角处、交接处和洞口处，应用较大的平毛石砌筑。每个楼层（包括基础）砌体的最上 1 皮，宜选用较大的毛石砌筑。

（5）毛石砌筑时，对石块间存在较大的缝隙，应先向缝内填灌砂浆并捣实，然后再用小石块嵌填，不得先填小石块后填灌砂浆，石块间不得出现无砂浆相互接触的现象。

（6）砌筑毛石挡土墙应按分层高度砌筑，并应符合下列规定：

① 每砌 3～4 皮为一个分层高度，每个分层高度应将顶层石块砌平。

② 两个分层高度间分层处的错缝不得小于 80 mm。

（7）料石挡土墙，当中间部分用毛石砌筑时，丁砌料石伸入毛石部分的长度不应小于 200 mm。

（8）毛石、毛料石、粗料石、细料石砌体灰缝厚度应均匀，灰缝厚度应符合下列规定：①毛石砌体外露面的灰缝厚度不宜大于 40 mm；②毛料石和粗料石的灰缝厚度不宜大于 20 mm；③细料石的灰缝厚度不宜大于 5 mm。

（9）挡土墙内侧回填土必须分层夯填，分层松土厚度宜为 300 mm。墙顶土面应有适当的坡度使流水流向挡土墙外侧面。

（10）在毛石和实心砖的组合墙中，毛石砌体与砖砌体应同时砌筑，并每隔 4～6 皮砖用 2～3 皮丁砖与毛石砌体拉结砌合；两种砌体间的空隙应填实砂浆。

（1）毛石墙和砖墙相接的转角处和交接处应同时砌筑。转角处、交接处应自纵墙（或横墙）每隔 4～6 皮砖高度引出不小于 120 mm 与横墙（或纵墙）相接。

（三）工程质量检验

1. 主控项目

（1）石材及砂浆强度等级必须符合设计要求。

【检查数量】同一产地的同类石材抽检不应少于 1 组。砂浆试块每一检验批且不超过 250 m³ 砌体的各类、各强度等级的普通砌筑砂浆，每台搅拌机应至少抽检一次。验收批的预拌砂浆、蒸压加气混凝土砌块专业砂浆，抽检可分为 3 组。

【检验方法】料石检查产品质量证明书，石材、砂浆检查试块试验报告。

（2）砌体灰缝的砂浆饱满度不应小于 80%。

【检查数量】每检验批抽查不应少于 5 处。

【检验方法】观察检查。

2．一般项目

（1）石砌体尺寸、位置的允许偏差及检验方法应符合表 5-12 的规定。

表 5-12　石砌体尺寸、位置的圆形偏差及检验方法

项次	项目		允许偏差/mm							检验方法
			毛石砌体		料石砌体					
					毛料石		粗料石		细料石	
			基础	墙	基础	墙	基础	墙	墙、柱	
1	轴线位置		20	15	20	15	15	10	10	用经纬仪和尺检查，或用其他测量仪器检查
2	基础和墙砌体顶面标高		±25	±15	±25	±15	±15	±15	±10	用水准仪和尺检查
3	砌体厚度		+30	+20 -10	+30	+20 -10	+15	+10 -2	+10 -2	用尺检查
4	墙面垂直度	每层	—	20	—	20	—	10	7	用经纬仪、吊线和尺检查或用其他测量仪器检查
		全高	—	30	—	30	—	25	10	
5	表面平整度	清水墙、柱	—	—	—	20	—	10	5	细料石用 2 m 靠尺和楔形塞尺检查，其他用两直尺垂直于灰缝拉 2 m 线和尺检查
		混水墙、柱	—	—	—	20	—	15	—	
6	清水墙水平灰缝平直度		—	—	—	—	—	10	5	拉 10 m 线和尺检查

【检查数量】每检验批抽查不应少于 5 处。

（2）石砌体的组砌形式应符合下列规定：

① 内外搭砌，上下错缝，拉结石、丁砌石交错设置。

② 毛石墙拉结石每 0.7 m² 墙面不应少于 1 块。

【检查数量】每检验批抽查不应少于 5 处。

【检验方法】观察检查。

（四）工程质量通病及防治措施

墙体砌筑缺乏长石料或图省事、操作马虎，不设置拉结石或设置数量较少。这样易造成砌体拉结不牢，影响墙体的整体性和稳定性，降低砌体的承载力。

其具体防治措施为：砌体必须设置拉结石，拉结石应均匀分布，相互错开，在立面上呈梅花形；毛石基础（墙）同皮内每隔 2 m 左右设置一块；毛石墙一般每 0.7 m² 墙面至少

应设置一块，且同皮内的中距不应大于 2 m；拉结石的长度，如墙厚小于或等于 400 mm，应同厚；如墙厚大于 400 mm，可用两块拉结石内外搭接，搭接长度不应小于 150 mm，且其中一块长度不应小于墙厚的 2/3。

第五节　屋面工程

屋面工程是房屋建筑的一项重要工程。其中根据建筑物的性质、重要程度、使用功能要求及防水层耐用年限等，屋面防水分为 I、II、III、IV 四个等级，并按不同等级设防。屋面防水常见种类有：卷材防水屋面、涂膜防水屋面和刚性防水屋面。

一、屋面保温层

（一）原材料质量控制

原材料质量控制的相关规定如下：

（1）保温材料进场应有产品出厂合格证及质量检验报告，检查材料外表或包装物是否有明显标志，标明材料生产厂家、材料名称、生产日期、执行标准、产品有效期等。材料进场后，应按规定抽样复验，并提交试验报告，不合格材料不得使用。

（2）进入施工现场的保温隔热材料抽样数量，应按使用的数量确定，每批制料至少应抽样 1 次。

（3）进场后的保温隔热材料的物理性能检验包括下列项目：

① 板状保温材料的表现密度、导热系数、吸水率、压缩强度、抗压强度。

② 现喷硬质聚氯酯泡沫塑料应先在试验室试配，达到要求后再进行现场施工。现喷硬质聚氨酯泡沫塑料的表观密度应为 $35 \sim 40 \ kg/m^3$，导热系数小于 0.030 W/m·K，压缩强度应大于 150 kPa，闭孔率应大于 92%。

（二）屋面保温层施工过程质量控制

保温（隔热）层施工的相关规定如下：

（1）铺设保温层的基层应平整、干燥和干净。

（2）保温层应干燥，封闭式保温层的含水率应相当于该材料在当地自然风干状态下的平衡含水率。屋面保温层干燥有困难时，应采用排汽措施。

（3）倒置式屋面应采用吸水率小、长期浸水不腐烂的保温材料。保温层上应用混凝土等块材、水泥砂浆或卵石做保护层；卵石保护层与保温层之间，应干铺一层无纺聚酯纤维布做隔离层。

（4）松散材料保温层。保温层含水率应符合设计要求。松散保温材料应分层铺设并压实，每层虚铺厚度不宜大于 150 mm；压实的程度与厚度必须经试验确定；压实后不得直接在保温层上行车或堆物。保温层施工完成后，应及时进行找平层和防水层的施工；雨季施工时，保温层应采取遮盖措施。

（5）板状材料保温层。板状材料保温层采用干铺法施工时，板桩保温材料应紧靠在基层表面上，应铺平垫稳；分层铺设的板块上下层接缝应相互错开，板间缝隙应采用同类材料的碎屑填密实。

板状材料保温层采用粘贴法施工时，胶粘剂应与保温材料的材性相容，并应贴严、粘牢；板状材料保温的平面接缝应挤紧拼严，不得在板块侧面涂抹胶粘剂，超过 2 mm 的缝隙应采用相同材料板条或片填塞严实。板状保温材料采用机械固定法施工时，应选择专用螺钉和垫片；固定件与结构层之间应连接牢固。

（6）整体现浇（喷）保温层。沥青膨胀蛭石、沥青膨胀珍珠岩宜用机械搅拌，并应色泽一致，无沥青团；压实程度根据试验确定，其厚度应符合设计要求，表面应平整。硬质聚酯泡沫塑料应按配比准确计量，发泡厚度均匀一致。

整体沥青膨胀蛭石、沥青膨胀珍珠岩保温层施工须符合下列规定：

① 沥青加热温度不应高于 240 ℃。膨胀蛭石或膨胀珍珠岩的预热温度宜为 100～120 ℃。

② 宜采用机械搅拌。

③ 压实程度必须根据试验确定。

④ 倒置式屋面当保护层采用卵石铺压时，卵石铺设应防止过量，以免加大屋面荷载，致使结构开裂或变形过大，甚至造成结构破坏。

（7）纤维材料保温层。纤维材料保温层施工应符合下列规定：

① 纤维保温材料紧靠在基层表面上，平面接缝应挤紧拼严，上下层接缝应相互错升。

② 屋面坡度较大时，宜采用金属或塑料专用固定件将纤维保温材料与基层固定。

③ 纤维材料填充后，不得上人踩踏。

② 装配式骨架纤维保温材料施工时，应先在基层上铺设保温龙骨或金属龙骨，龙骨之间应填充纤维保温材料，再在龙骨上铺钉水泥纤维板。金属龙骨和固定件应经防锈处理，金属龙骨与基层之间应采取隔热断桥措施。

（8）喷涂硬泡聚氨酯保温层。保温层施工前应对喷涂设备进行调试，并应制备试样进行硬泡聚氨酯的性能检测。喷涂硬泡聚氨酯的配比应准确计量，发泡厚度应均匀一致。喷涂时喷嘴与施工基面的间距应由试验确定。一个作业面应分遍喷涂完成，每遍厚度不宜大于 15 mm；当日的作业面应当日连续地喷涂施工完毕。硬泡聚氨酯喷涂后 20 min 内严禁上人；喷涂硬泡聚氨酯保温层完成后，应及时做保护层。

（9）现浇泡沫混凝土保温层。在浇筑泡沫混凝土前，应将基层上的杂物和油污清理干净；基层应浇水湿润，但不得有积水。保温层施工前应对设备进行调试，并应制备试样进行泡沫混凝土的性能检测。泡沫混凝土的配合比应准确计量，制备好的泡沫加入水泥料浆中应搅拌均匀。浇筑过程中，应随时检查泡沫混凝土的湿密度。

（三）屋面保温层质量检验

1. 板状材料保温层主控项目

板状材料保温层主控项目检验工作及方法如下：

（1）板状保温材料的质量应符合设计要求。

【检验方法】检查出厂合格证、质量检验报告和进场检验报告。

（2）板状材料保温层的厚度应符合设计要求，其正偏差应不限，负偏差应为 5%，且不得大于 4 mm。

【检验方法】钢针插入和尺量检查。

（3）屋面热桥部位处理应符合设计要求。

【检验方法】观察检查。

2．板状材料保温层一般项目

板状材料保温层一般项目检验工作及方法如下：

（1）板状保温材料铺设应紧贴基层，应铺平垫稳，拼缝应严密，粘贴应牢固。

【检验方法】观察检查。

（2）固定件的规格、数量和位置均应符合设计要求；垫片应与保温层表面齐平。

【检验方法】观察检查。

（3）板状材料保温层表面平整度的允许偏差为 5 mm。

【检验方法】2 m 靠尺和塞尺检查。

（4）板状材料保温层接缝高低差的允许偏差为 2 mm。

检验方法：直尺和塞尺检查。

3．纤维材料保温层主控项目

纤维材料保温层主控项目检验工作及方法如下：

（1）纤维材料的质量应符合设计要求。

【检验方法】检查出厂合格证、质量检验报告和进场检验报告。

（2）纤维材料保温层的厚度应符合设计要求，其正偏差应不限，毡不得有负偏差，板负偏差应为 4%，且不得大于 3 mm。

【检验方法】钢针插入和尺量检查。

（3）屋面热桥部位处理应符合设计要求。

【检验方法】观察检查。

4．纤维材料保温层一般项目

纤维材料保温层一般项目检验工作及方法如下：

（1）纤维材料铺设应紧贴基层，拼缝应严密，表面应平整。

【检验方法】观察检查。

（2）固定件的规格、数量和位置应符合设计要求；垫片应与保温层表面齐平。

【检验方法】观察检查。

（3）装配式骨架和水泥纤维板应铺钉牢固，表面应平整；龙骨间距和板材厚度应符合设计要求。

【检验方法】观察和尺量检查。

（4）具有抗水蒸气渗透外覆面的玻璃棉制品，其外覆面应朝向室内，拼缝应用防水密封胶带封严。

【检验方法】观察检查。

（四）工程质量通病及防治措施

1. 保温层强度不够

已完工的保温层发酥，上人作业时被踩坏，致使保温性能降低。其主要防治措施如下：

（1）严格按配合比施工。对有疑问的水泥要做强度等级、安定性和凝结时间的检定。确定配合比前需要经过试配。施工时必须严格称量。

（2）整体保温层宜随铺设随抹砂浆找平层，分隔施工。使用小车运料时应使用脚手板铺道，避免车轮直接压在保温隔热层上。

2. 保温层铺设坡度不当

屋面保温层未按设计要求铺出坡度，或未向出水口、水漏斗方向做出坡度，造成屋面积水。其具体防治措施如下：

（1）在铺设保温层前，应按设计图纸要求的屋面坡度，在屋面上设坡度标志。

（2）铺设保温层时，应按坡度标志挂线，找出坡度，并以此进行铺设。

（3）如屋面已经做完，发现屋面坡度不当而积水时，可在结构承载能力允许的情况下，用沥青砂浆适当找垫；如因出水口过高，或天沟坡度倒坡，可降低出水口标高或对天沟坡度进行局部翻修处理。

二、屋面找平层

（一）材料质量要求

屋面找平层施工过程所需材料的具体要求如下：

（1）水泥。强度等级不低于 425 级的硅酸盐水泥、普通硅酸盐水泥。

（2）水。拌合用水宜采用饮用水。当采用其他水源时，水质应符合国家现行标准《混凝土拌和用水标准》的规定。

（3）砂。用中砂、级配良好的碎石，含泥量不大于 3%，不含有机杂质，级配要良好。

（4）石。粒径 0.5～1.5 cm，含泥量不大于 10%，级配良好。

（5）沥青。沥青砂浆找平层采用 1:8（沥青:砂）质量比；沥青可采用 10 号、30 号的建筑石油沥青或其熔合物。具体材质及配合比应符合设计要求。

（6）粉料。可采用矿渣、页岩粉、滑石粉等。

（二）施工过程质量控制

屋面找平层施工过程质量控制工作的主要内容有以下几个方面：

（1）基层处理。水泥砂浆、细石混凝土找平层的基层，施工前必须先清理干净并浇水湿润。沥青砂浆找平层的基层，施工前必须干净、干燥。满涂冷底子油 1~2 道，要求薄而均匀，不得有气泡和空白。

（2）分格缝留设。找平层宜设分格缝，并嵌填密封材料。分格缝应留设在板端缝处，其纵横缝的最大间距：水泥砂浆或细石混凝土找平层，不宜大于 6 m；沥青砂浆找平层，不宜大于 4 m。按照设计要求，应先在基层上弹线标出分格缝位置。若基层为预制屋面板，则分格缝应与板缝对齐。安放分格缝的木条应平直、连续，其高度与找平层厚度一致，宽度应符合设计要求，断面为上宽下窄，便于取出。

（3）水泥砂浆找平层表面应压实，无脱皮、起砂等缺陷；沥青砂浆找平层的铺设，是在干燥的基层上满涂冷底子油 1～2 道，干燥后再铺设沥青砂浆，滚压后表面应平整、密实、无蜂窝、无压痕。

（4）水泥砂浆、细石混凝土找平层，在收水后，应做二次压光，确保表面坚固密实和平整。终凝后应采取浇水、覆盖浇水、喷养护剂等养护措施，保证水泥充分水化，确保找平层质量。同时严禁过早堆物、上人和操作。特别应注意：在气温低于 0 ℃或终凝前可能下雨的情况下，不宜进行施工。

（5）沥青砂浆找平层施工，应在冷底子油干燥后开始铺设。虚铺厚度一般应按 1.3～1.4 倍压实厚度的要求控制。对沥青砂浆在拌制、铺设、滚压过程中的温度，必须按规定准确控制，常温下沥青砂浆的拌制温度为 140～170 ℃，铺设温度为 90～120 ℃。待沥青砂浆铺设于屋面并刮平后，应立即用火滚子进行滚压（夏天温度较高时，滚筒可不生火），直至表面平整、密实、无蜂窝和压痕为止，滚压后的温度为 60 ℃。火滚子滚压不到的地方，可用烙铁烫压。施工缝应留斜槎，继续施工时，接槎处应刷热沥青一道，然后再铺设。

（6）内部排水的落水口杯应牢固地固定在承重结构上，均应预先清除铁锈，并涂上专用底漆（锌磺类或磷化底漆等）。落水口杯与竖管承口的连接处，应用沥青与纤维材料拌制的填料或油膏填塞。

（7）准确设置转角圆弧。对各类转角处的找平层宜采用细石混凝土或沥青砂浆，做出圆弧形。施工前可按照设计规定的圆弧半径，采用木材、铁板或其他光滑材料制成简易圆弧操作工具，用于压实、拍平和抹光，并统一控制圆弧形状和半径。

找平层的厚度和技术要求应符合表 5-13 的规定。

表 5-13 找平层的厚度和技术要求

类 别	基层种类	厚度/mm	技术要求
水泥砂浆找平层	整体混凝土	15～20	1：2.5~～1：3（水泥∶砂）体积比，水泥强度等级不低于 32.5 级
	整体或板状材料保温层	20～25	
	装配式混凝土板，松散材料保温层	20～30	
细石混凝土找平层	松散材料保温层	30～35	混凝土强度等级不低于 C20
沥青砂浆找平层	整体混凝土	15～20	1：8（沥青∶砂）质量比
	装配式混凝土板，整体或板状材料保温层	20～25	

找平层的基层采用装配式钢筋混凝土板时，应符合下列规定：

（1）板端、侧缝应用细石混凝土灌缝，其强度等级不应低于 C20。

（2）板缝宽度大于 40 mm 或上窄下宽时，板缝内应设置构造钢筋。

（3）板端缝应进行密封处理。

（三）屋面找平层质量检验

【检验批】以一个施工段（或变形缝）作为一个检验批，全部进行检验。

【检验数量】①细部构造根据分项工程的内容，应全部进行检查；②其他主控项目和一般项目应按屋面面积每 100 m² 抽查一处，每处 10 m²，且不得少于 3 处。

1. 主控项目

（1）材料的质量及配合比应符合设计要求。

【检验方法】检查出厂合格证、质量检验报告和计量措施。

（2）排水坡度必须符合设计要求，平屋面采用结构找坡不应小于 3%，采用材料找坡宜为 2%，天沟、檐沟纵向坡度不应小于 1%，沟底水落差不得超过 200 mm。

【检验方法】用水平（水平尺）、拉线和尺量检查。

2. 一般项目

屋面找平层工程质量检验标准和检验方法如表 5-14 所示。

表 5-14　屋面找平层工程质量检验标准和检验方法

项目	序号	检验项目		检验标准或允许偏差/mm		检验方法
一般项目	1	基层和突出屋面结构的交接处与基层的转角处		应做成圆弧形，且整齐平顺；内部排水的水落口周围，找平层应做成略低的凹坑		观察和用尺量检查
			转角处圆弧半径	沥青防水卷材	100～150	
				高聚物改性沥青防水卷材	50	
				合成高分子防水卷材	20	
	2	找平层	水泥砂浆、细石混凝土	平整、压光，不得有酥松、起皮现象		观察检查
			沥青砂浆	不得有拌合不匀、蜂窝现象		
	3	分割缝的位置和间距		分割缝应留设在板端缝处，其纵横缝的最大间距：水泥砂浆或细石混凝土找平层不宜大于 6 m，沥青砂浆找平层不宜大于 4 m		观察和用尺量检查
	4	找平层表面平整度		5 mm		2 m 靠尺和塞尺检查

（四）工程质量通病及防治措施

1. 找平层未留设分格缝或分格缝间距过大

找平层未留设分格缝或分格缝间距过大，容易因结构变形、温度变形、材料收缩变形引起找平层开裂。其具体防治措施为：找平层应设分格缝，以使变形集中到分格缝处，减少找平层大面积开裂的可能性。留设的分格缝应符合规范和设计的要求。分格缝的位置应留设在屋面板端缝处，其纵横的最大间距：水泥砂浆或细石混凝土找平层，不宜大于 6 m；沥青砂浆找平层，不宜大于 4 m；缝宽为 20 mm，并嵌填密封材料。

2. 找平层的厚度不足

水泥砂浆找平层厚度不足，施工时水分易被基层吸干，影响找平层强度，容易引起表面收缩开裂。如在松散保温层上铺设找平层时，厚度不足难以起支撑作用，在行走、踩踏时易使找平层劈裂、塌陷。

其具体防治措施为：应根据找平层的不同类别及基层的种类，确定找平层的厚度。找平层的厚度和技术要求应符合相关规定。施工时应先做好控制找平层厚度的标记。在基层上每隔 15 m 左右做一个灰饼，以此控制找平层的厚度。

三、卷材屋面施工过程质量控制

卷材屋面施工质量控制应符合以下规定：

（1）卷材搭接缝应符合下列规定：

① 平行屋脊的卷材搭接缝应顺流水方向，卷材搭接宽度应符合表 5-15 的规定。

表 5-15 卷材搭接宽度

卷材类别		搭接宽度/mm
合成高分子防水卷材	胶粘胶	80
	粘带剂	50
	单缝焊	60，有效焊接宽度不小于 25
	双缝焊	有效焊接宽度 10×2+空腔宽
高聚物改性沥青防水卷材	胶粘剂	100

② 相邻两幅卷材短边搭接缝应错开，且不得小于 500 mm。

③ 上下层卷材长边搭接缝应错开，且不得小于幅宽的 1/3。

（2）屋面坡度大于 25％时，卷材应采取满粘和钉压固定措施。

（3）卷材宜平行屋脊铺贴；上下层卷材不得相互垂直铺贴。

（一）卷材屋面质量检查

卷材屋面防水层质量检验标准与检验方法如表 5-16 所示。

表 5-16 卷材屋面防水层质量检验标准与检验方法

项目	序号	检验项目	检验标准或允许偏差/mm	检验方法
主控项目	1	卷材防水卷材及其配套材料	应符合设计要求	检查出厂合格证、质量检验报告和进场检验报告
	2	卷材防水层的渗漏和积水	不得有渗漏和积水现象	雨后观察或淋水、蓄水试验
	3	卷材防水层在檐口、檐沟、天沟、水落口、泛水、变形缝和伸出屋面管道的防水构造	必须符合设计要求和规范规定	观察检查和检查隐蔽工程验收记录

续表

一般项目	1	卷材防水层的搭接缝、收头		搭接缝应黏结或焊接牢固，密封应严密，不得有扭曲、皱折、翘边和鼓泡等缺陷；收头应与基层黏结，钉压应牢固，密封应严密，不得翘边	观察检查
	2	防水卷材保护层	撒布材料和浅色涂料	应铺撒或涂刷均匀，黏结牢固	观察检查
			水泥砂浆、块材或细石混凝土	与卷材防水层间应设置隔离层	
			刚性材料	分割缝留置应符合设计要求	
	3	排汽屋面的排汽道		应纵横贯通，不得堵塞。排汽管应安装牢固，位置正确，封闭严密	观察检查
	4	卷材铺贴方向	屋面坡度小于3%时	卷材宜平行屋脊铺贴	观察检查
			屋面坡度在 3%～15%内时	卷材可平行或垂直屋脊铺贴	
			屋面坡度大于15%或屋面受震动时	沥青防水卷材应垂直屋脊铺贴，高聚物改性沥青防水卷材和合成高分子防水卷材可平行或垂直屋脊铺贴	
			上、下层卷材	不得相互垂直铺贴	
	5	卷材搭接宽度允许偏差值		－10 mm	观察和用尺量检查

【检验批】按一个施工段(或变形缝)作为一个检验批，全部进行检验。

【检验数量】① 细部构造根据分项工程的内容，应全部进行检查。

② 其他主控项目和一般项目应按屋面面积每100 m² 抽查一处，每处10 m²，且不得少于3 处。

（二）工程质量通病及防治措施

1. 刚性保护层与卷材防水层之间未设置隔离层

刚性保护层与卷材防水层之间未设置隔离层，当刚性保护层胀缩变形时，会拉裂防水层，从而导致屋面渗漏。

其防治措施如下：为了减少刚性保护层与防水层之间的黏结力和摩擦力，应设置隔离层，使刚性保护层与防水层之间变形互不影响。隔离层材料一般为低等级强度的石灰黏土砂浆（石灰膏：砂：黏土＝1：24：36）、纸筋灰、塑料薄膜或干铺卷材等。

2. 高聚物改性沥青防水卷材黏结不牢

质量通病包括卷材铺贴后易在屋面转角、立面处出现脱空；而在卷材的搭接缝处，还常发生黏结不牢、张口、开缝等缺陷。其具体防治措施如下：

（1）基层必须做到平整、坚实、干净、干燥。

（2）涂刷基层处理剂，并要求做到均匀一致，无空白漏刷的现象，但切勿反复涂刷。

（3）屋面转角处应按规定增加卷材附加层，并注意与原设计的卷材防水层相互搭接牢固，以适应不同方向的结构和温度变形。

（4）对于立面铺贴的卷材，应将卷材的收头固定于立墙的凹槽内，并用密封材料嵌填封严。

（5）卷材与卷材之间的搭接缝口，应用密封材料封严，宽度不应小于 10 mm。密封材料应在缝口抹平，使其形成明显的沥青条带。

本章小结

本章主要介绍模板工程、钢筋工程、混凝土工程、砌体工程、屋面工程施工过程中的质量管理。

本章的主要内容包括模板安装工程质量控制；模板拆除工程质量控制；钢筋原材料质量控制；钢筋连接工程质量控制；钢筋安装工程质量控制；混凝土施工工程质量控制；混凝土现浇结构工程质量控制；砖砌体工程质量控制；石砌体工程质量控制；屋面保温层；屋面找平层；卷材屋面施工过程质量控制。通过本章的学习，使读者具有参与编制专项施工方案的能力，能够对钢筋工程施工质量进行检验和验收，能够规范填写检验批检查验收记录。

复习思考题

1．钢筋工程原材料有哪些要求？
2．如何防止钢筋成形后弯曲处外侧产生横向裂纹？
3．钢筋安装工程中常见的质量通病有哪些？
4．现浇混凝土常见的质量通病有哪些？如何防治？
5．屋面找平层工程的质量通病有哪些？如何防治？

第六章　装饰装修工程质量管理

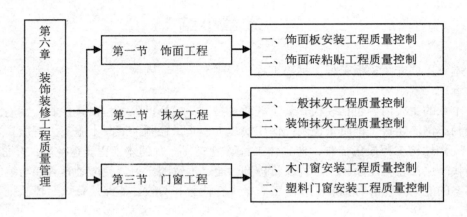

本章结构图

【本章学习目标】

➢ 了解抹灰工程、门窗工程、饰面工程的质量控制要点；
➢ 了解抹灰工程、门窗工程、饰面工程的质量验收标准；
➢ 掌握抹灰工程、门窗工程、饰面工程的验收方法以及质量通病的防治；
➢ 能够依据质量控制要点、施工质量验收标准，对木门窗制作、安装工程质量进行检查、控制和验收。

第一节　饰面工程

饰面工程是在墙、柱表面镶贴或安装具有保护和装饰功能的块料而形成的饰面层。块料的种类可分为饰面板和饰面砖两大类。

一、饰面板安装工程质量控制

饰面板安装工程质量控制的主要内容有原材料质量要求、施工过程质量控制、工程质量检验和工程质量通病及防治措施。

（一）原材料质量要求

饰面板安装工程所需材料的质量要求如下：

（1）饰面板的品种、规格、质量、花纹、颜色和性能应符合设计要求，术龙骨、木饰面、塑料饰面板的燃烧性能等级应符合设计要求。

（2）安装饰面板用的铁制锚固件、连接件应镀锌或经防锈处理。镜面和光面的大理石、花岗石饰面板，应用铜或不锈钢制的连接件。

（3）大理石饰面板采用的大理石质地较密实，表观密度为 2500～2600 kg/m³，抗压强度为 70～150 MPa，磨光打蜡后表面光滑。但大理石易风化和溶蚀，表面会失去光泽，所以不宜用于室外。大理石应石质细密，无腐蚀斑点，光洁度高，棱角齐全，色泽美观，底面整齐。

（4）花岗石饰面板采用的花岗石属坚硬石材，表观密度为 2600 kg/m³，抗压强度为 120～250 MPa，空隙率与吸水率较小，耐风化，耐冻性强。但耐火性不好，颜色一般为淡灰、淡红或微黄；青石板材质软、易风化，使用规格多为 30～50 cm 不等的矩形块，常用于园林建筑的墙柱面及勒脚等饰面。

（5）预制水磨石饰面板要求表面平整光滑，石子显露均匀，无磨纹，色泽鲜明，棱角齐全，底面整齐；预制水刷石饰面板要求石粒均匀紧密，表面平整，色泽均匀，棱角齐全，底面整齐。

（6）天然大理石、花岗石饰面板，表面不得有隐伤、风化等缺陷，且不宜采用易退色材料包装。

（7）人造大理石饰面板可分为水泥型、树脂型、复合型、烧结型四类，质量要求同大理石，不宜用于室外装饰。常用的金属饰面板有铝合金饰面板、不锈钢饰面板、彩色涂层钢板(烤漆钢板)、复合钢板等。

（8）金属饰面板表面应平整、光滑、无裂缝和皱褶，颜色一致，边角整齐，涂膜厚度均匀；瓷板饰面板材料应符合现行国家标准的有关规定，并应有出厂合格证，其材料应具有不燃烧性或难燃烧性及耐气候性等特点。

（9）预制人造石饰面板，应表面平整，几何尺寸准确，面层石粒均匀、洁净、颜色一致，背面应有平整的粗糙面。

（10）工程中所用龙骨的品种、规格、尺寸、形状应符合设计规定。当墙体采用普通型钢时，应做除锈、防锈处理。木龙骨要干燥，纹理顺直，没有节疤。

（11）木龙骨、木饰面板、塑料饰面板的燃烧性能等级应符合设计要求。

（12）安装装饰板所用的水泥，其体积安定性必须合格，其初凝时间不得少于 45 min，终凝时间不得超过 12 h。砂则要求颗粒坚硬、洁净，且含泥量不得大于 3%（质量百分数）。石灰膏不得含有未熟化的颗粒。施工所采用的其他胶结材料的品种、掺和比例应符合设计要求。拌制砂浆应用不含有害物质的洁净水。

（13）室内采用的花岗石应进行放射性检测。

（二）施工过程质量控制

饰面板安装工程施工过程质量控制的主要工作内容有以下几个方面：

（1）饰面板安装工程应在主体结构、穿过墙体的所有管道、线路等施工完毕，并经验收合格后进行。

（2）饰面板安装工程安装前，应编制施工方案再进行安全技术交底，并监督其有效实施。

（3）墙面和柱面安装饰面板，应先抄平、分块弹线，并按厂牌、品种、规格和颜色、弹线尺寸及花纹图案进行预拼和编号。

（4）固定饰面板的钢筋网，应与锚固件连接牢固。锚固件应在结构施工时埋设。固定饰面板的连接件，其直径、厚度大于饰面板的接缝宽度时，应凿槽埋置。

（5）饰面板安装前，应将其侧面和背面清理干净，并修边打眼，每块板的上、下边打眼数均不得少于两个；如板边长超过 500 mm，则应不小于三个。

（6）安装饰面板时，应用镀锌钢丝或铜丝穿入饰面板上、下边的孔眼并与固定饰面板的钢筋网固定，并保证板与板交接处四角平整。

（7）饰面板灌注砂浆时，应先在竖缝内填塞 15～20 mm 深的麻丝，以防漏浆。砂浆硬化后，将填缝材料清除。

（8）石材饰面板的接缝宽度应符合表 6-1 的规定。

表 6-1　石材饰面板的接缝宽度

项次	项目名称		接缝宽度/mm
1	天然石	光面、镜面	1
2		粗磨面、麻面、条纹面	2
3		天然面	10
4	人造石	水磨石	2
5		水刷石	10
6		大理石、花岗石	1

（9）饰面板安装时，应用支撑架临时固定，防止灌注砂浆时移动偏位。固定饰面板后，用 1:15～1:25 的水泥砂浆灌浆，每层灌注高度为 150～200 mm，并随即插捣密实，待其初凝后再灌注上一层砂浆。施工缝应留在饰面板的水平接缝以下 50～100 mm 处。采用浅色大理石饰面块材时，灌浆应用白水泥和白石渣。

（三）工程质量检验

1. 主控项目

饰面板安装工程主控项目的质量检验工作主要包括以下几个方面：

（1）饰面板的品种、规格、颜色和性能，木龙骨、木饰面板和塑料饰面板的燃烧性能等级应符合设计要求。

【检验方法】观察，检查产品合格证书、进场验收记录和性能检测报告。

（2）饰面板孔、槽的数量、位置和尺寸应符合设计要求。

【检验方法】检查进场验收记录和施工记录。

（3）饰面板安装工程的预埋件（或后置埋件）、连接件的数量、规格、位置、连接方法和防腐处理应符合设计要求。

【检验方法】手扳检查；检查进场验收记录、现场拉拔检测报告、隐蔽工程验收记录和施工记录。

【注】上述项目的检验数量均为相同材料、工艺和施工条件的室内饰面板（砖）工程，每个检验批至少抽查总数的 10%，并不得少于 3 间，不足 3 间时应全数检查；相同材料、工艺和施工条件的室外饰面板（砖）工程，每个检验批每 100 m² 应至少抽查一处，每处不得小于 10 m²。

2．一般项目

饰面板安装工程一般项目的质量检验工作主要包括以下几个方面：

（1）饰面板表面应平整、洁净、色泽一致，无裂痕和缺损。石材表面应无污染。

【检验方法】观察。

（2）饰面板嵌缝应密实、平直，宽度和深度应符合设计要求，嵌填材料色泽应一致。

【检验方法】观察，尺量检查。

（3）湿作业法施工石材应进行防碱背涂处理。饰面板与基体之间的灌注材料应饱满、密实。

【检验方法】用小锤轻击检查、检查施工记录。

（4）饰面板上的孔洞应套割吻合，边缘应整齐。

【检验方法】观察。

（5）饰面板安装工程一般项目质量检验及检验方法应符合表 6-2 的规定。

表 6-2　饰面板安装工程质量检验及检验方法

项目	检验项目	检验标准							检验方法
		石材			瓷板	木材	塑料	金属	
	项目	光面	剁斧石	蘑菇石					
一般项目	允许偏差	立面垂直度							
		2	3	3	2	1.5	2	2	用 2m 垂直检测尺检查
		表面平整度							用 2m 靠尺和塞尺检查
		2	—	—	1.5	1	3	3	
		阴阳角方正							用直角检测尺检查
		2	4	4	2	1.5	3	3	
		接缝直线度							拉 5m 线，不足 5m 拉通线，用钢直尺检查
		2	4	4	2	1	1	1	
		墙裙、勒脚上口直线度							
		2	3	3	2	2	2	2	
		接缝高低差							用钢尺和塞尺检查
		0.5	3		0.5	0.5	1	1	
		接缝宽度							用钢尺检查
		1	2	2	1	1	1	1	

（四）工程质量通病及防治措施

1．金属饰面板起棱、翘曲、尺寸不一

金属饰面板如发生起棱、翘曲、尺寸不一等现象，就会使面层产生不平整、接缝不严、缝宽不一等缺陷，影响美观和使用功能。其具体防治措施如下：

（1）根据设计要求，加工订货时就要选准厂家及金属饰面板的规格、型号等。

（2）金属饰面板应有出厂合格证。

（3）金属饰面板进厂后要认真进行验收，不合格的不得使用。

（4）对于起棱、翘曲的金属饰面板应做适当修理，修理不好的要退回厂家。

2．金属饰面板与骨架的固定不牢固、有松动

金属饰面板与骨架的固定不牢固，有松动，使建筑物存在安全隐患，尤其当受到风雪荷载或地震荷载作用时，松动就会更加严重。其具体防治措施如下：

（1）使用的龙骨架要符合设计要求。

（2）安装的每个节点要严格检查验收，不得遗漏。

（3）检查不合格的要返工重做。

二、饰面砖粘贴工程质量控制

饰面砖粘贴工程质量控制的主要内容有材料质量要求、施工过程质量控制、工程质量检验和工程质量通病及防治措施。

（一）材料质量要求

饰面砖粘贴工程所需材料的质量要求如下：

（1）饰面砖的品种、规格、图案、颜色和性能应符合设计要求。进场后应派人进行挑选，并分类堆放备用。使用前，应在清水中浸泡 2 h 以上，晾干后方可使用。

（2）釉面瓷砖要求尺寸一致，颜色均匀，无缺釉、脱釉现象，无凸凹扭曲和裂纹、夹心等缺陷，边缘和棱角整齐，吸水率不大于 18%，常用于厕所、浴室、厨房等场所。

（3）陶瓷锦砖要求规格、颜色一致，无受潮、变色现象，拼接在纸板上的图案应符合设计要求。

（4）面砖的表面应光洁、色泽一致，不得有暗痕和裂纹。

（二）施工过程质量控制

饰面砖粘贴工程施工过程质量控制的主要工作内容如下：

（1）饰面砖粘贴前，应编制施工方案和进行安全技术交底，并监督其有效实施。镶贴饰面砖的基体表面应湿润，并涂抹 1∶3 水泥砂浆找平层。

（2）饰面砖粘贴前应预排，以使接缝均匀。在同一墙面上的横竖排列，均不得有一行以上的非整砖。非整砖应在次要部位或阴角处。

（3）饰面砖的接缝宽度应符合设计要求。粘贴室内釉面砖如无设计要求，接缝宽度为 1~15 mm。

（4）釉面砖和外墙砖宜采用 1∶2 水泥砂浆粘贴，砂浆厚度为 6~10 mm。为改善砂浆和易性，可在水泥砂浆中掺入不大于水泥重量 15% 的石灰膏。

（5）釉面砖和外墙面砖粘贴前应清理干净，并浸水 2 h 以上，待表面晾干后再使用。

（6）釉面砖和外墙面砖的室外接缝应用水泥浆或水泥砂浆勾缝，室内宜用与釉面砖

相同或相近的石膏灰或水泥浆嵌缝。

（三）工程质量检验

1. 主控项目

饰面砖粘贴工程主控项目的质量检验主要工作内容有以下几个方面：

（1）饰面砖的品种、规格、图案、颜色和性能应符合设计要求。

【检查方法】观察，检查产品合格证书、进场验收记录、性能检测报告和复验报告。

（2）饰面砖粘贴工程的找平、防水、黏结和勾缝材料及施工方法应符合设计要求及国家现行产品标准和工程技术标准的规定。

【检查方法】检查产品合格证书、复验报告和隐蔽工程验收记录。

（3）饰面砖粘贴必须牢固。

【检查方法】检查样板件黏结强度检测报告和施工记录。

（4）满粘法施工的饰面砖工程应无空鼓、裂缝。

【检查方法】观察、用小锤轻击检查。

2. 一般项目

饰面砖粘贴工程质量检验标准和检验方法见表 6-3。

表 6-3　饰面砖粘贴工程质量检验标准和检验方法

项目	序号	检验项目		检验标准		检验方法
一般项目	1	饰面砖表面		应平整、洁净、色泽一致，无裂痕和缺损		观察
	2	阴阳角处搭接方式、非整砖使用部位		应符合设计要求		观察检查
	3	墙面突出物周围的饰面砖		应整砖套割吻合，边缘应整齐。墙裙、贴脸突出墙面的厚度应一致		观察、尺量检查
	4	饰面砖接缝		应平直、光滑，填嵌应连续、密实；宽度和深度应符合设计要求		观察、尺量检查
	5	有排水要求的部位应		应做滴水线（槽）。滴水线（槽）应顺直，流水坡向应正确，坡度应符合设计要求		观察、用水平尺检查
	6	允许偏差	项目	外墙面砖	内墙面砖	
			立面垂直度	3	2	用 2 m 垂直检测尺检查
			表面平整度	4	3	用 2 m 靠尺和塞尺检查
			阴阳角方正	3	3	用直角检测尺检查
			接缝直线度	3	2	拉 5 m 线，不足 5 m 拉通线，用钢直尺检查
			接缝高低差	1	0.5	用钢直尺和塞尺检查
			接缝宽度	1	1	用钢直尺检查

（四）工程质量通病及防治措施

墙面采用非整砖随意拼凑，粘贴质量通病及防治如下：

质量通病 墙面如果用非整砖拼凑过多，就会影响装饰效果和观感质量，尤其是窗洞口处拼凑，造成外立面窗帮不直，砖缝成锯齿。其主要防治措施如下：

（1）粘贴前应先选砖预拼，以使拼缝均匀。

（2）在同一墙面上横竖排列，不宜有一行以上的非整砖。

（3）门窗洞口上下坎和窗帮处排整砖。

（4）非整砖行应排在次要部位或阴角处，严禁随意拼凑粘贴。

第二节　抹灰工程

抹灰工程按使用的材料及其装饰效果可分为一般抹灰和装饰抹灰两种。

一般抹灰为采用石灰砂浆、水泥混合砂浆、水泥砂浆、聚合物水泥砂浆、麻刀灰、纸筋石灰和石膏灰等抹灰材料进行的抹灰工程施工。装饰抹灰主要通过操作工艺及选用材料等方面的改进，使抹灰更富有装饰效果，主要有水刷石、斩假石、干粘石和假面砖等。

一、一般抹灰工程质量控制

一般抹灰工程质量控制的主要内容有材料质量要求、施工过程质量控制、工程质量检验和工程质量通病及防治措施。

（一）材料质量要求

一般抹灰工程所用材料的具体要求如下：

（1）抹灰工程中所用的石灰膏应用块状石灰淋制，淋制时必须用孔径不大于 3 mm×3 mm 的筛过滤。石灰膏熟化时间，常温下一般不少于 15 d；用于罩面时，不少于 30 d。使用时，石灰膏内不得含未熟化的生石灰颗粒及其他杂质等。在条件许可时，抹灰用的石灰膏可用磨细生石灰粉代替，其细度应通过 4 900 孔/cm^2 筛；用于罩面板时，磨细石灰粉的熟化时间不应少于 3 d。

（2）抹灰用的砂子宜采用中砂，砂子应过筛，不得含有泥块、贝壳、草根等杂质。装饰抹灰用的石粒、砾石等应耐磨、坚硬，使用前必须用水冲洗干净。

（3）抹灰工程所用水泥强度等级不宜过高，不得使用火山灰水泥。

（4）抹灰工程采用的砂浆品种，应按照设计要求，如果设计无具体要求时，可遵循下列规定：

① 外墙门窗洞口的外侧壁、屋檐、勒脚、压檐墙等应用水泥砂浆或水泥混合砂浆。

② 湿度较大的房间和车间应用水泥砂浆或水泥混合砂浆。

③ 混凝土板和墙的底层应用水泥混合砂浆、水泥砂浆或聚合物水泥砂浆。

④ 硅酸盐砌块、加气混凝土块和板的底层可用水泥混合砂浆或聚合物水泥砂浆。

⑤ 板条、金属网顶棚和墙的底层和中层抹灰，可用麻刀石灰砂浆或纸筋石灰砂浆。

（5）抹灰砂浆的配合比和稠度等应经检查合格后，方可使用。水泥砂浆及掺有水泥或石膏拌制的砂浆，应在初凝前用完。

（二）施工过程的质量控制

一般抹灰工程施工过程的质量控制工作的主要内容包括以下几个方面：

（1）抹灰工程所用材料（如水泥、砂、石灰膏、打膏、有机聚合物等）应符合设计要求及国家现行产品标准的规定，并应有出厂合格证；材料进场时应进行现场验收，不合格的材料不得用在抹灰工程上，对影响抹灰工程质量与安全的主要材料的某些性能（如水泥的凝结时间和安定性）应进行现场抽样复验。一般抹灰应在基体或基层的质量检查合格后才能进行。

（2）正式抹灰前，应按专项施工方案（或安全技术交底）及设计要求抹出样板间，待有关方检验合格后，方可正式进行。

（3）抹灰前基层表面的尘埃及疏松物、污垢、脱模剂、油渍等必须清除干净，砌块、混凝土缺陷部位应先期进行处理，并应洒水润湿基层。基体表面光滑的，抹灰前应作毛化处理。调查发现，混凝土（包括预制混凝土）顶棚基体抹灰，由于受并种因素的影响，抹灰层脱落的质量事故时有发生，严重危及人身安全。

（4）抹灰前，应纵横拉通线，用与抹灰层相同的砂浆设置标志或标筋。

（5）抹灰工程应分层进行（一次抹灰过厚、干缩率较大等，也会影响抹灰层与基体的牢固粘结），当抹灰厚度大于或等于 35 mm 时，应采取加强措施（抹灰厚度过大时，容易产生起鼓、脱落等质量问题）。不同材料基体交接处表面的抹灰，应采取防止开裂的加强措施；当采用加强网时，加强网与各基体的搭接宽度不应小于 100 mm。

（6）护角、孔洞、槽周围的抹灰表面应整齐、光滑，管道后面的抹灰表面应平整。

（7）普通抹灰表面应光滑、洁净，接槎应平整，分割缝应清晰；高级抹灰表面应光滑、洁净、颜色均匀、无抹纹，分割缝和灰线应清晰美观。

（8）抹灰层的总厚度应符合设计要求。水泥砂浆不得抹在石灰砂浆层上；罩面石膏灰不得抹在水泥砂浆层上。

（9）室内墙面、柱面和门窗洞口的阳角做法应符合设计要求，当设计无要求时应采用 1∶2 的水泥砂浆做暗护角，其高度不低于 2 m，宽度不小于 50 mm。

（10）外墙窗台、窗楣、雨篷、压顶和突出腰线等上面应做出排水坡度，下面应抹滴水线或做滴水槽（滴水槽应有防止倒流污染墙面的措施），滴水槽的深和宽均不小于 10 mm。

（三）工程质量检验

1．主控项目

一般抹灰工程主控项目质量检验的内容及方法如下：

（1）抹灰前基层表面的尘土、污垢、油渍等应清除干净，并应洒水润湿。

【检验方法】检查施工记录。

（2）一般抹灰所用材料的品种和性能应符合设计要求；水泥的凝结时间和安定性复

验应合格。砂浆的配合比应符合设计要求、

【检验方法】检查产品合格证书、进场验收记录、复验报告和施工记录。

（3）抹灰工程施工应分层进行。当抹灰总厚度大于或等于 35 mm 时，应采取加强措施。不同材料基体交接处表面的抹灰，应采取防止开裂的加强措施，当采用加强网时，加强网与各基体的搭接宽度不应小于 100 mm。

【检验方法】检查隐蔽工程验收记录和施工记录。

（4）抹灰层与基层之间及各抹灰层之间的黏结要求牢固，抹灰层应无脱层、空鼓，面层应无爆灰和裂缝。

【检验方法】观察、用小锤轻击检查；检查施工记录。

2．一般项目

一般抹灰工程质量检验标准和检验方法如表 6-4 所示。

表 6-4　一般抹灰工程质量检验标准和检验方法

项目	序号	检验项目	检验标准			检验方法
一般项目	1	一般抹灰工程的表面质量	普通抹灰表面应光滑、洁净，接槎平整，分格缝应清晰；高级抹灰表面应光滑、洁净、颜色均匀、无抹纹，分格缝和灰线应清晰美观			观察，手摸检查
	2	护角、孔洞、槽、盒周围的抹灰表面	应整齐、光滑；管道后面的抹灰表面应平整			观察检查
	3	抹灰层的总厚度	应符合设计要求；水泥砂浆不得抹在石灰砂浆层上；罩面石膏灰不得抹在水泥砂浆层上			查施工记录
	4	抹灰分格缝的设置	应符合设计要求，宽度和深度应均匀，表面应光滑，棱角应整齐			观察，尺量检查
	5	排水要求的部位	应做滴水线（槽）。滴水线（槽）应整齐顺直，滴水线应内高外低，滴水槽的宽度和深度均不应小于 10 mm			检查施工记录
	6	允许偏差	项目	普通	高级	
			立面垂直度	4	3	用 2 m 垂直检测尺检查
			表面平整度	4	3	用 2 m 靠尺和塞尺检查
			阴阳角方正	4	3	用直角检测尺检查
			分格条(缝)直线度	4	3	拉 5 m 线，不足 5 m 拉通线，用钢直尺检查
			墙裙、勒脚上口直线度	4	3	拉 5 m 线，不足 5 m 拉通线，用钢直尺检查

（四）工程质量通病及防治措施

1. 室内灰线不顺直，结合不牢固、开裂，表面粗糙

基层处理不干净，有浮灰和污物，浇水不透彻。基层湿度差，导致灰线砂浆失水过快，或抹灰后没有及时养护而产生底灰与基层黏结不牢，砂浆硬化过程缺水造成开裂；抹灰线的砂浆配合比不当或未涂抹结合层而造成空鼓。

靠尺松动，冲筋损坏，推拉灰线模用力不均，手扶不稳，导致灰线变形、不顺直；喂灰不足，推拉灰线模时灰浆挤压不密实，罩面灰稠稀不均匀，使灰线表面产生蜂窝、麻面。

上述问题具体防治措施如下：

（1）灰线必须在墙面的罩面灰施工前进行，且墙面与顶棚的交角必须垂直方正，符合高级抹灰面层的验收标准。抹灰线底灰之前，应将基层表面清理干净，在施抹前浇水湿润，抹灰线时再洒水一次，保证基层湿润。

（2）灰线线模型体应规整，线条清晰，工作面光滑。按灰线尺寸固定靠尺要平直、牢固，与线模紧密结合。抹灰线砂浆时，应先抹一层水泥石灰砂浆过渡结合层，并认真控制各层砂浆配合比。同一种砂浆也应分层施抹，喂灰应饱满，推拉挤压要密实，接槎要平整，如有缺陷，应用细筋（麻刀）灰修补，再用线模赶平压光，使灰线表面密实、光滑、平顺、均匀，线条清晰，色泽一致。

2. 内墙罩面灰接槎明显、色泽不匀

罩面灰施工时，留槎位置未加控制，随意性大，留槎没规矩，不留直槎，乱甩槎，如果槎子接不好，就会造成接槎处开裂；接槎处由于重复压抹，所以接槎部位颜色变重、变黑，并明显加厚，影响使用功能和美观。其具体防治措施如下：

（1）内墙抹灰留槎应甩在阴角处及管道后边，室内墙面如预留施工洞，为保持其抹灰颜色一致，可将整个墙面的抹灰甩下，待施工洞补砌后一起施抹。

（2）【JP3】要求抹灰留槎应留直槎，分层呈踏步状留槎，接槎时以衔接好为准，不应使压槎部位重叠。

（3）用塑料抹子抹压罩面灰，以解决钢抹子压活发黑的弊病。

（4）为保持内墙踢脚和墙裙颜色一致，应选用同品种、同批量、同强度等级的水泥。

（5）要有专人掌握配合比及控制好加水量，以保证灰浆颜色一致。

二、装饰抹灰工程质量控制

装饰抹灰工程质量控制的主要内容有材料质量要求、施工过程质量控制、工程质量检验和工程质量通病及防治措施。

（一）材料质量要求

装饰抹灰工程所用材料的质量要求如下：

（1）水泥、砂质量控制要点同一般抹灰工程的质量要求。

（2）水刷石、干粘石、斩假石的骨料，其质量要求是：颗粒坚韧、有棱角、洁净且不得含有风化的石粒，使用时应冲洗干净并晾干。

（3）彩色瓷粒质量要求是，粒径为 1.2～3 mm，且大气稳定性好，表面瓷粒均匀。

（4）装饰砂浆中的颜料应采用耐碱和耐晒（光）的矿物颜料，常用的有氧化铁黄、铬黄、氧化铁红、群青、钴蓝、铬绿、氧化铁棕、氧化铁黑、钛白粉等。

（5）建筑黏结剂应选择无醛黏结剂，产品性能参照《水溶性聚乙烯醇缩甲醛胶粘剂》的要求，游离甲醛≤0.1 g/Kg，其他有害物质限量符合《室内装饰装修材料胶粘剂中有害物质限量》的要求。当选择聚乙烯醇缩甲醛类胶粘剂时，不得用于医院、老年建筑、幼儿园、学校教室等民用建筑的室内装饰装修工程。

（6）水刷石浪费水资源，并对环境有污染，应尽量减少使用。

（二）施工过程的质量控制

装饰抹灰工程施工过程的质量控制工作的主要内容包括以下几个方面：

（1）装饰抹灰应在基体或基层的质量检查合格后才能进行。

（2）装饰抹灰面层的厚度、颜色、图案应符合设计要求。

（3）正式抹灰前，应按施工方案（或安全技术交底）及设计要求抹出样板件，待有关方检验合格后，方可正式进行。

（4）装饰抹灰面层有分格要求时，分格条应宽、窄、厚、薄一致，粘贴在中层砂浆面上应横平竖直，交接严密，完工后应适时全部取出。

（5）装饰抹灰面层应做在已硬化、粗糙且平整的中层砂浆面上，涂抹前应洒水湿润。

（6）装饰抹灰的施工缝，应留在分格缝、墙面阴角、落水管背后或独立装饰组成部分的边缘处。每个分块必须连续作业，不显接槎。

（8）水刷石、水磨石、斩假石面层涂抹前，应在已浇水湿润的中层砂浆面上刮水泥浆（水灰比为 0.37～0.40）一遍，以使面层与中层结合牢固。

（9）喷涂、弹涂等工艺不能在雨天进行；干粘石等工艺在大风天气不宜施工。

（三）工程质量检验

1. 主控项目

装饰抹灰工程主控项目的质量检验主要工作内容有以下几个方面：

（1）抹灰前基层表面应将尘土、污垢、油渍等清除干净，并应洒水润湿。

【检查方法】检查施工记录。

（2）装饰抹灰工程所用材料的品种和性能应符合设计要求。水泥的凝结时间和安定性复验应合格。砂浆的配合比应符合设计要求。

【检查方法】检查产品合格证书、进场验收记录、复检报告和施工记录。

（3）当抹灰总厚度大于或等于 35 mm 时，应采取加强措施。不同材料基体交接处表面的抹灰，应采取防止开裂的加强措施。当采用加强网时，加强网与各基体的搭接宽度不应小于 100 mm。

【检查方法】检查隐蔽工程验收记录和施工记录。

（4）各抹灰层之间及抹灰层与基体之间的黏结必须牢固，抹灰层应无脱层、空鼓和裂缝。

【检查方法】观察；用小锤轻击检查；检查施工记录。

【注】上述项目检验数量均为相同条件、工艺和施工条件的室外抹灰工程，每个检验批每 100 m² 应至少抽查一处，每处不得小于 10 m²；相同材料工艺和施工条件的室内抹灰工程，每个检验批至少抽查 10%，并不得少于 3 间，不足 3 间时，应全数检。

2．一般项目

装饰抹灰工程质量检验标准和检验方法如表 6-5 所示。

表 6-5　装饰抹灰工程质量检验标准和检验方法

项目	序号	检验项目	检验标准	检验方法
一般项目	1	装饰抹灰工程的表面质量	水刷石表面应石粒清晰、分布均匀、紧密平整、色泽一致，应无掉粒和接槎痕迹	观察；手摸检查
			斩假石表面剁纹应均匀顺直、深浅一致，应无漏剁处；阳角处应横剁并留出宽窄一致的不剁边条，棱角应无损坏	
			干粘石表面应色泽一致、不露浆、不漏粘，石粒应黏结牢固、分布均匀，阳角处应无明显黑边	
			假面砖表面应平整、沟纹清晰、留缝整齐、色泽一致，应无掉角、脱皮、起砂等缺陷	
	2	装饰抹灰分格条(缝)的设置	应符合设计要求，宽度和深度应均匀，表面应平整、光滑，棱角应整齐	观察检查
	3	有排水要求的部位	应做滴水线（槽）。滴水线（槽）应整齐、顺直，滴水线应内高外低，滴水槽的宽度和深度均不应小于 10 mm	观察；尺量检查

项目	序号		项目	水刷石	斩假石	干粘石	假面砖	检验方法
一般项目	4	装饰抹灰工程质量的允许偏差	立面垂直度	5	4	5	5	用 2 m 垂直检测尺检查
			表面平整度	3	3	5	4	用 2 m 靠尺和塞尺检查
			阳角方正	3	3	4	4	用直角检测尺检查
			分格条（缝）直线度	3	3	3	3	拉 5 m 线，不足 5 m 拉通线，用钢直尺检查
			墙裙、勒脚上口直线度	3	3	—	—	拉 5 m 线，不足 5 m 拉通线，用钢直尺检查

（四）工程质量通病及防治措施

水刷石交活后表面石子密稀不一致，有的石子脱落，造成表面不平；刷石表面的石子面上有污染（主要是水泥浆点较多），饰面浑浊、不清晰。其具体防治措施如下：

（1）石子可用 4～6 mm 的中、小八厘，要求颗粒坚韧、有棱角、洁净，使用前应过筛，冲洗干净并晾干，袋装或用苫布遮盖存放。使用时，石子与水泥应统一进行配料拌和。

（2）分格条可使用一次性成品分格条，不再起出；也可使用优质红松木制作的分格条，粘贴前应用水浸透（一般应浸 24 h 以上），以增加韧性，便于粘贴和起条，保证灰缝整齐和边角不掉石粒。分格条用素水泥粘贴，两边八字抹成 45°为宜，过大时石子颗粒不易装到边，喷刷后易出现石子缺少和黑边；过小时，易将分格条挤压变形或起条时掉石子较多。

（3）抹罩面石子浆应掌握好底灰的干湿程度，防止产生假凝现象，造成不易压实抹平。在六七成干的底灰上，先薄薄地刮上一层素水泥浆结合层，水灰比为 0.37～0.40，然后抹面层石子浆，随刮随抹，不得间隔，如底灰已干燥，应适当浇水湿润。

（4）开始喷洗时，应以手指按上去无痕，或用刷子刷石子，以不掉粒为宜。喷洗次序由上而下，喷头离墙面 100～200 mm，喷洗要均匀一致，一般喷洗到石子露出灰浆面 1～2 mm 为宜。若发现石子不匀，应用铁抹子轻轻拍压；如发现表面有干裂，应用抹子抹压。用小水壶冲洗，速度不要过快或太慢。

（5）接槎处喷洗前，应把已经完成的墙面喷湿 300 mm 左右宽，然后由上往下洗刷。刮风天不宜做水刷石墙面。

第三节　门窗工程

一、木门窗安装工程质量控制

木门窗安装工程质量控制的主要内容有材料质量要求、施工过程质量控制、工程质量检验和工程质量通病及防治措施。

（一）材料质量要求

（1）木门窗的木材品种、材质等级、规格、尺寸、框扇的线型及人造木板的甲醛含量均应符合设计要求。

（2）木门窗的防火、防腐、防虫处理应符合设计要求。制作木门窗所用的胶料，宜采用国产的酚醛树脂胶和脲醛树脂胶。普通木门窗可采用半耐水的脲醛树脂胶，高档木门窗应采用耐水的酚醛树脂胶。

（3）工厂生产的木门窗必须有出厂合格证。由于运输堆放等原因而受损的门窗框、扇，应进行预处理，达到合格要求后，方可用于工程中。

（4）小五金及其配件的种类、规格、型号必须符合设计要求，质量必须合格，并与门窗框、扇相匹配，且产品质量必须有出厂合格证。

（5）防腐剂氟硅酸钠，其纯度不应小于 95%，含水率不应大于 1%，细度要求应全部通过 1600 孔/cm² 的筛。或用稀释的冷底子油，涂刷木材面与墙体接触部位。

（6）对人造木板的甲醛含量应进行复验。

（二）施工过程质量控制

木门窗安装工程施工过程质量控制的主要内容包括以下几个方面：

（1）门窗工程施工前，应进行样板间的施工，经业主、设计、监理验收确认后，才能全面施工。

（2）木门窗及门窗五金运到现场，必须按图样检查框、扇型号，检查产品防锈红丹漆有无薄刷、漏涂等现象，不合格产品严禁用于工程。

（3）门窗框、扇进场后，框的靠墙、靠地一面应刷防腐涂料，其他各面应刷清漆一道，刷油后码放在干燥通风仓库。门窗框安装应安排在地面、墙面的湿作业完成后，窗扇安装应在室内抹灰施工前进行；门窗安装应在室内抹灰完成和水泥地面达到一定强度后再进行。

（4）木门窗框安装宜采用预留洞口的施工方法（后塞口的施工方法），若采用先立框的方法施工，则应注意避免门窗框在施工中被污染、挤压变形、受损等现象。

（5）木门窗与砖石砌体、混凝土或抹灰层接触处做防腐处理，埋入砌体或混凝土的木砖应进行防腐处理。

（6）在砌体上安装门窗时，严禁采用射钉固定。

（7）木门窗与墙体间缝隙的填嵌料应符合设计要求，填嵌要饱满。寒冷地区外门窗（或门窗框）与砌体间的空隙应填充保温材料。

（8）对预埋件、锚固件及隐蔽部位的防腐、填嵌处理，应进行隐蔽工程的质量验收。

（三）工程质量检验

1. 主控项目

木门窗安装工程主控项目的质量检验主要工作内容有以下几个方面：

（1）木门窗的木材品种、材质等级、规格、尺寸、开启方向、安装位置及连接方式应符合设计要求。

【检查方法】观察检查，尺量检查，并检查成品门的产品合格证书。

（2）木门窗的安装，预埋木砖的防腐处理，木门窗框固定点的数量、位置及固定方法符合设计要求。

【检查方法】观察检查，手板检查，并检查隐蔽工程验收记录和施工记录。

（3）木门窗扇的安装必须牢固，并应开关灵活，关闭严密，无倒翘现象。

【检查方法】观察检查、开启和关闭检查、手板检查。

（4）木门窗配件（型号、规格、数量、安装、位置、功能）符合设计要求。

【检查方法】观察检查、开启和关闭检查、手板检查。

【注】上述各项检验数量均为每个检验批至少抽查总数的 5%，并不得少于 3 樘，不足 3 樘时应全数检查；高层建筑的外窗，每个检验批至少抽查总数的 10%，并不得少于总数的 6 樘，不足 6 樘时应全数检查；特种门每个检验批至少抽查总数的 50%，并不得少于 10 樘，不足 10 樘时应全数检查。

2. 一般项目

木门窗安装工程质量检验标准及检验方法如表 6-6 所示。

表 6-6　木门窗安装工程质量检验标准及检验方法

项目	序号	检验项目		检验标准				检验方法
一般项目	1	木门窗与墙体间缝隙的填嵌材料		应符合设计要求，填嵌应饱满。寒冷地区外门窗(或门窗框)与砌体间的空隙应填充保温材料				轻敲门窗框检查；检查隐蔽工程验收记录和施工记录
	2	木门窗披水、盖口条、压缝条、密封条的安装		应顺直，与门窗结合应牢固、严密				观察、手扳检查
	3	安装的留缝限值及允许偏差	项目	留缝限值/mm		允许偏差/mm		
				普通	高级	普通	高级	
			门窗槽口对角线长度差	—	—	3	2	用钢尺检查
			门窗框的正、侧面垂直度	—	—	2	1	用 1 m 垂直检测尺检查
			框与扇、扇与扇接缝高低差	—	—	2	1	用钢直尺和塞尺检查
			门窗扇对口缝	1～2.5	15～20	—	—	用塞尺检查
			工业厂房双扇大门对口缝	2～5	—	—	—	
			门窗扇与上框间留缝	1～2	1～15	—	—	
			门窗扇与侧框间留缝	1～2.5	1～15	—	—	
			窗扇与下框间留缝	2～3	2～25	—	—	
			门扇与下框间留缝	3～5	3～4	—	—	
			双层门窗内外框间距	—	—	4	3	用钢尺检查
			无下框时门扇与地面间留缝 外门	4～7	5～6			用塞尺检查
			内门	5～8	6～7			
			卫生间门	8～12	8～10			
			厂房大门	10～20				

（四）工程质量通病及防治措施

1. 门窗框安装不牢、松动

由于木砖的数量少、间距大，或木砖本身松动，门窗框与木砖固定用的钉子小，钉嵌不牢，门窗框安装后松动，造成边缝空裂，无法进行门窗扇的安装，影响使用。其具体防治措施如下：

（1）进行结构施工时一定要在门窗洞口处预留木砖，其数量及间距应符合规范要求，木砖一定要进行防腐处理；加气墙、空心砖墙应采用混凝土块木砖；现制混凝土墙及预制混凝土隔断应在混凝土浇筑前安装燕尾式木砖固定在钢筋骨架上，木砖的间距控制在 50～60 cm 为宜。

（2）门框安装好后，要搞好成品保护，防止推车时碰撞，必须将其门框后缝隙嵌实，并达到规定强度后，方可进行下道工序。

（3）严禁将门窗框作为脚手板的支撑或提升重物的支点，防止门窗框损坏和变形。

2．门窗框、扇配（截）料时预留的加工余量不足

木门窗框、门窗扇的毛料加工余量不足。一是影响门窗框、门窗扇表面不平、不光、饯槎；二是造成门窗框、门窗扇截面尺寸达不到设计要求，影响门窗框、门窗扇的强度和刚度。其具体防治措施如下：

（1）一面刨光者留 3 mm，两面刨光者留 5 mm。

（2）有走头的门窗框冒头，要考虑锚固长度，可加长 200 mm；无走头者，为防止打眼拼装时加楔劈裂，亦应加长 40 mm，其他门窗框中冒头、窗框中竖梃、门窗扇冒头、玻璃楔子应按图纸规格加长 10 mm，门窗扇梃加长 40 mm。

（5）门框立梃要按图纸规格加长 70 mm，以便下端固定在粉刷层内。

3．框与扇接触面不平

门窗扇安装好关闭时，扇和框的边框不在同一平面内，扇边高出框边，或者框边高出扇边，影响美观，同时也降低了门窗的密封性能。其主要防治措施如下：

（1）在制作门窗框时，裁口的宽度必须与门窗扇的边梃厚度相适应，裁口要宽窄一致，顺直平整，边角方正。

（2）在安装门窗扇前，根据实测门窗框裁口尺寸画线，按线将门窗扇锯正刨光，使表面平整、顺直，边缘嵌入框的裁口槽内，缝隙合适，接触面平整。

（3）对门窗框与扇接触面不平的，可按以下方法处理：如扇面高出框面不超过 2 mm 时，可将门窗扇的边梃适当刨削至基本平整；如扇面高出框面超过 2 mm 时，可将裁口宽度适当加宽至与扇梃厚度吻合；如局部不平，可根据情况进行刨削平整。

二、塑料门窗安装工程质量控制

塑料门窗安装工程质量控制的主要内容有材料质量控制、施工过程质量控制、工程质量检验和工程质量通病及防治措施。

（一）材料质量控制

塑料门窗安装工程所需材料的质量要求具体如下：

（1）塑料门窗进场时应检查原材料的质量证明文件，即门窗材料应有产品合格证书、性能检测报告、进场验收记录和复验报告。外观质量不得有开焊、端裂、变形等损坏现象。

（2）门窗采用的异型材、密封条等原材料应符合国家现行标准《门、窗用未增塑聚氯乙烯（PVC-U）型材》（GB/T 8814—2004）和《塑料门窗用密封条》（GB 12002—1989）中的有关规定。

（3）门窗采用的紧固件、五金件、增强型钢及金属衬板等应进行表面防腐处理。

（4）紧固件的镀层金属及其厚度宜符合现行国家标准《紧固件：电镀层》（GB/T 52671—2002）中的有关规定，紧固件的尺寸、螺纹、公差、十字槽及机械性能等技术条件应符合现行国家标准《十字槽盘头自攻螺钉》（GB 845—1985）、《十字槽沉头自攻螺钉》（GB 846—1985）中的有关规定。

（5）五金件的型号、规格和性能均应符合现行国家标准的有关规定，滑撑铰链不得使用铝合金材料。

（6）组合窗及其拼樘料应采用与其内腔紧密吻合的增强型钢作为内衬，型钢两端应比拼樘料长出 1～15 mm。外窗拼樘料的截面尺寸及型钢的形状、壁厚应符合要求。

（7）固定片材质应采用 Q235—A 冷轧钢板，其厚度应不小于 15 mm，最小宽度应不小于 15 mm，且表面应进行镀锌处理。

（8）全防腐型门窗应采用相应的防腐型五金件及紧固件。

（9）建筑外窗的水密性、气密性、抗风压性能、保温性能、中空玻璃露点、玻璃遮阳系数和可见风透射比，应符合设计要求。

（10）建筑外窗进入施工现场时，应按地区类别对其水密性、气密性、抗风压性能、保温性能、中空玻璃露点、玻璃遮阳系数和可见风透射比等性能进行复验，复验合格方可用于工程。

（二）施工过程的质量控制

塑料门窗安装工程施工过程质量控制工作的主要内容有以下几个方面：

（1）安装前应按设计要求核对门窗洞口的尺寸和位置，左右位置挂垂线控制，窗台标高通过 50 线控制，合格后方可进行安装。

（2）储存塑料门窗的环境温度应小于 50 ℃，与热源的距离不应小于 1 m。门窗在安装现场放置的时间不应超过两个月。

（3）塑料门窗安装应采用预留洞口的施工方法（后塞口的施工方法），不得采用边安装、边砌口或先安装、后砌口的施工方法。

（4）当洞口需要设置预埋件时，要检查其数量、规格、位置是否符合要求。

（5）塑料门窗安装前，应先安装五金配件及固定片（安装五金配件时，必须加衬增强金属板）。安装时应先钻孔，然后再拧入自攻螺钉，不得直接钉入。

（6）检查组合窗的拼樘料与窗框的连接是否牢固，通常是将两窗框与拼樘料卡接，卡接后用紧固件双向拧紧，其间距应小于或等于 600 mm。

（7）塑料门、窗框放入洞口后，按已弹出的水平线、垂直线位置，检查其垂直、水平、对中、内角方正等，符合要求后才可以临时固定。

（8）窗框与洞口之间的伸缩缝内腔，应采用闭孔泡沫塑料、发泡聚苯乙烯等弹性材料分层填塞。对于保温、隔声等级较高的工程，应采用相应的隔热、隔声材料填塞。填塞后，一定要撤掉临时固定的木楔或垫块，其空隙也要用弹性闭孔材料填塞。

（9）检查排水孔是否畅通，位置和数量是否符合设计要求。

（10）塑料门窗框与墙体间缝隙用闭孔弹性材料填嵌饱满后，检查其表面是否应采用密封胶密封。检查密封胶是否黏结牢固，表面是否光滑、顺直、有无裂纹。

（三）工程质量检验

1．主控项目

塑料门窗安装工程主控项目的质量检验主要工作内容有以下几个方面：

（1）塑料门窗的品种、类型、规格、尺寸、开启方向、安装位置、连接方式以及填嵌密封处理应符合设计要求，内衬增强型钢的壁厚及设置应符合国家现行产品标准的质量要求。

【检查方法】观察、尺量检查，检查产品合格证书、性能检测报告、进场验收记录和复验报告；检查隐蔽工程验收记录。

（2）塑料门窗框、副框和扇的安装必须牢固。固定片或膨胀螺栓的数量与位置应正确，连接方式应符合设计要求。固定点应距窗角、中横框、中竖框 150～200 mm，固定点间距应不大于 600mm。

【检查方法】观察、手扳检查、检查隐蔽工程验收记录。

（3）塑料门窗拼樘料要求内衬增强型钢的规格、壁厚必须符合设计要求，型钢应与型材内腔紧密吻合，其两端必须与洞口固定牢固。窗框必须与拼樘料连接紧密，固定点间距应不大于 600 mm。

【检查方法】观察、手扳检查、尺量检查。

（4）塑料门窗配件的型号、规格、数量应符合设计要求，安装应牢固，位置应正确，功能应满足使用要求。

【检查方法】观察、手扳检查、尺量检查。

（5）塑料门窗扇应开关灵活、关闭严密，无倒翘。推拉门窗扇必须有防脱落措施。

【检查方法】观察、开启和关闭检查、手扳检查。

（6）塑料门窗框与墙体间缝隙应采用闭孔弹性材料填嵌饱满，表面应采用密封胶密封。密封胶应黏结牢固，表面应光滑、顺直、无裂纹。

【检查方法】观察、检查隐蔽工程验收记录。

【注】上述各项检验数量均为每个检验批至少抽查总数的 5%，并不得少于 3 樘，不足 3 樘时应全数检查；高层建筑的外窗，每个检验批至少抽查总数的 10%，并不得少于总数的 6 樘，不足 6 樘时应全数检查；特种门每个检验批至少抽查总数的 50%，并不得少于 10 樘，不足 10 樘时应全数检查。

2．一般项目

塑料门窗安装工程质量检验标准和检验方法如表 6-7 所示。

表 6-7　塑料门窗安装工程质量检验标准和检验方法

项目	序号	检验项目	检验标准或允许偏差/mm	检验方法
一般项目	1	塑料门窗表面	应洁净、平整、光滑，大面应无划痕、碰伤	观察
	2	塑料门窗扇的密封条	不得脱槽。旋转窗间隙应基本均匀	

续表

3	塑料门窗扇的开关力	平开门窗扇平铰链的开关力应不大于 80 N	观察、用弹簧秤检查
		滑撑铰链的开关力应不大于 80 N，并不小于 30 N	
		推拉门窗扇的开关力应不大于 100 N	
4	玻璃密封条与玻璃及玻璃槽口的接缝	应平整，不得卷边、脱槽	观察检查
5	排水孔	应畅通，位置和数量应符合设计要求	观察检查
6	门窗槽口宽度、高度	≤1500 mm	2	用钢尺检查
		>1500 mm	3	
	门窗槽口对角线长度差	≤2000 mm	3	
		>2000 mm	5	
	门窗框的正、侧面垂直度		3	用 1 m 垂直检测尺检查
	门窗横框的水平度		3	用 1 m 水平尺和塞尺检查
	门窗横框标高		5	用钢尺检查
	门窗竖向偏离中心		5	用钢直尺检查
	双层门窗内外框间距		4	用钢尺检查
	同樘平开门窗相邻扇高度差		2	用钢直尺检查
	平开门窗铰链部位配合间隙		+2；−1	用塞尺检查
	推拉门窗扇与框搭接量		+1.5；−2.5	用钢直尺检查
	推拉门窗扇与竖框平行度		2	用 1 m 水平尺和塞尺检查

（四）工程质量通病及防治措施

因无保护膜，施工时的砂浆及浆液等极易造成塑料门窗表面污染，清理时用开刀、刮板等刮铲，表面极易出现划痕。其防治措施如下：

（1）安装前必须认真查看已粘好的保护膜有无损坏。

（2）湿作业前应对塑料门窗进行保护和遮挡，发现污染及时清理，并用软棉丝擦净。

本章小结

本章主要介绍饰面工程、抹灰工程、门窗工程在施工过程中的质量管理。

本章的主要内容包括饰面板安装工程质量控制；饰面砖粘贴工程质量控制；一般抹灰工程质量控制；装饰抹灰工程质量控制；木门窗安装工程质量控制；塑料门窗安装工程质

量控制。通过本章的学习，读者能够依据有关规范标准对饰面工程施工质量进行检验和验收，能够规范填写检验批验收记录。

复习思考题

1. 一般抹灰工程材料质量有哪些要求？
2. 一般抹灰工程的表面质量应符合哪些规定？
3. 水刷石抹灰面石子不均匀或脱落、饰面浑浊，如何进行防治？
4. 塑料门窗扇的开关力应符合哪些规定？
5. 粘贴陶瓷锦砖应符合哪些规定？

第七章 建筑工程安全管理

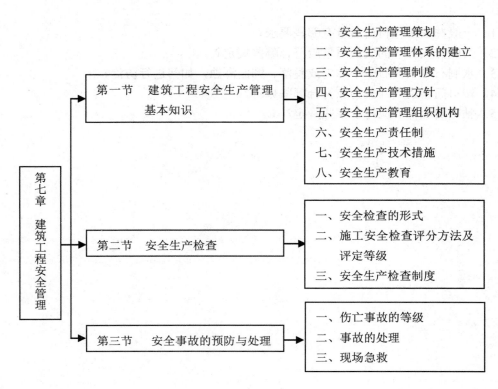

第一节 建筑工程安全生产管理基本知识
- 一、安全生产管理策划
- 二、安全生产管理体系的建立
- 三、安全生产管理制度
- 四、安全生产管理方针
- 五、安全生产管理组织机构
- 六、安全生产责任制
- 七、安全生产技术措施
- 八、安全生产教育

第二节 安全生产检查
- 一、安全检查的形式
- 二、施工安全检查评分方法及评定等级
- 三、安全生产检查制度

第三节 安全事故的预防与处理
- 一、伤亡事故的等级
- 二、事故的处理
- 三、现场急救

本章结构图

【本章学习目标】

➢ 了解安全生产的概念、特点以及制定安全生产法的必要性；掌握建筑安全法规与行业标准及建筑施工企业安全生产许可证制度；

➢ 了解施工安全生产管理的概念；了解安全生产管理策划的原则、内容；了解建立安全生产管理体系的原则、目标及作用；

➢ 了解安全生产管理的方针、制度；掌握总包、分包单位、项目经理部、项目部各级人员等的安全生产职责；

➢ 掌握安全生产教育的对象、内容及形式；掌握安全生产技术措施的编制；

➢ 能够结合工程实际情况分析某一工程实践的安全生产特点及不安全因素；

➢ 能够编制该工程项目安全控制的方法、目标及程序；

➢ 能够编制安全生产技术措施。

第一节　建筑工程安全生产管理基本知识

建筑施工安全生产管理是指建筑施工安全管理部门或管理人员对安全生产工作进行的策划、组织、指挥、协调、控制和改进的一系列活动，目的是保证建筑施工中的人身安全、财产安全，促进建筑施工的顺利进行，维持社会的稳定。

在建筑工程施工过程中，施工安全管理部门或管理人员应通过对生产要素过程的控制，使生产要素的不安全行为和不安全状态得以减少或消除，达到减少一般事故、杜绝伤亡事故的目的，从而保证安全管理目标的实现。施工项目作为建筑业安全生产工作的载体，必须履行安全生产职责，确保安全生产。建筑企业是安全生产工作的主体，必须贯彻落实安全生产的法律、法规，加强安全生产管理，从而实现安全生产目标。

一、安全生产管理策划

（一）安全生产管理策划的内容

安全生产管理策划的设计依据是国家、地方政府和主管部门的有关规定，并采用的主要技术规范、规程、标准和其他依据。其主要内容有以下几方面。

1．工程概述

工程概述主要包括以下几方面内容：
（1）本项目设计所承担的任务及范围。
（2）工程性质、地理位置及特殊要求。
（3）改建、扩建前的职业安全与卫生状况。
（4）主要工艺、原料、半成品、成品、设备及主要危害概述。

2．建筑及场地布置

建筑及场地布置必修遵循以下要求：
（1）根据场地自然条件预测的主要危险因素及防范措施。
（2）对周边居民出行是否有影响。
（3）临时用电变压器周边环境。
（4）工程总体布置中，如锅炉房、氧气、乙炔等易燃易爆、有毒物品造成的影响及防范措施。

3．生产过程中危险因素的分析

生产过程中危险因素主要从以下几个方面进行分析：
（1）安全防护工作，如脚手架作业防护、洞口防护、临边防护、高空作业防护和模板工程、起重及施工机具机械设备防护。
（2）特殊工种，如电工、电焊工、架子工、爆破工、机械工、起重工、机械司机等，除一般教育外，还要经过专业安全技能培训。
（3）关键特殊工序，如洞内作业、潮湿作业、深基开挖、易燃易爆品、防触电。

（4）保卫消防工作的安全系统管理，如临时消防用水、临时消防管道、消防灭火器材的布设等。

（5）临时用电的安全系统管理，如总体布置和各个施工阶段的临电（电闸箱、电路、施工机具等）布设。

4．主要安全防范措施

在建筑生产活动过程中的主要安全防范措施有以下几方面：

（1）根据全面分析各种危害因素确定的工艺路线、选用的可靠装置设备，从生产、火灾危险性分类设置的安全设施和必要的检测、检验设备。

（2）对可能发生的事故所制定的预案、方案及抢救、疏散和应急措施。

（3）按照爆炸和火灾危险场所的类别、等级、范围选择电气设备的安全距离及防雷、防静电、防止误操作等设施。

（4）危险场所和部位，如高空作业、外墙临边作业等，危险期间如冬期、雨期、高温天气等所采用的防护设备、设施及其效果等。

5．安全措施经费

安全生产所需的措施经费主要有以下几种：

（1）主要生产环节专项防范设施费用。

（2）检测设备及设施费用。

（3）安全教育设备及设施费用。

（4）事故应急措施费用。

6．预期效果评价

施工项目的安全检查包括安全生产责任制、安全保证计划、安全组织机构、安全保证措施、安全技术交底、安全教育、安全持证上岗、安全设施、安全标志、操作行为、违规管理、安全记录。

（二）安全生产管理策划的原则

安全生产管理策划必须遵循以下几点原则：

（1）预防性原则。施工项目安全管理策划必须坚持"安全第一，预防为主"的原则，体现安全管理的预防和预控作用，针对施工项目的全过程制定预警措施。

（2）科学性原则。施工项目的安全策划应能代表最先进的生产力和最先进的管理方法，承诺并遵守国家的法律、法规，遵照地方政府的安全管理规定，执行安全技术标准和安全技术规范，科学地指导安全生产。

（3）全过程性原则。项目的安全策划应包括由可行性研究开始到设计、施工，直至竣工验收的全过程策划；施工项目安全管理策划要覆盖施工生产的全过程和全部内容，使安全技术措施贯穿于施工生产的全过程，以实现系统的安全。

（4）可操作性原则。施工项目安全策划的目标和方案应尊重实际情况，坚持实事求是的原则，其方案具有可操作性，安全技术措施具有针对性。

（5）实效最优化原则。施工项目安全策划应遵循实效最优化的原则。既不能盲目地扩大项目投入，又不得以取消和减少安全技术措施经费来降低项目成本，而应在确保安全目标的前提下，在经济投入、人力投入和物资投入上坚持最优化原则。

二、安全生产管理体系的建立

为了贯彻"安全第一，预防为主"的方针，建立、健全安全生产责任制和群防群治制度，确保工程项目施工过程中的人身和财产安全，减少一般事故的发生，应结合工程的特点，建立施工项目安全生产管理体系。

（一）建立安全生产管理体系的目标

建立安全生产管理体系可实现以下几个目的：

（1）直接或间接获得经济效益。通过实施安全生产管理体系，可以明显提高项目安全生产管理水平和经济效益。通过改善劳动者的作业条件，提高劳动者身心健康和劳动效率，对项目会产生长期的积极效应，对社会也能产生激励作用。

（2）降低员工面临的安全风险。使员工面临的安全风险减小到最低程度，最终实现预防和控制工伤事故、职业病及其他损失的目标，帮助企业在市场竞争中树立起一种负责的形象，从而提高企业的竞争能力。

（3）实现以人为本的安全管理。人力资源的质量是提高生产率水平和促进经济增长的重要因素，而人力资源的质量是与工作环境的安全卫生状况密不可分的。安全生产管理体系的建立，将是保护和发展生产力的有效方法。

（4）促进项目管理现代化。管理是项目运行的基础。全球经济一体化的到来，对现代化管理提出了更高的要求，企业必须建立系统、开放、高效的管理体系，以促进项目大系统的完善和整体管理水平的提高。

（5）提升企业的品牌和形象。市场中的竞争已不再仅仅是资本和技术的竞争，企业综合素质的高低将是开发市场最重要的条件，是企业品牌的竞争。而项目职业安全卫生则是反映企业品牌的重要指标，也是企业素质的重要标志。

（6）增强国家经济发展的能力。加大对安全生产的投入，有利于扩大社会内部需求，增加社会需求总量；同时，做好安全生产工作可以减少社会总损失；而且保护劳动者的安全与健康也是国家经济可持续发展的长远之计。

（二）建立安全生产管理体系的原则

建立安全生产管理体系必须遵循以下几点原则：

（1）要适用于建设工程施工项目全过程的安全管理和控制。

（2）依据我国《建筑法》、《职业安全卫生管理体系标准》、国际劳工组织 167 号公约及国家有关安全生产的法律、行政法规和规程进行编制。

（3）建立安全生产管理体系必须包含的基本要求和内容。项目经理部应结合各自实际加以充实，建立安全生产管理体系，确保项目的施工安全。

（4）建筑业施工企业应加强对施工项目的安全管理，指导、帮助项目经理部建立、实施并保持安全生产管理体系。施工项目安全生产管理体系必须由总承包单位负责策划建立，生产分包单位应结合分包工程的特点，制订相适宜的安全保证计划，并纳入接受总承包单位安全管理体系的管理。

（三）建立安全生产管理体系的作用

建立安全生产管理体系的作用主要有以下几方面：

（1）职业安全卫生状况是经济发展和社会文明程度的反映，是所有劳动者获得安全与健康的指标，是社会公正、安全、文明、健康发展的基本标志，也是保持社会安定、团结和经济可持续发展的重要条件。

（2）安全生产管理体系对企业环境的安全卫生状态规定了具体的要求和限定，通过科学管理，使工作环境符合安全卫生标准的要求。

（3）安全生产管理体系的运行主要依赖于逐步提高、持续改进，是一个动态、自我调整和完善的管理系统，同时也是职业安全卫生管理体系的基本思想。

（4）安全生产管理体系是项目管理体系中的一个子系统，其循环也是整个管理系统循环的一个子系统。

三、安全生产管理制度

安全生产管理制度的相关内容如图 7-1 所示。

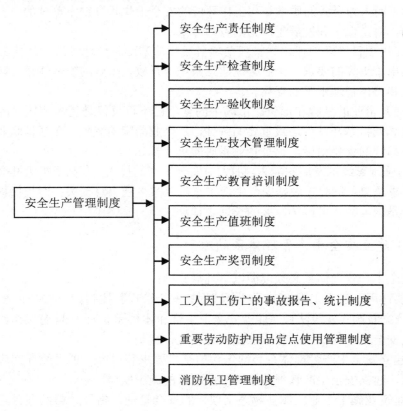

图 7-1　安全生产管理制度相关内容

四、安全生产管理方针

安全生产管理方针如表 7-1 所示。

表 7-1 安全生产管理方针

类别	内容
安全意识在先	由于各种原因，我国公民的安全意识相对淡薄。关爱生命、关注安全是全社会政治、经济和文化生活的主题之一。重视和实现安全生产，必须有强烈的安全意识
安全投入在先	生产经营单位要具备法定的安全生产条件，必须有相应的资金保障，安全投入是生产经营单位的"救命钱"。《安全生产法》把安全投入作为必备的安全保障条件之一，要求"生产经营单位应当具备的安全投入，由生产经营单位的决策机构、主要负责人或者个人经营的投资人予以保证，并对安全生产所必需的资金投入不足导致的后果承担责任"。不依法保障安全投入的，将承担相应的法律责任
安全责任在先	实现安全生产，必须建立、健全各级人民政府及有关部门和生产经营单位的安全生产责任制，各负其责，齐抓共管。《安全生产法》突出了安全生产监督管理部门和有关部门主要负责人及监督执法人员的安全责任，突出了生产经营单位主要负责人的安全责任，目的在于通过明确安全责任来促使他们重视安全生产工作，加强领导
建章立制在先	预防为主需要通过生产经营单位制定并落实各种安全措施和规章制度来实现。建章立制是实现预防为主的前提条件。《安全生产法》对生产经营单位建立、健全和组织实施安全生产规章制度和安全措施等问题作出的具体规定，是生产经营单位必须遵守的行为规范
隐患预防在先	消除事故隐患、预防事故发生是生产经营单位安全工作的重中之重。《安全生产法》从生产经营的各个主要方面，对事故预防的制度、措施和管理都作出了明确规定。只要认真贯彻实施，就能够把重大、特大事故的发生率大幅降低
监督执法在先	各级人民政府及其安全生产监督管理部门和有关部门强化安全生产监督管理，加大行政执法力度，是预防事故、保证安全的重要条件。安全生产监督管理工作的重点、关口必须前移，放在事前、事中监管上。要通过事前、事中监管，依照法定的安全生产条件，把住安全准入"门槛"，坚决把那些不符合安全生产条件或者不安全因素多、事故隐患严重的生产经营单位排除在"安全准入门槛"之外

五、安全生产管理组织机构

安全生产管理组织机构主要有公司安全管理机构、项目处安全管理机构、工地安全管理机构和班组安全管理组织。

（1）公司安全管理机构。建筑公司要设专职安全管理部门，配备专职人员。公司安全管理部门是公司一个重要的施工管理部门，是公司经理贯彻执行安全施工方针、政策和法规，实行安全目标管理的具体工作部门，是领导的参谋和助手。建筑公司施工队以上的单位，要设专职安全员或安全管理机构，公司的安全技术干部或安全检查干部应列为施工人员，不能随便调动。国务院批转原国家劳动总局、卫生部的报告，就安全管理人员的编制作了明确规定："公司应按职工总数的 2‰～5‰配备专职人员。"

根据国家建筑施工企业资质等级的相关规定，建筑一、二级公司的安全员，必须持有中级岗位合格证书；三、四级公司安全员全部持有初级岗位合格证书。安全施工管理工作技术性、政策性、群众性很强，因此安全管理人员应挑选责任心强、有一定的经验和相当文化程度的工程技术人员担任，以利于促进安全科技活动，进行目标管理。

（2）项目处安全管理机构。公司下属的项目处是组织和指挥施工的单位，对于管理施工、管理安全有着极为重要的影响。项目处经理是本单位安全施工工作第一责任者，要根据本单位的施工规模及职工人数设置专职安全管理机构或配备专职安全员，并建立项目处领导干部安全施工值班制度。

（3）工地安全管理机构。工地应成立以项目经理为负责人的安全施工管理小组，配备专（兼）职安全管理员，同时要建立工地领导成员轮流安全施工值日制度，解决和处理施工中的安全问题和进行巡回安全监督检查。

（4）班组安全管理组织。班组是搞好安全施工的前沿阵地，加强班组安全建设是公司加强安全施工管理的基础。各施工班组要设不脱产安全员，协助班组长搞好班组安全管理。各班组要坚持岗位安全检查、安全值日和安全日活动制度，同时要坚持做好班组安全记录。由于建筑施工点多、面广、流动、分散，往往一个班组人员不会集中在一处作业。因此，工人要提高自我保护意识和自我保护能力，在同一作业面的人员要互相关照。

六、安全生产责任制

安全生产责任主要包括总包、分包单位的安全责任、租赁双方的安全责任、项目部的安全生产责任和交叉施工（作业）的安全责任。

（一）总包、分包单位的安全责任

1．总包单位的职责

总包单位的安全责任主要有以下几方面：

（1）项目经理是项目安全生产的第一负责人，必须认真贯彻、执行国家和地方的有关安全法规、规范、标准，严格按文明安全工地标准组织施工生产，确保实现安全控制指标和文明安全工地达标计划。

（2）建立、健全安全生产保证体系，根据安全生产组织标准和工程规模设置安全生产机构，配备安全检查人员，并设置 5～7 人（含分包）的安全生产委员会或安全生产领导小组，定期召开会议（每月不少于一次），负责对本工程项目安全生产工作的重大事项及时做出决策，组织督促检查实施，并将分包的安全人员纳入总包管理，统一活动。

（3）工程项目部（总包方）与分包方应在工程实施前或进场的同时及时签订含有明确安全目标和职责条款划分的经营（管理）合同或协议书；当不能按期签订时，必须签订临时安全协议。

（4）项目部有权限期责令分包方将不能尽责的施工管理人员调离本工程，重新配备符合总包要求的施工管理人员。

（5）根据工程进度情况除进行不定期、季节性的安全检查外，工程项目经理部每半月由项目执行经理组织一次检查,每周由安全部门组织各分包方进行专业(或全面)检查。对查到的隐患,责成分包方和有关人员立即或限期进行消除整改。

(6)根据工程进展情况和分包进场时间,应分别签订年度或一次性的安全生产责任书或责任状,做到总分包在安全管理上责任划分明确,有奖有罚。

(7)项目部实行"总包方统一管理,分包方各负其责"的施工现场管理体制,负责对发包方、分包方和上级各部门或政府部门的综合协调管理工作。工程项目经理对施工现场的管理工作负全面领导责任。

2.分包单位的职责

分包单位的安全责任主要有以下几方面:

(1)分包单位的项目经理、主管副经理是安全生产管理工作的第一责任人,必须认真贯彻执行总包方执行的有关规定、标准和总包方的有关决定和指示,按总包方的要求组织施工。

(2)建立、健全安全保障体系。根据安全生产组织标准设置安全机构,配备安全检查人员,每50人要配备一名专职安全人员,不足50人的要设兼职安全人员,并接受工程项目安全部门的业务管理。

(3)分包方必须执行逐级安全技术交底制度和班组长班前安全讲话制度,并跟踪检查管理。

(4)分包方在编制分包项目或单项作业的施工方案或冬雨期方案措施时,必须同时编制安全消防技术措施,并经总包方审批后方可实施,如改变原方案时,必须重新报批。

(5)分包方必须按规定执行安全防护设施、设备验收制度,并履行书面验收手续,建档存查。

(6)分包方必须接受总包方及其上级主管部门的各种安全检查并接受奖罚。在生产例会上应先检查、汇报安全生产情况。在施工生产过程中,切实把好安全教育、检查、措施、交底、防护、文明、验收等七关,做到预防为主。

(7)对安全管理纰漏多、施工现场管理混乱的分包单位除进行罚款处理外,对问题严重、屡禁不止,甚至不服从管理的分包单位,予以解除经济合同。

(二)租赁双方的安全责任

大型机械(塔式起重机、外用电梯等)租赁、安装、维修单位的职责有以下几方面:

(1)各单位必须具备相应资质。

(2)所租赁的设备必须具备统一编号,其机械性能良好,安全装置齐全、灵敏、可靠。

(3)在当地施工时,租赁外埠塔式起重机和施工用电梯或外地分包自带塔式起重机和施工用电梯,使用前必须在本地建设主管部门登记备案并取得统一临时编号。

(4)租赁、维修单位对设备的自身质量和安装质量负责,定期对其进行维修、保养。

(5)租赁单位向使用单位配备合格的司机。

承租方对施工过程中设备的使用安全负责应参照相关安全生产管理条例的规定。

（三）项目部的安全生产责任

1．项目经理部安全生产职责

项目经理部安全生产过程中的主要职责有以下几个方面：

（1）项目经理部是安全生产工作的载体，具体组织和实施项目安全生产、文明施工、环境保护工作，对本项目工程的安全生产负全面责任。

（2）建立并完善项目部安全生产责任制和安全考核评价体系，积极开展各项安全活动，监督、控制分包队伍执行安全规定，履行安全职责。

（3）贯彻落实各项安全生产的法律、法规、规章、制度，组织实施各项安全管理工作，完成各项考核指标。

（4）发生伤亡事故要及时上报，并保护好事故现场，积极抢救伤员，认真配合事故调查组开展伤亡事故的调查和分析，按照"四不放过"原则，落实整改防范措施，对责任人员进行处理。

2．工程项目经理的职责

工程项目经理的职责主要有以下几个方面：

（1）工程项目经理是项目工程安全生产的第一责任人，对项目工程经营生产全过程中的安全负全面领导责任。

（2）工程项目经理必须经过专门的安全培训考核，取得项目管理人员安全生产资格证书，方可上岗。

（3）在组织项目施工、聘用业务人员时，要根据工程特点、施工人数、施工专业等情况，按规定配备一定数量和素质的专职安全员，确定安全管理体系；明确各级人员和分承包方的安全责任和考核指标，并制定考核办法。

（4）贯彻落实各项安全生产规章制度，结合工程项目特点及施工性质，制定有针对性的安全生产管理办法和实施细则，并落实实施。

（5）负责施工组织设计、施工方案、安全技术措施的组织落实工作，组织并督促工程项目安全技术交底制度、设施设备验收制度的实施。

（6）健全和完善用工管理手续，录用外协施工队伍必须及时向人事劳务部门、安全部门申报，必须事先审核注册、持证等情况，对工人进行三级安全教育后，方准入场上岗。

（7）领导、组织施工现场每旬一次的定期安全生产检查，发现施工中的不安全问题，组织制定整改措施并及时解决；对上级提出的安全生产与管理方面的问题，要在限期内定时、定人、定措施予以解决；接到政府部门安全监察指令书和重大安全隐患通知单，应当立即停止施工，组织力量进行整改。隐患消除后，必须报请上级部门验收合格，才能恢复施工。

3．工程项目生产副经理职责

工程项目生产副经理的职责主要有以下几个方面：

（1）对工程项目的安全生产负直接领导责任，协助工程项目经理认真贯彻执行国家安全生产方针、政策、法规，落实各项安全生产规范、标准和工程项目的各项安全生产管理制度。

（2）负责项目安全生产管理机构的领导工作，认真听取、采纳安全生产的合理化建议，支持安全生产管理人员的业务工作，保证工程项目安全生产、保证体系的正常运转。

（3）组织实施工程项目总体和施工各阶段安全生产工作规划以及各项安全技术措施、方案的组织实施工作，组织落实工程项目各级人员的安全生产责任制。

（4）工地发生伤亡事故时，负责事故现场保护、职工教育、防范措施落实，并协助做好事故调查分析的具体组织工作。

4．项目安全总监职责

项目安全总监的职责主要有以下几个方面：

（1）在项目经理的直接领导下，履行项目安全生产工作的监督管理职责。

（3）宣传贯彻安全生产方针政策、规章制度，推动项目安全组织保证体系的运行。

（2）督促实施施工组织设计、安全技术措施；实现安全管理目标；对项目各项安全生产管理制度的贯彻与落实情况进行检查与具体指导。

（4）组织分承包商安排专兼职人员开展安全监督与检查工作。

（5）查处违章指挥、违章操作、违反劳动纪律的行为和人员，对重大事故隐患采取有效的控制措施，必要时可采取局部直至全部停产的非常措施。

（6）督促开展周一安全活动和项目安全讲评活动。

（7）负责办理与发放各级管理人员的安全资格证书和操作人员安全上岗证。

5．工程项目技术负责人职责

工程项目技术负责人的职责主要有以下几方面：

（1）对工程项目生产经营中的安全生产负技术责任。

（2）贯彻落实国家安全生产方针、政策，严格执行安全技术规程、规范、标准；结合工程特点，进行项目整体安全技术交底。

（3）主持制订技术措施计划和季节性施工方案的同时，必须制定相应的安全技术措施并监督执行，及时解决执行中出现的问题。

（4）参加或组织编制施工组织设计。在编制、审查施工方案时，必须制定、审查安全技术措施，保证其可行性和针对性，并认真监督实施情况，发现问题并及时解决。

（5）参加安全生产定期检查。对施工中存在的事故隐患和不安全因素，从技术上提出整改意见和消除办法。

（6）参加或配合工伤及重大未遂事故的调查，从技术上分析事故发生的原因，提出防范措施和整改意见。

6．工长、施工员职责

工长、施工员的职责主要有以下几个方面：

（1）工长、施工员是所管辖区域范围内安全生产的第一责任人，对所管辖范围内的安全生产负直接领导责任。

（2）负责组织落实所管辖施工队伍的三级安全教育、常规安全教育、季节转换及针对施工各阶段特点等进行的各种形式的安全教育，负责组织落实所管辖施工队伍特种作业人员的安全培训工作和持证上岗的管理工作。

（3）认真贯彻落实上级有关规定，监督执行安全技术措施及安全操作规程，针对生产任务特点，向班组（外协施工队伍）进行书面安全技术交底，履行签字手续，并对规程、措施、交底要求的执行情况经常检查，随时纠正违章作业。

（4）负责组织落实所管辖班组（外协施工队伍）开展各项安全活动，学习安全操作规程，接受安全管理机构或人员的安全监督检查，及时解决其提出的不安全问题。

（5）经常检查所管辖区域的作业环境、设备和安全防护设施的安全状况，发现问题及时纠正解决。对重点特殊部位施工，必须检查作业人员及各种设备和安全防护设施的技术状况是否符合安全标准要求，认真做好书面安全技术交底，落实安全技术措施并监督其执行，做到不违章指挥。

（6）对工程项目中应用的新材料、新工艺、新技术严格执行申报、审批制度，发现不安全问题及时停止施工，并上报领导或有关部门。

（7）发生因工伤亡及未遂事故必须停止施工，保护现场，立即上报。对重大事故隐患和重大未遂事故，必须查明事故发生的原因，落实整改措施，经上级有关部门验收合格后，方准恢复施工，不得擅自撤除现场保护设施，强行复工。

7．班组长职责

班组长的职责主要有以下几费方面：

（1）班组长是本班组安全生产的第一责任人，认真执行安全生产规章制度及安全技术操作规程，合理安排班组人员的工作，对本班组人员在施工生产中的安全负直接责任。

（2）经常组织班组人员开展各项安全生产活动和学习安全技术操作规程，监督班组人员正确使用个人劳动防护用品和安全设施、设备，不断提高安全自保能力。

（3）认真落实安全技术交底要求，做好班前交底，严格执行安全防护标准，不违章指挥、不冒险蛮干。

（4）经常检查班组作业现场的安全生产状况和工人的安全意识、安全行为，发现问题及时解决，并上报有关领导。

（5）发生因工伤亡及未遂事故，保护好事故现场，并立即上报有关领导。

8．工人职责

工人的职责主要有以下几个方面：

（1）工人是本岗位安全生产的第一责任人，在本岗位作业中对自己、对环境、对他人的安全负责。

（2）认真学习并严格执行安全操作规程，严格遵守安全生产规章制度。

（3）积极参加各项安全生产活动，认真落实安全技术交底要求，不违章作业、不违反劳动纪律，虚心服从安全生产管理人员的监督、指导。

（4）对不安全的作业要求要提出意见，有权拒绝违章指令。

（5）发生因工伤亡事故，要保护好事故现场并立即上报。

（6）在作业时，要严格做到"眼观六面、安全定位；措施得当、安全操作"。

9．项目部各职能部门安全生产责任

项目部各职能部门安全生产责任如表 7-2 所示。

表 7-2　项目部各职能部门安全生产责任

部门	责任
安全部	安全部是项目安全生产的责任部门，也是项目安全生产领导小组的办公机构，行使项目安全工作的监督检查职权
	协助项目经理开展各项安全生产业务活动，监督项目安全生产保证体系的正常运转
	定期向项目安全生产领导小组汇报安全情况，通报安全信息，及时传达项目安全决策并监督实施
	组织、指导项目分包安全机构和安全人员开展各项业务工作，定期进行项目安全性测评
工程管理部	工程管理部在编制项目总工期控制进度计划及年、季、月计划时，必须树立"安全第一"的思想，综合平衡各生产要素，保证安全工程与生产任务协调一致
	对于改善劳动条件、预防伤亡事故的项目，要视同生产项目优先安排；对于施工中重要的安全防护设施、设备的施工，要纳入正式工序，予以时间保证
	在检查生产计划实施情况的同时，检查安全措施项目的执行情况
	负责编制项目文明施工计划，并组织具体实施
	负责现场环境保护工作的具体组织和落实
	负责项目大、中、小型机械设备的日常维护、保养和安全管理
技术部	技术部负责编制项目施工组织设计中安全技术措施方案，编制特殊、专项安全技术方案
	检查施工组织设计和施工方案的实施情况的同时，检查安全技术措施的实施情况，对施工中涉及的安全技术问题，提出解决办法
	对项目使用的新技术、新工艺、新材料、新设备，制定相应的安全技术措施和安全操作规程，并负责工人的安全技术教育
物资部	重要劳动防护用品的采购和使用必须符合国家标准和有关规定，执行本系统重要劳动防护用品定点使用管理规定。同时，会同项目安全部门进行验收
	加强对在用机具和防护用品的管理，对自有及协力自备的机具和防护用品定期进行检验、鉴定，对不合格品及时报废、更新，确保使用安全
	负责施工现场材料堆放和物品储运的安全
机电部	选择机电分承包方时，要考核其安全资质和安全保证能力
	平衡施工进度，交叉作业时确保各方安全
	负责机电安全技术培训和考核工作
合约部	分包单位进场前，签订总分包安全管理合同或安全管理责任书
	在经济合同中，应分清总分包安全防护费用的划分范围
	在每月工程款结算单中，扣除由于违章而被处罚的罚款
办公室	负责项目全体人员安全教育培训的组织工作
	负责现场企业形象 CI 管理的组织和落实
	负责项目安全责任目标的考核

10. 责任追究制度

责任追究制度的主要内容如下：

（1）对因安全责任不落实、安全组织制度不健全、安全管理混乱、安全措施经费不到位、安全防护失控、违章指挥、缺乏对分承包方安全控制力度等主要原因所导致的因工伤亡事故的发生，除对有关人员按照责任状进行经济处罚外，对主要领导责任者给予警告、记过处分，对重要领导责任者给予警告处分。

（2）对因上述主要原因导致重大伤亡事故发生的，除对有关人员按照责任状进行经济处罚外，对主要领导责任者给予记过、记大过、降级、撤职处分，对重要领导责任者给予警告、记过、记大过处分。

（3）构成犯罪的，由司法机关依法追究刑事责任。

（四）交叉施工（作业）的安全责任

交叉施工（作业）的安全责任如下：

（1）总包和分包的工程项目负责人，对工程项目中的交叉施工（作业）负总的指挥、领导责任。总包对分包、分包对分项承包单位或施工队伍，要加强安全消防管理，科学组织交叉施工，在没有针对性的书面技术交底、方案和可靠防护措施的情况下，禁止上下交叉施工作业，防止和避免发生事故。

（2）总包与分包、分包与分项外包的项目工程负责人，除在签署合同或协议中明确交叉施工（作业）各方的责任外，还应签订安全消防协议书或责任状，划分交叉施工中各方的责任区和各方的安全消防责任，同时应建立责任区及安全设施的交接和验收手续。

（3）交叉施工作业上部施工单位应为下部施工人员提供可靠的隔离防护措施，确保下部施工作业人员的安全。在隔离防护设施未完善前，下部施工作业人员不得进行施工。隔离防护设施完善后，经过上下方责任人和有关人员进行验收合格后，才能进行施工作业。

（4）工程项目或分包的施工管理人员在交叉施工前，对交叉施工的各方做出明确的安全责任交底，各方必须在交底后组织施工作业。安全责任交底中，应对各方的安全消防责任、安全责任区的划分、安全防护设施的标准、维护等内容作出明确要求，并经常监督和检查执行情况。

（5）交叉施工作业中的隔离防护设施及其他安全防护设施由安全责任方提供。当安全责任方因故无法提供防护设施时，可由非责任方提供，责任方负责日常维护和支付租赁费用。

（6）交叉施工作业中的隔离防护设施及其他安全防护设施的完善和可靠性，应由责任方负责。由于隔离防护设施或安全防护存在缺陷而导致的人身伤害及设备、设施、料具的损失责任，由责任方承担。

（7）工程项目或施工区域出现交叉施工作业安全责任不清或安全责任区划分不明确时，总包和分包应积极主动地进行协调和管理。各分包单位之间进行交叉施工，其各方应积极主动予以配合，在责任不清、意见不统一时，由总包的工程项目负责人或工程调度部门出面协调、管理。

（8）在交叉施工作业中，防护设施完善验收后，非责任方不经总包、分包或有关责任方同意，不准任意改动（如电梯井门、护栏、安全网、坑洞口盖板等）。因施工作业必须改动时，写出书面报告，须经总、分包和有关责任方同意才准改动，但必须采取相应的防护措施。工作完成或下班后必须恢复原状，否则非责任方负一切后果责任。

（9）电气焊割作业严禁与油漆、喷漆、防水、木工等进行交叉作业，在工序安排上应先安排焊割等明火作业。如果必须先进行油漆、防水作业，施工管理人员在确认排除有燃爆可能的情况下，再安排电气焊割作业。

（10）凡进总包施工现场的各分包单位或施工队伍，必须严格执行总包方所执行的标准、规定、条例、办法，按标准化文明安全工地组织施工。对于不按总包方要求组织施工、现场管理混乱、隐患严重、影响文明安全工地整体达标或给交叉施工作业的其他单位造成不安全问题的分包单位或施工队伍，总包方有权给予经济处罚或终止合同，清出现场。

七、安全生产技术措施

施工安全生产技术措施的编制是依据国家和政府有关安全生产的法律、法规和有关规定，建筑安装工程安全技术操作规程、技术规范、标准、规章制度和企业的安全管理规章制度进行的。

（一）安全生产技术措施编制内容

1. 一般工程安全技术措施

一般工程安全技术措施的主要内容包括以下几方面：
（1）深坑、桩基施工与土方开挖方案。
（2）±0.000 m 以下结构施工方案。
（3）工程临时用电技术方案。
（4）结构施工临边、洞口及交叉作业、施工防护安全技术措施。
（5）塔式起重机、施工外用电梯、垂直提升架等的安装与拆除安全技术方案（含基础方案）。
（6）大模板施工安全技术方案（含支撑系统）。
（7）高大、大型脚手架，整体式爬升（或提升）脚手架及卸料平台安全技术方案。
（8）特殊脚手架，如吊篮架、悬挑架、挂架等安全技术方案。
（9）钢结构吊装安全技术方案。
（10）防水施工安全技术方案。
（11）设备安装安全技术方案。
（12）主体结构、装修工程安全技术方案。
（13）群塔作业安全技术措施。
（14）新工艺、新技术、新材料施工安全技术措施。
（15）防火、防毒、防爆、防雷安全技术措施。
（16）临街防护、临近外架供电线路、地下供电、供气、通风、管线、毗邻建筑物防护等安全技术措施。
（17）中小型机械安全技术措施。
（18）安全网的架设范围及管理要求。
（19）场内运输道路及人行通道的布置。
（20）冬雨期施工安全技术措施。

2. 单位工程安全技术措施

对于结构复杂、危险性大、特殊性较多的特殊工程，应单独编制安全技术方案。如爆破、大型吊装、沉箱、沉井、烟囱、水塔、各种特殊架设作业、高层脚手架、井架和拆除工程等，必须单独编制安全技术方案，并应有设计依据、有计算、有详图、有文字要求。

3. 季节性施工安全技术措施

季节性施工安全技术措施主要有以下三方面：

（1）雨期施工安全方案。雨期施工，制定防止触电、防雷、防坍塌、防台风安全技术措施。

（2）高温作业安全措施。夏季气候炎热，高温时间较长，制定防暑降温安全措施。

（3）冬期施工安全方案。冬期施工，制定防风、防火、防滑、防煤气中毒、防亚硝酸钠中毒的安全措施。

（二）安全生产技术措施编制要求

施工安全生产技术措施编制要求如表 7-3 所示。

表 7-3　施工安全生产技术措施编制要求

类别	内容
及时性	（1）安全性措施在施工前必须编制好，并且经过审核批准后正式下达施工单位，以指导施工。 （2）在施工过程中，设计发生变更时，安全技术措施必须及时变更或作补充，否则不能施工。 （3）施工条件发生变化时，必须变更安全技术措施内容，并及时经原编制、审批人员办理变更手续，不得擅自变更
针对性	（1）凡在施工生产中可能出现的危险因素，要根据施工工程的结构特点，从技术上采取措施、消除危险，保证施工的安全进行。 （2）要针对不同的施工方法和施工工艺，制定相应的安全技术措施。 （3）针对使用的各种机械设备、用电设备可能给施工人员带来的危险因素，从安全保险装置、限位装置等方面采取安全技术措施。 （4）针对施工中有毒、有害、易燃、易爆等作业可能给施工人员造成的危害，制定相应的防范措施。 （5）针对施工现场及周围环境中可能给施工人员及周围居民带来危险的因素，以及材料、设备运输的困难和不安全因素，制定相应的安全技术措施
具体性	（1）安全技术措施必须明确、具体，能指导施工，绝不能搞口号式、一般化。 （2）安全技术措施中必须有施工总平面图，在图中必须对危险的油库、易燃材料库、变电设备以及材料、构件的堆放位置，塔式起重机、井字架或龙门架、搅拌台的位置等，按照施工需要和安全组织的要求明确定位，并提出具体要求。 （3）安全技术措施及方案必须由工程项目责任工程师或工程项目技术负责人指定的技术人员进行编制。 （4）安全技术措施及方案的编制人员必须掌握工程项目概况、施工方法、场地环境等第一手资料，并熟悉有关安全生产法规和标准，具有一定的专业水平和施工经验

安全技术措施和方案的编制，必须考虑现场的实际情况、施工特点及周围作业环境，措施要有针对性。凡施工过程中可能发生的危险因素及建筑物周围外部环境不利因素等，都必须从技术上采取具体且有效的措施予以预防。同时，安全技术措施和方案必须有设计、有计算、有详图、有文字说明。

（三）安全生产技术方案（措施）的审批与变更管理

1. 安全技术方案（措施）的审批管理

　　安全技术方案（措施）的审批管理的主要内容包括以下几方面：

　　（1）一般工程安全技术方案（措施）由项目经理部工程技术部门负责人审核，项目经理部总（主任）工程师审批，报公司项目管理部、安全监督部备案。

　　（2）重要工程（含较大专业施工）方案由项目（或专业公司）总（主任）工程师审核，公司项目管理部、安全监督部复核，由公司技术发展部或公司总工程师委托技术人员审批，并在公司项目管理部、安全监督部备案。

　　（3）大型、特大工程安全技术方案（措施）由项目经理部总（主任）工程师组织编制，报技术发展部、项目管理部、安全监督部审核，由公司总（副总）工程师审批，并在上述三个部门备案。

　　（4）深坑（超过5 m）、桩基础施工方案，整体爬升（或提升）脚手架方案经公司总工程师审批后，还须报当地建设主管部门施工管理处备案。

　　（5）业主指定分包单位所编制的安全技术措施方案在完成报批手续后，报项目经理部技术部门（或总工程师、主任工程师处）备案。

2. 安全技术方案（措施）的变更管理

　　安全技术方案（措施）的变更管理的主要内容包括以下两方面：

　　（1）施工过程中如发生设计变更，原定的安全技术措施也必须随之变更，否则不准予以施工。

　　（2）施工过程中确实需要修改拟定的安全技术措施时，必须经原编制人同意，并办理修改审批手续。

（四）安全技术交底

　　安全技术交底是指导工人安全施工的技术措施，是项目安全技术方案的具体落实。安全技术交底一般由技术管理人员根据分部分项工程的具体要求、特点和危险因素编写，是操作者的指令性文件，因而要具体、明确、针对性强，不得用施工现场的安全纪律、安全检查等制度来代替，在进行工程技术交底的同时进行安全技术交底。

　　安全技术交底与工程技术交底一样，实行分级交底制度，具体内容如下：

　　（1）大型或特大型工程由公司总工程师组织有关部门向项目经理部和分包商（含公司内部专业公司）进行交底。交底内容包括工程概况、特征，施工难度，施工组织，采用的新工艺、新材料、新技术，施工程序与方法，关键部位应采取的安全技术方案或措施等。

　　（2）一般工程由项目经理部总（主任）工程师会同现场经理向项目有关施工人员（项目工程管理部、工程协调部、物资部、合约部、安全总监及区域责任工程师、专业责任工程师等）和分包商行政及技术负责人进行交底，交底内容同前款。

（3）分包商技术负责人要对其管辖的施工人员进行详尽的交底。

（4）项目专业责任工程师要对所管辖的分包商的工长进行分部工程施工安全措施交底，对分包工长向操作班组所进行的安全技术交底进行监督与检查。

（5）专业责任工程师要对劳务分承包方的班组进行分部分项工程安全技术交底，并监督指导其安全操作。

（6）各级安全技术交底都应按规定程序实施书面交底签字制度并存档，以备查用。

八、安全生产教育

安全生产思想教育如图 7-2 所示。

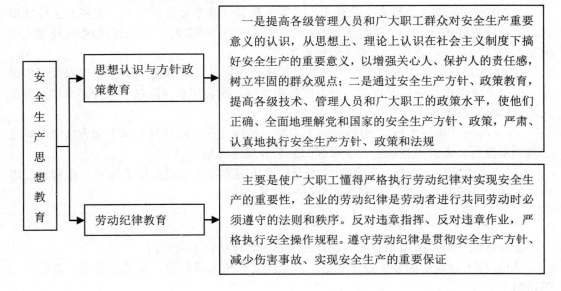

图 7-2　安全生产思想教育

（一）安全生产教育的内容

安全生产教育的主要内容包括安全生产知识教育、安全生产技能教育和法制教育。

1. 安全生产知识教育

企业所有职工必须具备安全生产知识。因此，全体职工都必须接受安全生产知识教育和每年按规定学时进行安全培训。安全生产知识教育的主要内容是：企业的基本生产概况；施工（生产）流程、方法；企业施工（生产）危险区域及其安全防护的基本知识和注意事项；机械设备、厂（场）内运输的有关安全知识；有关电气设备（动力照明）的基本安全知识；高处作业安全知识；生产（施工）中使用的有毒、有害物质的安全防护基本知识；消防制度及灭火器材应用的基本知识；个人防护用品的正确使用知识等。

2．安全生产技能教育

安全生产技能教育，就是结合本工种专业特点，实现安全操作、安全防护所必须具备的基本技术知识要求。每个职工都要熟悉本工种、本岗位专业安全技术知识。安全生产技能知识是比较专门、细致和深入的知识。它包括安全技术、劳动卫生和安全操作规程。国家规定，建筑登高架设、起重、焊接、电气、爆破、压力容器、锅炉等特种作业人员必须进行专门的安全技术培训。宣传先进经验，既是教育职工找差距的过程，又是学、赶先进的过程；事故教育可以从事故教训中吸取有益的东西，防止以后类似事故的重复发生。

3．法制教育

法制教育就是要采取各种有效形式，对全体职工进行安全生产法制教育，从而提高职工遵纪守法的自觉性，以达到安全生产的目的。

（二）安全生产教育的形式

常见的安全生产教育的形式有新工人"三级安全教育"、特种作业安全教育、班前安全活动交底（班前讲话）、周一安全活动、季节性施工安全教育和特殊情况安全教育。

1．新工人"三级安全教育"

三级安全教育是企业必须坚持的安全生产基本教育制度。对新工人（包括新招收的合同工、临时工、学徒工、农民工及实习和代培人员）必须进行公司、项目、作业班组三级安全教育，时间不得少于 40 h。

三级安全教育的主要内容如表 7-4 所示。

表 7-4　三级安全教育的主要内容

项目	内容
公司进行安全知识、法规、法制教育	（1）党和国家的安全生产方针、政策 （2）安全生产法规、标准和法制观念 （3）本单位施工（生产）过程及安全生产规章制度、安全纪律 （4）本单位安全生产形势、历史上发生的重大事故及应吸取的教训 （5）发生事故后如何抢救伤员、排险、保护现场和及时进行报告
项目部进行现场规章制度和遵章守纪教育	（1）本单位（工区）施工（生产）特点及施工（生产）安全基本知 （2）本单位（包括施工、生产场地）安全生产制度、规定及安全注意事项 （3）本工种的安全技术操作规程 （4）机械设备、电气安全及高处作业等安全基本知识 （5）防火、防雷、防尘、防爆知识及紧急情况安全处置和安全疏散等知识 （6）防护用品发放标准及防护用具、用品使用的基本知识
班组安全生产教育由班组长主持进行，或由班组安全员及指定技术熟练、重视安全生产的老工人讲解。	（1）本班组作业特点及安全操作规程 （2）班组安全活动制度及纪律 （3）爱护和正确使用安全防护装置（设施）及个人劳动防护用品 （4）本岗位易发生事故的不安全因素及其防范对策 （5）本岗位的作业环境及使用的机械设备、工具的安全要求

2．特种作业安全教育

从事特种作业的人员必须经过专门的安全技术培训，经考试合格取得操作资格证后，方准独立作业。

3．班前安全活动交底（班前讲话）

班前安全讲话作为施工队伍经常性安全教育活动之一，各作业班组长于每班工作开始前（包括夜间工作前），必须对本班组全体人员进行不少于 15 min 的班前安全活动交底。班组长要将安全活动交底内容记录在专用的记录本上，各成员在记录本上签名。

班前安全活动交底的内容应包括以下三点：

（1）本班组安全生产须知。

（2）本班组工作中的危险点和应采取的对策。

（3）上一班组工作中存在的安全问题和应采取的对策。

在特殊性、季节性和危险性较大的作业前，责任工长要参加班前安全讲话并对工作中应注意的安全事项进行重点交底。

4．周一安全活动

周一安全活动作为施工项目经常性安全活动之一，每周一开始工作前应对全体在岗工人开展至少 1 h 的安全生产及法制教育活动。活动形式可采取看录像、听报告、分析事故案例、图片展览、急救示范、智力竞赛、热点辩论等形式进行。工程项目主要负责人要进行安全讲话，主要包括以下内容。

（1）上周安全生产形势、存在问题及对策。

（2）最新安全生产信息。

（3）重大和季节性的安全技术措施。

（4）本周安全生产工作的重点、难点和危险点。

（5）本周安全生产工作目标和要求。

5．季节性施工安全教育

进入雨期及冬期施工前，在现场经理的部署下，由各区域责任工程师负责组织本区域内施工的分包队伍管理人员及操作工人进行专门的季节性施工安全技术教育，时间不得少于 2 h。

6．特殊情况安全教育

施工项目出现以下几种情况时，工程项目经理应及时安排有关部门和人员对施工工人进行安全生产教育，时间不得少于 2 h。

（1）因故改变安全操作规程。

（2）实施重大和季节性安全技术措施。

（3）更新仪器、设备和工具，推广新工艺、新技术。

（4）发生因工伤亡事故、机械损坏事故及重大未遂事故。

（5）出现其他不安全因素，安全生产环境发生了变化。

（三）安全生产教育的对象

安全生产教育的对象主要有以下几类：

（1）工程项目经理、项目执行经理、项目技术负责人。工程项目主要管理人员必须经过当地政府或上级主管部门组织的安全生产专项培训，培训时间不得少于 24h，经考核合格后，持《安全生产资质证书》上岗。

（2）工程项目基层管理人员。施工项目基层管理人员每年必须接受公司安全生产年审，经考试合格后持证上岗。

（3）分包负责人、分包队伍管理人员。必须接受政府主管部门或总包单位的安全培训，经考试合格后持证上岗。

（4）特种作业人员。必须经过专门的安全理论培训和安全技术实际训练，经理论和实际操作的双项考核，合格者持《特种作业操作证》上岗作业。

（5）操作工人。新入场工人必须经过三级安全教育，考试合格后持上岗证上岗作业。

第二节　安全生产检查

工程项目安全检查是为了消除隐患、防止事故、改善劳动条件及提高员工安全生产意识的重要手段，是安全控制工作的一项重要内容。通过安全检查，可以发现工程中的危险因素，以便有计划地采取措施，保证安全生产。施工项目的安全检查应由项目经理组织，并定期进行。

通过检查，可以发现施工（生产）中的不安全（人的不安全行为和物的不安全状态）、不卫生问题，从而采取对策，消除不安全因素，保障安全生产。利用安全生产检查，进一步宣传、贯彻、落实党和国家安全生产方针、政策和各项安全生产规章制度。安全检查实质也是一次群众性的安全教育。通过检查，增强领导和群众安全意识，纠正违章指挥、违章作业，提高搞好安全生产的自觉性和责任感。

一、安全检查的形式

安全检查分为经常性检查、专业性检查、季节性检查、不定期检查和节假日前后检查。

（1）经常性检查。在施工（生产）过程中进行经常性的预防检查，能及时发现隐患、消除隐患，保证施工（生产）的正常进行。企业一般每年进行 1～4 次；工程项目组、车间、科室每月至少进行 1 次；班组每周、每班次都应进行检查。专职安全技术人员的日常检查应有计划，针对重点部位周期性地进行。

（2）专业性检查。专业性检查应由企业有关部门组织有关人员对某项专业的安全问题或在施工（生产）中存在的普遍性安全问题进行单项检查，如：电焊、气焊、起重机、脚手架等。

（3）季节性检查。季节性检查是针对气候特点可能给施工（生产）带来危害而组织的安全检查，如：春季风大，要着重防火、防爆；夏季高温多雨、多雷电，要着重防暑、降温、防汛、防雷击、防触电；冬季着重防寒、防冻等。

（4）不定期检查。不定期检查是指在工程或设备开工和停工前、检修中、工程或设备竣工及试运转时进行的安全检查。

（5）节假日前后检查。节假日前后检查是节假日（特别是重大节日，如：元旦、劳动节、国庆节）前、后防止职工纪律松懈、思想麻痹等进行的检查。检查应由单位领导组织有关部门人员进行。节日加班，更要重视对加班人员的安全教育，同时认真检查安全防范措施的落实。

二、施工安全检查评分方法及评定等级

建筑施工安全检查评分方法具体如下：

（1）建筑施工安全检查评定中，保证项目应全数检查。

（2）建筑施工安全检查评定应符合各检查评定项目的有关规定，并应按相关的评分表进行评分。检查评分表应分为安全管理、文明施工、脚手架、基坑工程、模板支架、高处作业、施工用电、物料提升机与施工升降机、塔式起重机与起重吊装、施工机具分项检查评分表和检查评分汇总表。

（3）各评分表的评分应符合下列规定：

① 分项检查评分表和检查评分汇总表的满分分值均应为 100 分，评分表的实得分值应为各检查项目所得分值之和。

② 评分应采用扣减分值的方法，扣减分值总和不得超过该检查项目的应得分值。

③ 当按分项检查评分表评分时，保证项目中有一项未得分或保证项目小计得分不足 40 分，此分项检查评分表不应得分。

④ 检查评分汇总表中各分项项目实得分值应按下式计算：

$$A_1 = \frac{B \times C}{100}$$

式中：A_1——汇总表各分项项目实得分值；

B——汇总表中该项应得满分值；

C——该项检查评分表实得分值。

⑤ 当评分遇有缺项时，分项检查评分表或检查评分汇总表的总得分值应按下式计算：

$$A_2 = \frac{D}{E} \times 100$$

式中：A_2——遇有缺项时总得分值；

D——实查项目在该表的实得分值之和；

E——实查项目在该表的应得满分值之和。

⑥ 脚手架、物料提升机与施工升降机、塔式起重机与起重吊装项目的实得分值，应为所对应专业的分项检查评分表实得分值的算术平均值。

建筑施工安全检查评分，应按汇总表的总得分和分项检查评分表的得分，对建筑施工安全检查评定划分为优良、合格与不合格三个等级，如表 7-5 所示。

表 7-5 检查评定等级划分

等级	划分标准
优良	分项检查评分表无零分，汇总表得分值应在 80 分及以上
合格	分项检查评分表无零分，汇总表得分值应在 80 分以下、70 分及以上
不合格	① 当汇总表得分值不足 70 分时 ② 当有一分项检查评分表得零分时

注：当建筑施工安全检查评定的等级为不合格时，必须限期整改，达到合格。

三、安全生产检查制度

为了全面提高项目安全生产管理水平，及时消除安全隐患，落实各项安全生产制度和措施,在确保安全的情况下正常地进行施工、生产，施工项目实行逐级安全生产检查制度。具体的安全检查制度如下：

（1）公司对项目实施定期检查和重点作业部位巡检制度。

（2）项目经理部每月由现场经理组织，安全总监配合，对施工现场进行一次安全大检查。

（3）区域责任工程师每半个月组织专业责任工程师（工长），分包商（专业公司），行政、技术负责人，工长对所管辖的区域进行安全大检查。

（4）专业责任工程师（工长）实行日巡检制度。

（5）项目安全总监对上述人员的活动情况实施监督与检查。

（6）项目分包单位必须建立各自的安全检查制度，除参加总包组织的检查外，必须坚持自检，及时发现、纠正、整改本责任区的违章行为、安全隐患。对危险和重点部位要跟踪检查，做到预防为主。

（7）施工（生产）班组要做好班前、班中、班后和节假日前后的安全自检工作，尤其作业前必须对作业环境进行认真检查，做到身边无隐患，班组不违章。

（8）各级检查都必须有明确的目的，做到"四定"，即定整改责任人、定整改措施、定整改完成时间、定整改验收人，并做好检查记录。

第三节 安全事故的预防与处理

伤亡事故是指职工在劳动生产过程中发生的人身伤害、急性中毒事故。工程项目所发生的伤亡事故大体可分为两类：一是因工伤亡，即在施工项目生产过程中发生的伤亡；二是非因工伤亡，即与施工生产活动无关的伤亡。

根据《中华人民共和国安全生产法》和有关法律、法规及 2007 年 6 月起施行的《生产安全事故报告和调查处理条例》的有关规定，因工伤亡事故是指职工在本岗位劳动或虽不在本岗位劳动，但由于企业的设备和设施不安全、劳动条件和作业环境不良、管理不善以及企业领导指定到本企业外从事本企业活动，所发生的人身伤害（包括轻伤、重伤、死亡）和急性中毒事故。其中，伤亡事故主体——人员，包括两类：企业职工，是指由本企业支付工资的各种用工形式的职工，包括固定职工、合同制职工、临时工（包括企业招用的临时农民工）等；非本企业职工，是指代训工、实习生、民工，参加本企业生产的学生、现役军人，到企业进行参观及其他公务的人员，劳动、劳教中的人员，外来救护人员以及由于事故而造成伤亡的居民、行人等。

一、伤亡事故的等级

根据生产安全事故（以下简称事故）造成的人员伤亡或者直接经济损失，事故等级划分如表 7-6 所示。

表 7-6　安全生产事故等级划分

事故等级	划分标准
特别重大事故	造成 30 人以上死亡，或者 100 人以上重伤（包括急性工业中毒，下同），或者 1 亿元以上直接经济损失的事故
重大事故	造成 10 人以上 30 人以下死亡，或者 50 人以上 100 人以下重伤，或者 5000 万元以上 1 亿元以下直接经济损失的事故
较大事故	造成 3 人以上 10 人以下死亡，或者 10 人以上 50 人以下重伤，或者 1000 万元以上 5000 万元以下直接经济损失的事故
一般事故	造成 3 人以下死亡，或者 10 人以下重伤，或者 1000 万元以下直接经济损失的事故。国务院安全生产监督管理部门可以会同国务院有关部门，制定事故等级划分的补充性规定。所称的"以上"包括本数，所称的"以下"不包括本数

二、事故的处理

事故处理的具体方法如下：

（1）重大事故、较大事故、一般事故，负责事故调查的人民政府应当自收到事故调查报告之日起 15 d 内作出批复；特别重大事故，30 d 内作出批复；特殊情况下，批复时间可以适当延长，但延长的时间最长不得超过 30 d。

有关机关应当按照人民政府的批复，依照法律、行政法规规定的权限和程序，对事故发生单位和有关人员进行行政处罚，对负有事故责任的国家工作人员进行处分。

事故发生单位应当按照负责事故调查的人民政府的批复，对本单位负有事故责任的人员进行处理。

负有事故责任的人员涉嫌犯罪的，依法追究刑事责任。

（2）事故发生单位应当认真吸取事故教训，落实防范和整改措施，防止事故再次发生。防范和整改措施的落实情况应当接受工会和职工的监督。

安全生产监督管理部门和负有安全生产监督管理职责的有关部门应当对事故发生单位落实防范和整改措施的情况进行监督检查。

（3）事故处理的情况由负责事故调查的人民政府或者其授权的有关部门、机构向社会公布，依法应当保密的除外。

三、现场急救

现场急救，就是应用急救知识和最简单的急救技术进行现场初级救生，最大限度地稳定伤病员的伤、病情，减少并发症，维持伤病员的最基本的生命体征。现场急救是否及时和正确，关系到伤病员生命和伤害的结果。

现场急救一般按照下述四个步骤进行：

（1）当出现事故后，迅速地采取措施让伤者脱离危险区，若是触电事故，必须先切断电源；若为机械设备事故，必须先停止机械设备运转。

（2）初步检查伤员，判断其神智、呼吸是否有问题，视情况采取有效地止血、防止休克、包扎伤口、固定、保存好断离的器官或组织、预防感染、止痛等措施。

（3）施救的同时请人呼叫救护车，并继续施救到救护人员到达现场接替为止。

（4）迅速上报上级有关领导和部门，以便采取更有效的救护措施。

四、事故预防措施

事故预防措施主要有改进生产工艺，实现机械化、自动化；预防性的机械强度试验和电气绝缘检验；设置安全装置；机械设备的维修保养和有计划的检修；合理使用劳动保护用品和强化民主管理，认真执行操作规程，普及安全技术知识教育。

（1）改进生产工艺，实现机械化、自动化。随着科学技术的发展，建筑企业不断改进生产工艺，加快了实现机械化、自动化的过程，促进了生产的发展，提高了安全技术水平，大大降低了工人的劳动强度，保证了职工的安全和健康。如采取机械化的喷涂抹灰，工效可以提高 2~4 倍，不但保证了工程质量，还降低了工人的劳动强度，保护了施工人员的安全。因此，在编制施工组织设计时，应尽量优先考虑采用新工艺，机械化、自动化的生产手段，为安全生产、预防事故创造条件。

（2）预防性的机械强度试验和电气绝缘检验

① 预防性的机械强度试验。施工现场的机械设备，特别是自行设计组装的临时设施和各种材料、构件、部件均应进行机械强度试验，必须在满足设计和使用功能时方可投入正常使用。有些还须定期或不定期地进行试验，如施工用的钢丝绳、钢材、钢筋、机件及自行设计的吊篮架、外挂架子等，在使用前必须做承载试验，这种试验是确保施工安全的有效措施。

② 电气绝缘检验。要保证良好的作业环境，使机电设施、设备正常运转，不断更新老化及被损坏的电气设备和线路是必须采取的预防措施。为及时发现隐患、消除危险源，要求在施工前、施工中、施工后均对电气绝缘进行检验。

（3）机械设备的维修保养和有计划的检修。

① 机械设备的维修和保养。各种机械设备是根据不同的使用功能设计生产出来的，除了一般的要求外，也具有特殊的要求。因此要严格坚持机械设备的维护保养规则，按照其操作过程进行保护，使用后需及时加油清洗，使其减少磨损，确保正常运转，尽量延长寿命，提高完好率和使用率。

② 机械设备有计划的检修。为了确保机械设备正常运转，对每类机械设备均应建立档案（租赁的设备由设备产权单位建档），以便及时地按每台机械设备的具体情况，进行

定期的大、中、小修，在检修中要严格遵守规章制度，遵守安全技术规定，遵守先检查、后使用的原则，绝不允许为了赶进度而违章指挥和违章作业，让机械设备"带病"工作。

（4）设置安全装置。安全装置的设置如图7-3所示。

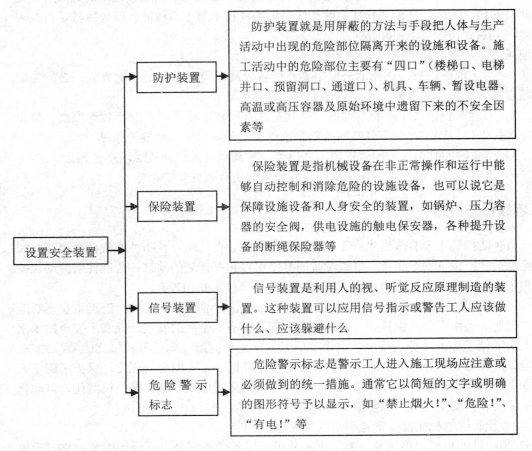

图7-3　安全装置的设置

（5）合理使用劳动保护用品。适时地供应劳动保护用品，是在施工生产过程中预防事故、保护工人安全和健康的一种辅助措施。

（6）强化民主管理，认真执行操作规程，普及安全技术知识教育。随着国家法制建设的不断加强，建筑企业施工的法律、规程、标准已经大量出台。只要认真地贯彻安全技术操作规程，并不断补充完善其实施细则，建筑业落实"安全第一，预防为主"的方针就会实现，大量的伤亡事故就会减少和杜绝。

本章小结

本章主要介绍建筑工程安全生产管理、安全生产检查和安全事故的预防与处理。

本章主要内容包括安全生产管理策划；安全生产管理体系的建立；安全生产管理制度；

安全生产管理方针；安全生产管理组织机构；安全生产责任制；安全生产技术措施；安全生产教育；安全检查的形式；施工安全检查评分方法及评定等级；安全生产检查制度；伤亡事故的等级；事故的处理；现场急救；事故预防措施。通过本章的学习，学生应正确认识建筑工程安全的特点，具备编写和审查施工组织设计安全方案的能力。

复习思考题

1．什么是安全？什么是安全生产？
2．什么是安全生产法规？什么是安全技术规范？
3．建筑安全法规与行业标准有哪些？
4．对违反建筑施工企业安全生产许可制度的行为有哪些处罚？
5．事故预防措施有哪些？

第八章　建筑工程施工安全技术

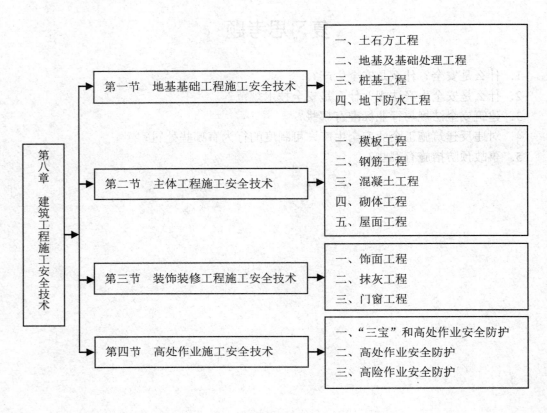

本章结构图

【本章学习目标】

➢ 掌握土石方工程、地基及基础处理工程、桩基工程、地下防水工程的安全技术；

➢ 了解砌体工程、钢结构工程的安全技术；掌握钢筋工程、混凝土工程、模板安拆的安全技术；

➢ 掌握"三宝""四口"和高处作业的安全防护；

➢ 能阅读和审查土石方工程施工专项施工方案，能组织安全技术交底活动；

➢ 能正确地佩戴、使用安全帽、安全带，安装安全网；能做好"三宝""四口"和高处作业的安全防护。

第一节 地基基础工程施工安全技术

一、土石方工程

（一）场地平整

1．场地平整的一般规定

场地平整的一般规定的主要内容如下：

（1）作业前应查明地下管线、障碍物等情况，制定处理方案后再开始场地平整工作。

（2）土石方施工区域应在行车行人可能经过的路线点处设置明显的警示标志。有爆破、塌方、滑坡、深坑、高空滚石、沉陷等危险的区域应设置防护栏栅或隔离带。

（3）施工现场临时用电应符合现行行业标准《施工现场临时用电安全技术规范》（JGJ 46—2012）的规定。

（4）施工现场临时供水管线应埋设在安全区域，冬期应有可靠的防冻措施。供水管线穿越道路时应有可靠的防振防压措施。

2．场地平整作业要求

场地平整作业要求主要有以下几点：

（1）场地内有洼坑或暗沟时，应在平整时填埋压实。未及时填实的，必须设置明显的警示标志。

（2）施工区域不宜积水。当积水坑深度超过 500 mm 时，应设安全防护措施。

（3）雨期施工时，现场应根据场地泄排量设置防洪排涝设施。

（4）有爆破施工的场地应设置保证人员安全撤离的通道和庇护场所。

（5）在房屋旧基础的开挖清理过程中，当旧基础埋置深度大于 20 m 时，不宜采用人工开挖和清除。对旧基础进行爆破作业时，应按相关标准的规定执行。土质均匀且地下水位低于旧基础底部，开挖深度不超过下列限值时，其挖方边坡可做成直立壁不加支撑。开挖深度超过下列限值时，应按规定放坡或采取支护措施：

① 稍密的杂填土、素填土、碎石类土、砂土 1 m。

② 密实的碎石类土（充填物为黏土）125 m。

③ 可塑状的黏性土 15 m。

④ 硬塑状的黏性土 2 m。

（6）当现场堆积物高度超过 18 m 时，应在四周设置警示标志或防护栏；清理时严禁掏挖。

（7）在河、沟、塘、沼泽地（滩涂）等场地施工时，应了解淤泥、沼泽的深度和成分，并应符合下列规定：

① 施工中应做好排水工作；对有机质含量较高、有刺激性臭味及淤泥厚度大于 10 m 的场地，不得采用人工清淤。

② 根据淤泥、软土的性质和施工机械的重量，可采用抛石挤淤或木（竹）排（筏）

铺垫等措施，确保施工机械移动作业安全。

③ 施工机械不得在淤泥、软土上停放、检修。

④ 第一次回填土的厚度不得小于 0.5 m。

（8）围海造地填土时，应遵守下列安全技术规定：

①填土的方法、回填顺序应根据冲（吹）填方案和降排水要求进行。

②配合填土作业人员，应在冲（吹）填作业范围外工作。

③第一次回填土的厚度不得小于 0.8m。

3．场内道路

场内道路工作的主要要求有以下几点：

（1）施工场地修筑的道路应坚固、平整。

（2）道路宽度应根据车流量进行设计且不宜少于双车道，道路坡度不宜大于 10°。

（3）路面高于施工场地时，应设置明显可见的路险警示标志；其高差超过 600 mm 时应设置安全防护栏。

（4）交叉路口车流量超过 300 车次/d 时，宜在交叉路口设置交通指示灯或指挥岗。

（二）边坡工程

边坡工程施工注意事项如表 8-1 所示。

表 8-1　边坡工程施工注意事项

序号	项目	注意事项
1	土石方开挖后不稳定或欠稳定的边坡	应根据边坡的地质特征和可能发生的破坏形态，采取有效处置措施
2	土石方开挖	应按设计要求自上而下分层实施，严禁随意开挖坡脚
3	开挖至设计坡面及坡脚后	应及时进行支护施工，尽量减少暴露时间
4	在山区挖填方	（1）土石方开挖应确保施工作业面不积水 （2）在挖方的上侧和回填土尚未压实或临时边坡不稳定的地段不得停放、检修施工机械和搭建临时建筑 （3）在挖方的边坡上如发现岩（土）内有倾向挖方的软弱夹层或裂隙面时，应立即停止施工，并应采取防止岩（土）下滑措施
5	山区挖填方工程不宜在雨期施工。确需在雨期施工时	应编制雨期施工方案，并应遵守下列规定： （1）随时掌握天气变化情况，暴雨前应采取防止边坡坍塌的措施 （2）雨期施工前，应对施工现场原有排水系统进行检查、疏浚或加固，并采取必要的防洪措施 （3）雨期施工中，应随时检查施工场地和道路的边坡被雨水冲刷情况，做好防止滑坡、坍塌工作，保证施工安全；道路路面应根据需要加铺炉渣、砂砾或其他防滑材料，确保施工机械作业安全

续表

6	在有滑坡地段进行挖方	应遵守下列规定： （1）遵循先整治后开挖的施工程序 （2）不得破坏开挖上方坡体的自然植被和排水系统 （3）应先做好地面和地下排水设施 （4）严禁在滑坡体上部堆土、堆放材料、停放施工机械或搭设临时设施 （5）应遵循由上至下的开挖顺序，严禁在滑坡的抗滑段通长大断面开挖 （6）爆破施工时，应采取减振和监测措施防止爆破振动对边坡和滑坡体的影响
7	冬期施工	应及时清除冰雪，采取有效的防冻、防滑措施
8	人工开挖	应遵守下列规定： （1）作业人员相互之间应保持安全作业距离 （2）打锤与扶钎者不得对面工作，打锤者应戴防滑手套 （3）作业人员严禁站在石块滑落的方向撬挖或上下层同时开挖 （4）作业人员在陡坡上作业应系安全绳

二、地基及基础处理工程

地基及基础处理工程安全技术要求如下：

（1）灰土垫层、灰土桩等施工，粉化石灰和石灰过筛，必须戴口罩、风镜、手套、套袖等防护用品，并站在上风头；向坑（槽、孔）内夯填灰土前，应先检查电线绝缘是否良好，接地线、开关应符合要求，夯打时严禁夯击电线。

（2）夯实地基起重机应支垫平稳，遇软弱地基，须用长枕木或路基板支垫。提升夯锤前应卡牢回转刹车，以防夯锤起吊后吊机转动失稳，发生倾翻事故。

（3）夯实地基时，现场操作人员要戴安全帽；夯锤起吊后，吊臂和夯锤下 15 m 内不得站人，非工作人员应远离夯击点 30 m 以外，以免夯击时飞石伤人。

（4）深层搅拌机的入土切削和提升搅拌，一旦发生卡钻或停钻现象，应立即切断电源，将搅拌机强制提起之后，才能启动电机。

（5）已成的孔尚未夯填填料之前，应加盖板，以免人员或物件掉入孔内。

（6）当使用交流电源时，应特别注意各用电设施的接地防护装置；施工现场附近有高压线通过时，必须根据机具的高度、线路的电压，详细测定其安全距离，防止高压放电而发生触电事故；夜班作业应有足够的照明以及备用安全电源。

三、桩基工程

（一）打（沉）桩

打（沉）桩施工的安全技术要求如下：

（1）打桩前，应对邻近施工范围内的原有建筑物、地下管线等进行检查，对有影响的工程，应采取有效的加固防护措施或隔振措施，施工时加强观测，以确保施工安全。

（2）打桩机行走道路必须平整、坚实，必要时铺设道碴，经压路机碾压密实。

（3）打（沉）桩前应先全面检查机械各个部件及润滑情况，钢丝绳是否完好，发现问题及时解决；检查后要进行试运转，严禁带病工作。

（4）打（沉）桩机架安设应铺垫平稳、牢固。吊桩就位时，桩必须达到100%强度，起吊点必须符合设计要求。

（5）起吊时吊点必须正确，速度要均匀，桩身应平稳，必要时桩架应设缆风绳。

（6）桩身附着物要清除干净，起吊后，人员不准在桩下通过。

（7）打桩时桩头垫料严禁用手拨正，不得在桩锤未打到桩顶就起锤或过早刹手，以免损坏桩机设备。

（8）吊装与运桩发生干扰时，应停止运桩。

（9）套送桩时，应使送桩、桩锤和桩三者中心在同一轴线上。

（10）拔送桩时，应选择合适的绳口，操作时必须缓慢加力，随时注意桩架、钢丝绳的变化情况。

（11）送桩拔出后，地面孔洞必须及时回填或加盖。

（12）在夜间施工时，必须有足够的照明设施。

（二）灌注桩

灌注桩施工的安全技术要求主要有以下几个方面：

（1）现场场地应平整、坚实，松软地段应铺垫碾压。

（2）进行高空作业时，应系好安全带，混凝土灌注时，装、拆导管人员须戴安全帽。

（3）电器设备要设漏电开关，并保证接地有效，机械传动部位防护罩应齐全完好。

（4）登高检修与保养的操作人员，必须穿软底鞋，并将鞋底淤泥清除干净。

（5）成孔机电设备应有专人负责管理，凡上岗者均应持操作合格证。

（6）冲击成孔作业的落锤区应严加管理，任何人不准进入。

（7）主钢丝绳应经常检查，三股中发现断丝数大于10丝时，应立即更换。

（8）钻杆与钻头的连接应经常检查，防止松动脱落伤人。

（9）使用伸缩钻杆作业时，应经常检查限位结构，严防脱落伤人或落入孔洞中；检查时避免用手指伸入探摸，严防轧伤。

（10）使用取土筒钻孔作业时，应注意卸土作业方向，操作人员应站在上风，防止卸土时底盖伤人。

（11）采用泥浆护壁时，应使泥浆循环系统保持正常状态，及时清扫场地上的浆液，做好现场防滑工作。

（12）灌注桩在已成孔尚未灌注混凝土前，应用盖板封严或设置护栏，以防掉土或人员坠入孔内，造成重大人身安全事故。

（13）吊置钢笼时，要合理选择捆绑吊点，并应拉好尾绳，保证平稳起吊，准确入孔，严防伤人。

（三）人工挖孔桩

人工挖孔桩施工的安全技术要求主要有以下几个方面：

（1）作业人员必须正确佩戴安全帽、使用安全带。孔内作业人员身系的"强提保险绳"不能随意摘除。

（2）非机电人员，不允许操作机电设备。如翻斗车、搅拌车、电焊机和电葫芦等应由专人负责操作。

（3）现场施工人员必须戴安全帽，井下人员工作时，井上配合人员不能擅离职守。孔口边 1 m 范围内不得有任何杂物，堆土应离孔口边 15 m 以外。

（4）每天上班前及施工过程中，应随时注意检查辘轳轴、支腿、绳、挂钩、保险装置和吊桶等设备的完好程度，发现有破损现象时，应及时修复或更换。

（5）井孔上、下应设可靠的通话联络，如对讲机等。

（6）挖孔作业进行中，当人员下班休息时，必须盖好孔口，或设 800 mm 高以上的护身栏。

（7）正在开挖的井孔，每天上班工作前，应对井壁、混凝土支护，以及井中空气等进行检查，发现异常情况时，采取安全措施后，方可继续施工。

（8）井底需抽水时，应在挖孔作业人员上地面以后再进行。

（9）井下作业人员连续工作时间不宜超过 4 h，应勤轮换井下作业人员。

（10）夜间一般禁止挖孔作业，如遇特殊情况需要夜班作业时，必须经现场负责人同意，并必须要有领导和安全人员在现场指挥和进行安全检查与监督。

四、地下防水工程

地下防水工程应符合下列规定：

（1）现场施工负责人和施工员必须重视安全生产，牢固树立安全促进生产、生产必须安全的思想，切实做好预防工作。所有施工人员必须经安全培训，考核合格方可上岗。

（2）施工员在下达施工计划的同时，应下达具体的安全措施。每天出工前，施工员要针对当天的施工情况，布置施工安全工作，并讲明安全注意事项。

（3）落实安全施工责任制度，安全施工教育制度、安全施工交底制度、施工机具设备安全管理制度等。并落实到岗位，责任到人。

（4）防水混凝土施工期间应以漏电保护、防机械事故和保护为安全工作重点，切实做好防护措施。

（5）遵章守纪，杜绝违章指挥和违章作业，现场设立安全措施及有针对性的安全宣传牌、标语和安全警示标志。

（6）进入施工现场必须佩戴安全帽，作业人员衣着灵活紧身，禁止穿硬底鞋、高跟鞋作业，高空作业人员应系好安全带，禁止酒后操作、吸烟和打架斗殴。

（7）特殊工种必须持证上岗。

（8）由于卷材中某些组成材料和胶粘剂具有一定的毒性和易燃性。因此，在材料保管、运输、施工过程中，要注意防火和预防职业中毒、烫伤事故发生。

（9）涂料配料和施工现场应有安全及防火措施，所有施工人员都必须严格遵守操作要求。

（10）涂料在贮存、使用全过程应注意防火。

（11）清扫及砂浆拌和过程要避免灰尘飞扬。

（12）现场焊接时，在焊接下方应设防火斗。

（13）施工过程中做好基坑和地下结构的临边防护，防止抛物、滑坡和坠落事故。

（14）高温天气施工，要有防暑降温措施。

（15）施工中废弃物质要及时清理，外运至指定地点，避免污染环境。

第二节　主体工程施工安全技术

一、模板工程

（一）模板安装

模板安装工程的施工安全技术的主要内容有以下几个方面：

（1）支模过程中应遵守安全操作规程，如遇途中停歇，应将就位的支顶、模板连接稳固，不得空架浮搁。

（2）模板及其支撑系统在安装过程中，必须设置临时固定设施，严防倾覆。

（3）拼装完毕的大块模板或整体模板，吊装前应确定吊点位置，先进行试吊，确认无误后，方可正式吊运安装。

（4）安装整块柱模板时，不得将其支在柱子钢筋上代替临时支撑。

（5）支设高度在 3 m 以上的柱模板，四周应设斜撑，并应设立操作平台，低于 3 m 的可用马凳操作。

（6）支设悬挑形式的模板时，应有稳定的立足点。支设临空构筑物模板时，应搭设支架。模板上有预留洞时，应在安装后将洞盖好。

（7）在支模时，操作人员不得站在支撑上，而应设置立人板，以便操作人员站立。立人板应用木质 50 mm×200 mm 中板为宜，并适当绑扎固定。不得用钢模板和 50 mm×100 mm 的木板。

（8）承重焊接钢筋骨架和模板一起安装时模板须固定在承重焊接钢筋骨架的节点上。

（9）当层间高度大于 5 m 时，若采用多层支架支模，则在两层支架立柱间应铺设垫板，且应平整，上下层支柱要垂直，并应在同一垂直线上。

（10）当模板高度大于 5 m 时，应搭脚手架，设防护栏，禁止上下在同一垂直面操作。

（11）特殊情况下在临边、洞口作业时，如无可靠的安全设施，必须系好安全带并扣好保险钩，高挂低用，经医生确认不宜在高处作业的人员，不得进行高处作业。

（12）在模板上施工时，堆物（钢筋、模板等）不宜过多，不准集中在一处堆放。

（13）模板安装就位后，要采取防止触电的保护措施，施工楼层上的漏电箱必须设漏电保护装置，防止漏电伤人。

（二）模板拆除

模板拆除工程的施工安全技术的主要内容有以下几个方面：

（1）高处、复杂结构模板的装拆，事先应有可靠的安全措施。

（2）拆楼层外边模板时，应有防高空坠落及防止模板向外倒跌的措施。

（3）在模板拆装区域周围，应设置围栏，并挂明显的标志牌，禁止非作业人员入内。

（4）拆模起吊前，应检查对拉螺栓是否拆净，在确无遗漏并保证模板与墙体完全脱离后方准起吊。

（5）模板拆除后，在清扫和涂刷隔离剂时，模板要临时固定好，板面相对停放之间，应留出 50～60 mm 宽的人行通道，模板上方要用拉杆固定。

（6）拆模后模板或木方上的钉子，应及时拔除或敲平，防止钉子扎脚。

（7）模板所用的脱模剂在施工现场不得乱扔，以防止影响环境质量。

（8）拆模时，临时脚手架必须牢固，不得用拆下的模板做脚手架。

（9）组合钢模板拆除时，上下应有人接应，模板随拆随运走，严禁从高处抛掷下。

（10）拆基础及地下工程模板时，应先检查基坑土壁状况，如有不安全因素时，必须采取安全措施后，方可作业。拆除的模板和支撑件不得在基坑上口 1 m 以内堆放，应随拆随运走。

（11）拆模必须一次性拆清，不得留有无撑模板。混凝土板有预留孔洞时，拆模后，应随时在其周围做好安全护栏，或用板将孔洞盖住。防止作业人员因扶空、踏空而坠落。

（12）拆模时，应逐块拆卸，不得成片松动、撬落或拉倒，严禁作业人员在同一垂直面上同时操作。

（13）拆 4 m 以上模板时，应搭脚手架或工作台，并设防护栏杆。严禁站在悬臂结构上敲拆底模。

（14）两人抬运模板时，应相互配合，协同工作。传递模板、工具，应用运输工具或绳索系牢后升降，不得乱抛。

（三）模板存放

模板存放的主要要求有以下几点：

（1）施工楼层上不得长时间存放模板，当模板临时在施工楼层存放时，必须有可靠的防止倾倒措施，禁止沿外墙周边存放在外挂架上。

（2）模板放置时应满足自稳角要求，两块大模板应采取板面相对的存放方法。

（3）大模板停放时，必须满足自稳角的要求，对自稳角不足的模板，必须另外拉结固定。

（4）没有支撑架的大模板应存放在专用的插放支架上，叠层平放时，叠放高度不应超过 2 m（10 层），底部及层间应加垫木，且应上下对齐。

二、钢筋工程

钢筋再加工制作过程中应注意的事项有以下几个方面：

（1）钢筋调直、切断、弯曲、除锈、冷拉等各道工序的加工机械必须遵守国家现行标准《建筑机械使用安全技术规程》（JGJ 33—2012）的规定，保证安全装置齐全有效，动力线路用钢管从地坪下引入，机壳要有保护零线。

（2）制作成型钢筋时，场地要平整，工作台要稳固，照明灯具必须要加网罩。

（3）钢筋加工场地设专人看管，非钢筋加工制作人员不得擅自进入钢筋加工场地。

（4）施工现场用电必须符合国家现行标准《施工现场临时用电安全技术规范》（JGJ 46—2005）的规定。

（5）各种加工机械在作业人员下班后一定要拉闸断电。

钢筋运输、安装与绑扎安全技术要求主要有以下几个方面：

（1）钢筋制作棚必须符合安全要求，工作台必须稳固，制作棚内设置、照明灯具及用电线路应符合有关规定，照明灯具必须加装防护网罩。制作棚内的各种原材料、半成品、废料等应按规格、品种分别堆放整齐。

（2）参加钢筋搬运和安装的人员，衣着必须灵便。两个人抬运钢筋时，两人必须同肩，步伐一致，上坡和拐弯时，要前呼后应，步伐放慢，并注意钢筋头尾摆动，防止碰撞人身和电线；到达目的地时，二人同时轻轻放下，严禁反肩抛掷；多人运送钢筋时，起落、转停动作要一致。

（3）人工垂直传递钢筋时，上下作业人员不得在同一垂直方向上，且必须有可靠的立足点，高处传递时必须搭设符合要求的操作平台。

（4）人工调直钢筋时，铁锤的木柄要坚实牢固，不得使用破头、缺口的锤子，敲击时用力应适中，前后不准站人。

（5）在建筑物内堆放钢筋应分散。钢筋在模板上短时堆放，不宜集中，且不得妨碍交通，脚手架上严禁堆放钢筋。在新浇筑的楼板混凝土强度未达到 12MPa 前，严禁堆放钢筋。

（6）人工錾断钢筋时，作业前应仔细检查使用的工具，以防伤人。

（7）钢筋除锈时，操作人员要戴好防护眼镜、口罩手套等防护用品，并将袖口扎紧。使用电动除锈时，应先检查钢丝刷固定有无松动，检查封闭式防护罩装置、吸尘设备和电气设备的绝缘及接零或接地保护是否良好，防止机械和触电事故。

（8）拉直钢筋，卡头要卡牢，地锚要结实牢固，拉筋 2m 区域内禁止行人。人工绞磨钢筋拉直，要步调一致，稳步进行，缓慢松解，不得一次松开，以防回弹伤人。

（9）在制作台上使用齿口板弯曲钢筋时，操作台必须可靠，三角板应与操作台面固定牢固。弯曲长钢筋时，应两人抬上桌面，齿口板放在弯曲处后扣紧，操作者要紧握扳手，脚站稳，用力均匀，以防扳手滑移或钢筋突断伤人。

（10）在高处、深坑绑扎钢筋和安装骨架，须搭设脚手架和马道，圆盘展开拉直剪断时，应脚踩两端剪断，避免断筋弹人。

（11）绑扎立柱、墙体钢筋和安装骨架，不得站在骨架上和墙体上安装或攀登骨架上下。绑扎高层建筑圈梁、挑檐、外墙、边柱钢筋，或 2m 以上无牢固立脚点和大于 45°斜屋面、陡坡安装钢筋时，应系好安全带。

（12）绑扎基础和楼层钢筋时，应按施工规定，摆放好钢筋支架或马凳，架起上层钢筋，不得任意减少支架或马凳。

（13）吊运钢筋骨架和半成品时，下方禁止站人，必须待吊物降落离地 1m 以内，方准靠近，就位固定后，方可摘钩。

（14）在操作台上安装钢筋时，工具、箍筋等离散材料必须放稳妥，以免坠落伤人。

（15）高处安装钢筋，应避免在高处修整及扳弯粗钢筋，如必须操作，则应巡视周边环境是否安全，并系好安全带，操作时人要站稳，手应抓紧扳手或采取防止扳手脱落的措施，防止扳手脱落伤人。

三、混凝土工程

混凝土安装工程施工应遵守的规定如表 8-2 所示。

表 8-2 混凝土安装工程施工的相关规定

项目	相关规定
混凝土安装工程	（1）采用手推车运输混凝土时，不得争先抢道，装车不应过满，卸车时应有挡车措施，不得用力过猛或撒把，以防车把伤人 （2）混凝土运输、浇筑部位应有安全防护栏杆，操作平台 （3）使用井架提升混凝土时，应设制动安全装置，升降应有明确信号，操作人员未离开提升台时，不得发升降信号。提升台内停放手推车要平衡，车把不得伸出台外，车轮前后应挡牢 （4）混凝土浇筑前，应对振动器进行试运转，振动器操作人员应穿绝缘靴、戴绝缘手套；振动器不能挂在钢筋上，湿手不能接触电源开关 （5）现场施工负责人应为机械作业提供道路、水电、机棚或停机场地等必备的条件，并消除对机械作业有妨碍或不安全的因素。夜间作业应设置充足的照明 （6）机械进入作业地点后，施工技术人员应向操作人员进行施工任务和安全技术措施交底。操作人员应熟悉作业环境和施工条件，听从指挥，遵守现场安全规则 （7）操作人员在作业过程中，应集中精力正确操作，注意机械工作状况，不得擅自离开工作岗位或将机械交给其他无证人员操作。严禁无关人员进入作业区或操作室内 （8）使用机械与安全生产发生矛盾时，必须首先服从安全要求 （9）作业时，脚手架上堆放材料不得过于集中，存放砂浆的灰斗、灰桶应放平放稳 （10）混凝土浇筑完后应进行场地清理，将脚手板上的余浆清除干净，灰斗、灰桶内的余浆刮尽，用水清洗干净

四、砌体工程

（一）砌块砌体工程

砌块砌体工程施工应注意的安全事项主要有以下几个方面：

（1）吊放砌块前应检查吊索及钢丝绳的安全可靠程度，不灵活或性能不符合要求的严禁使用。

（2）堆放在楼层上的砌块重量，不得超过楼板允许承载力。

（3）所使用的机械设备必须安全可靠、性能良好，同时设有限位保险装置。

（4）机械设备用电必须符合"三相五线制"及三级保护的规定。

（5）操作人员必须戴好安全帽，佩戴劳动保护用品等。

（6）作业层的周围必须进行封闭围护，同时设置防护栏及张挂安全网。

（7）楼层内的预留孔洞、电梯口、楼梯口等，必须进行防护，采取栏杆搭设的方法进行围护，预留洞口采取加盖的方法进行围护。

（8）砌体中的落地灰及碎砌块应及时清理成堆，装车或装袋运输，严禁从楼上或架子上抛下。

（9）吊装砌块和构件时应注意重心位置，禁止用起重拔杆拖运砌块，不得起吊有破裂、脱落、危险的砌块。

（10）起重拔杆回转时，严禁将砌块停留在操作人员上空或在空中整修、加工砌块。

（11）安装砌块时，不准站在墙上操作和在墙上设置受力支撑、缆绳等，在施工过程中，对稳定性较差的窗间墙，独立柱应加稳定支撑。

（12）因刮风，使砌块和构件在空中摆动不能停稳时，应停止吊装工作。

（二）石砌体工程

石砌体工程施工应注意的安全事项主要有以下几个方面：

（1）操作人员应戴安全帽和帆布手套。

（2）搬运石块应检查搬运工具及绳索是否牢固，抬石应用双绳。

（3）在架子上凿石应注意打凿方向，避免飞石伤人。

（4）砌筑时，脚手架上堆石不宜过多，应随砌随运。

（5）用锤打石时，应先检查铁锤有无破裂，锤柄是否牢固。打锤要按照石纹走向落锤，锤口要平，落锤要准，同时要看清附近情况有无危险，然后落锤，以免伤人。

（6）不准在墙顶或脚手架上修改石材，以免振动墙体影响质量或石片掉下伤人。

（7）石块不得往下掷。运石上下时，脚手板要钉装牢固，并钉装防滑条及扶手栏杆。

（8）堆放材料必须离开槽、坑、沟边沿 1 m 以外，堆放高度不得高于 0.5 m；往槽、坑、沟内运石料及其他物质时，应用溜槽或吊运，下方严禁有人停留。

（9）墙身砌体高度超过地坪 12 m 以上时，应搭设脚手架。

（10）砌石用的脚手架和防护栏板应经检查验收，方可使用，施工中不得随意拆除或改动。

（三）填充墙砌体工程

填充墙砌体工程施工应注意的安全事项主要有以下几个方面：

（1）砌体施工脚手架要搭设牢固。

（2）外墙施工时，必须有外墙防护及施工脚手架，墙与脚手架间的间隙应封闭，以防高空坠物伤人。

（3）严禁站在墙上进行画线、吊线、清扫墙面、支设模板等施工作业。

（4）在脚手架上堆放的普通砖不得超过两层。

（5）操作时精神要集中，不得嬉笑打闹，以防意外事故发生。

（6）现场实行封闭化施工，有效控制噪声、扬尘、废物、废水等排放。

五、屋面工程

屋面工程施工应注意的安全事项主要有以下几个方面：

（1）屋面施工作业前，无高女儿墙屋面的周围边沿和预留孔洞处，必须按"洞口、临边"防护规定进行安全防护。施工中由临边向内施工，严禁由内向外施工。

（2）施工现场操作人员必须戴好安全帽，防水层和保温层施工人员禁止穿硬底和带钉子的鞋。

（3）易燃材料必须贮存在专用仓库或专用场地并设专人进行管理。

（4）库房及现场施工隔气层、保温层时，严禁吸烟和使用明火，并配备消防器材和灭火设施。

（5）屋面材料垂直运输或吊运中应严格遵守相应的安全操作规程。

（6）屋面没有女儿墙，在屋面上施工作业时，作业人员应面对檐口，由檐口往里施工，以防不慎坠落。

（7）清扫垃圾及砂浆拌和物过程中要避免灰尘飞扬；对建筑垃圾，特别是有毒、有害物质，应按时定期地清理到指定地点，不得随意堆放。

（8）屋面施工作业时，绝对禁止从高处向下乱扔杂物，以防砸伤他人。

（9）雨雪、大风天气应停止作业，待屋面干燥、风停后，方可继续工作。

第三节　装饰装修工程施工安全技术

一、饰面工程

饰面工程施工安全技术要求如下：

（1）操作开机前应检查脚手架是否稳固，操作中也应随时检查。

（2）不准在门窗、暖气片、洗脸池上搭设脚手架。阳台部位施工时，外侧必须挂安全网。严禁踏踩脚手架的护身栏和阳台板进行操作。

（3）作业人员应戴安全帽。

（4）贴面使用预制件、大理石、瓷砖等，应堆放整齐平稳，边用边运。安装要稳拿稳放，待灌浆凝固稳定后，方可拆除临时设施。

（5）使用磨石机，应戴绝缘手套，穿胶靴，电源线不得破皮漏电，金刚砂块安装牢固，经试运转正常，方可操作。

（6）操作中严禁向下甩物件和砂石，防止坠物伤人。

（7）夜间操作应有足够的照明。

二、抹灰工程

抹灰工程施工安全技术要求如下：

（1）墙面抹灰的高度超过 15 m 时，要搭设脚手架或操作平台，大面积墙面抹灰时，要搭设脚手架。

（2）搭设抹灰用高大架子必须有设计和施工方案，参加搭架子的人员，必须经培训合格，持证上岗。

（3）高大架子必须经相关安全部门检验合格后方可开始使用。

（4）施工操作人员严禁在架子上打闹、嬉戏，使用的灰铲、刮杠等不要乱丢乱扔。

（5）高空作业衣着要轻便，禁止穿硬底鞋和带钉易滑鞋，并且要求系挂安全带。

（6）遇有恶劣气候（如风力在 6 级以上），影响安全施工时，禁止高空作业。

（7）提拉灰斗的绳索，要结实牢固，防止绳索断裂灰斗坠落伤人。

（8）施工作业中尽可能避免交叉作业，抹灰人员不要在同一垂直面上工作。

（9）施工现场的脚手架、防护设施、安全标志和警告牌，不得擅自拆动，须拆动应经施工负责人同意，并同专业人员加固后拆动。

（10）乘人的外用电梯、吊笼应有可靠的安全装置，禁止人员随同运料吊篮上下。

（11）对安全帽、安全网、安全带要定期检查，不符合要求的严禁使用。

三、门窗工程

门窗工程施工安全技术要求如下：

（1）进入现场必须戴安全帽。严禁穿拖鞋、高跟鞋、带钉易滑或光滑的鞋进入现场。

（2）作业人员在搬运玻璃时应戴手套，或用布、纸垫住将玻璃与手及身体裸露部分隔开，以防被玻璃划伤。

（3）裁划玻璃要小心，并在规定的场所进行。边角余料要集中堆放，并及时处理，不得乱丢乱扔，以防扎伤他人。

（4）安装玻璃门用的梯子应牢固可靠，不应缺档，梯子放置不宜过陡，其与地面夹角以 60°～70°为宜。严禁两人同时站在一个梯子上作业。

（5）在高凳上作业的人要站在中间，不能站在端头，防止跌落。

（6）材料要堆放平稳，工具要随手放入工具袋内。上下传递工具物件时，严禁抛掷。

（7）要经常检查机电器具有无漏电现象，一经发现立即修理，绝不能勉强使用。

（8）安装窗扇玻璃时要按顺序依次进行，不得在垂直方向的上下两层同时作业，以避免玻璃破碎掉落伤人。大屏幕玻璃安装应搭设吊架或挑架从上至下逐层安装。

（9）天窗及高层房屋安装玻璃时，施工点的下面及附近严禁行人通过，以防玻璃及工具掉落伤人。

（10）门窗等安装好的玻璃应平整、牢固，不得有松动现象，并在安装完后，应随即将风钩挂好或插上插销，以防风吹窗扇碰碎玻璃掉落伤人。

（11）安装完后所剩下的残余破碎玻璃应及时清扫和集中堆放，并要尽快处理，以避免玻璃碎屑扎伤人。

第四节　高处作业施工安全技术

一、"三宝"和高处作业安全防护

"三宝"是指现场施工作业中必备的安全帽、安全带和安全网。操作工人进入施工现场，首先必须熟练掌握"三宝"的正确使用方法，达到辅助预防的效果。

（一）安全帽

安全帽是用来避免或减轻外来冲击和碰撞对头部造成伤害的防护用品。安全帽使用的注意事项有以下几个方面：

（1）检查外壳是否破损，如有破损，其分解和削减外来冲击力的性能已减弱或丧失，不可再用。

（2）检查有无合格帽衬，帽衬的作用在于吸收和缓解冲击力，安全帽无帽衬，就失去了保护头部的功能。

（3）检查帽带是否齐全。

（4）佩戴前调整好帽衬间距（4～5 cm），调整好帽箍；戴帽后必须系好帽带。

（5）现场作业中，不得随意将安全帽脱下搁置一旁，或当做坐垫使用。

（二）安全带

安全带是高处作业工人预防伤亡的防护用品。安全带使用的注意事项有以下几个方面：

（1）应当使用经质检部门检查合格的安全带。

（2）不得私自拆换安全带的各种配件，在使用前，应仔细检查各部分构件无破损时才能佩系。

（3）使用过程中，安全带应高挂低用，并防止摆动、碰撞，避开尖刺和不接触明火，不能将钩直接挂在安全绳上，一般应挂到连接环上。

（4）严禁使用打结和继接的安全绳，以防坠落时腰部受到较大冲力伤害。

（5）作业时应将安全带的钩、环牢挂在系留点上，各卡接扣紧，以防脱落。

（6）在温度较低的环境中使用安全带时，要注意防止安全绳的硬化割裂。

（7）使用后，将安全带、绳卷成盘放在无化学试剂、阳光的场所中，切不可折叠。在金属配件上涂些机油，以防生锈。

（8）安全带的使用期为3～5年，在此期间安全绳磨损时应及时更换，如果带子破裂应提前报废。

（三）安全网

安全网是用来防止人、物坠落，或用来避免、减轻坠落及物击伤害的网具。安全网使用的主要注意事项有以下几个方面：

（1）施工现场使用的安全网必须有产品质量检验合格证，旧网必须有允许使用的证明书。

（2）根据安装形式和使用目的，安全网可分为平网和立网。施工现场中立网不能代替平网。

（3）安装前必须对网及支撑物（架）进行检查，要求支撑物（架）有足够的强度、刚性和稳定性，且系网处无撑角及尖锐边缘，确认无误时方可安装。

（4）安全网搬运时，禁止使用钩子，禁止把网拖过粗糙的表面或锐边。

（5）在施工现场安全网的支搭和拆除要严格按照施工负责人的安排进行，不得随意拆毁安全网。

（6）在使用过程中不得随意向网上乱抛杂物或撕坏网片。

（7）安装时，在每个系结点上，边绳应与支撑物（架）靠紧，并用一根独立的系绳连接，系结点沿网边均匀分布，其距离不得大于 750 mm。系结点应符合打结方便，连接牢固又容易解开，受力后又不会散脱的原则。有筋绳的网在安装时，也必须把筋绳连接在支撑物（架）上。

（8）多张网连接使用时，相邻部分应靠紧或重叠，连接绳材料与网相同，强力不得低于网绳强力。

（9）安装平网应外高里低，以 15°为宜，网不宜绑紧。

（10）装立网时，安装平面应与水平面垂直，立网底部必须与脚手架全部封严。

（11）要保证安全网受力均匀。必须经常清理网上落物，网内不得有积物。

（12）安全网安装后，必须经专人检查验收合格签字后才能使用。

二、高处作业安全防护

高处作业是指凡在坠落高度基准面 2 m 以上（含 2 m），在有可能坠落的高处进行的作业。其主要去安全注意事项有以下几个方面：

（1）高处作业的安全技术措施及其所需料具，必须列入工程的施工组织设计。

（2）施工前，应逐级进行安全技术教育及交底，落实所有安全技术措施和人身防护用品，未经落实时不得进行施工。

（3）高处作业中的安全标志、工具、仪表、电气设施和各种设备，必须在施工前加以检查，确认其完好，方能投入使用。

（4）攀登和悬空高处作业人员以及搭设高处作业安全设施的人员，必须经过专业技术培训及专业考试合格，持证上岗，并必须定期进行身体检查。

（5）遇恶劣天气不得进行露天攀登与悬空高处作业。

（6）用于高处作业的防护设施，不得擅自拆除，确因作业需要临时拆除时必须经项目经理部施工负责人同意，并采取相应的可靠措施，作业后应立即恢复。

（7）高处作业的防护门设施在搭拆过程中应相应设置警戒区并派人监护，严禁上、下同时拆除。

三、高险作业安全防护

高险作业安全防护如表 8-3 所示。

表 8-3　高险作业安全防护

项目		内容
攀登作业 安全防护	攀登用具	结构构造上必须牢固可靠，移动式梯子均应按现行的国家标准验收其质量；供人上下的踏板其使用荷载不应大于 1100 N/m²。当梯面上有特殊作业，重量超过上述荷载时，应按实际情况加以验算
	梯脚底部	应坚实，不得垫高使用，梯子的上端应有固定措施

攀登作业安全防护	立梯工作角度	以 75°±5° 为宜，踏板上下间距以 30 cm 为宜，并不得有缺档。折梯使用时上部夹角以 35°～45° 为宜，铰链必须牢固，并有可靠的拉撑措施
	使用直爬梯进行攀登作业	攀登高度以 5 m 为宜，超出 2 m，宜加设护笼，超过 8 m，必须设置梯间平台
	作业人员	应从规定的通道上下，不得在阳台之间等非规定通道进行攀登，上下梯子时，必须面向梯子，且不得手持器物
悬空作业安全防护	悬空作业处	应有牢靠的立足处，并必须视具体情况，配置防护栏网、栏杆或其他安全设施
	空作业所用的索具、脚手板、吊篮、吊笼、平台等设备	均须经过技术鉴定或验证后方可使用
	高空吊装预应力钢筋混凝土屋架、桁架等大型构件	吊装前应搭设悬空作业中所需的安全设施
	吊装中的大模板、预制构件以及石棉水泥板等屋面板上	严禁站人和行走
	支模板	应按规定的工艺进行，严禁在连接件和支撑件上攀登上下，并严禁在同一垂直面上装、拆模板。支设高度在 3 m 以上的柱模板四周应设斜撑，并应设立操作平台
	绑扎钢筋和安装钢筋骨架	必须搭设脚手架和马凳。绑扎立柱和墙体钢筋时，不得站在钢筋骨架上或攀登骨架上下，绑扎 3 m 以上的柱钢筋，必须搭设操作平台
	浇筑离地 2 m 以上框架、过梁、雨篷和小平台	应有操作平台，不得直接站在模板或支撑件上进行操作
	悬空进行门窗作业	禁止操作人员站在檩子、阳台栏板上操作，操作人员的重心应位于室内，不得在窗台上站立
	特殊情况下如无可靠的安全设施	必须系好安全带并扣好保险钩
	预应力张拉区域	应标示明显的安全标志，禁止非操作人员进入。张拉钢筋的两端必须设置挡板。挡板应距所张拉钢筋的端部 1.5～ 2m，且应高出最上一组张拉钢筋 0.5 m，其宽度应距张拉钢筋两外侧各不小于 1 m
高处作业安全防护	无外脚手架或采用单排外脚手架和工具式脚手架	凡高度在 4 m 以上的建筑物首层四周必须支搭 3 m 宽的水平安全网，网底距地不小于 3 m。高层建筑支搭 6 m 宽双层网，网底距地不小于 5 m，高层建筑每隔 10 m，还应固定一道 3 m 宽的水平网，凡无法支搭水平网的，必须逐层设立安全网全封闭

高处作业安全防护	建筑物出入口	应搭设长 3～6 m，且宽于出入通道两侧各 1 m 的防护棚，棚顶满铺不小于 5 cm 厚的脚手板，非出入口和通道两侧必须封严
	对人或物构成威胁的地方	必须支搭防护棚，保证人、物安全
	高处作业使用的铁凳、木凳	应牢固，不得摇晃，凳间距离不得大于 2 m，且凳上脚手板至少铺两块以上，凳上只许一人操作
	高处作业人员	必须穿戴好个人防护用品，严禁投掷物料
操作台安全防护	移动式操作平台的面积	不应超过 10 m²，高度不应超过 5 m，并采取措施减少立柱的长细比
	装设轮子的移动式操作平台	轮子与平台的接合处应牢固可靠，立柱底端离地面不得超出 80 mm
	操作平台台面满铺脚手架	四周必须设置防护栏杆，并设置上下扶梯
	悬挑式钢平台	应按规范进行设计及安装，其方案要输入施工组织设计
	操作平台	应标明容许荷载值，严禁超过设计荷载

本章小结

　　本章主要介绍了地基基础工程、主体工程、装饰装修工程、脚手架工程和高处作业施工的安全技术。

　　本章的主要内容包括土石方工程；地基及基础处理工程；桩基工程；地下防水工程；模板工程；钢筋工程；混凝土工程；砌体工程；屋面工程；饰面工程；抹灰工程；门窗工程；"三宝"和高处作业安全防护；高处作业安全防护和高险作业安全防护。通过本章的学习，使学生了解施工过程安全控制的基本知识，掌握施工现场安全生产的主要技术措施和重要部位的安全防护。

复习思考题

　　1. 简述地基及基础处理工程安全技术。
　　2. 简述模板安装施工安全技术。
　　3. 钢筋运输、安装与绑扎安全技术要求有哪些？
　　4. 简述混凝土工程施工安全技术。
　　5. 高险作业安全防护包括哪些？

第九章　施工机械与临时用电安全技术

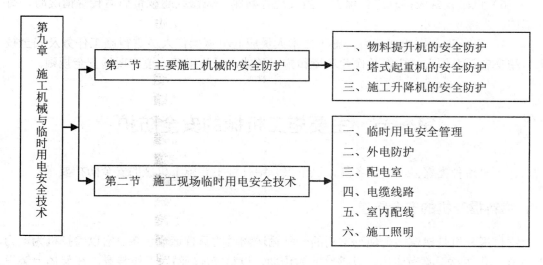

本章结构图

【本章学习目标】

➤ 了解施工机械安全管理的一般规定；

➤ 了解塔式起重机、物料提升机、施工升降机的安装装置；掌握塔式起重机、物料提升机、施工升降机的使用安全要求；

➤ 熟悉起重吊装的一般规定；掌握吊装作业的事故隐患及安全技术；

➤ 熟悉施工现场临时用电安全技术要求。

施工机械安全技术管理内容如下：

（1）施工企业技术部门应在工程项目开工前编制包括主要施工机械设备安装防护技术的安全技术措施，并报工程项目监理单位审查批准。

（2）施工企业应认真贯彻执行经审查批准的安全技术措施。

（3）施工项目总承包单位应对分包单位、机械租赁方执行安全技术措施的情况进行监督。分包单位、机械租赁方应接受项目经理部的统一管理，严格履行各自的机械设备安全技术管理方面的职责。

施工机械安全管理的一般规定主要有以下几方面：

（1）施工单位对进入施工现场的机械设备的安全装置和操作人员的资质进行审验，不合格的机械和人员不得进入施工现场。

（2）严禁拆除机械设备上的自动控制机构、力矩限位器等安全装置，以及监测、指示、仪表、报警器等自动报警、信号装置。其调试和故障的排除应由专业人员负责进行。

施工机械的电气设备必须由专职电工进行维护和检修。

（3）处在运行和运转中的机械严禁对其进行维修、保养或调整等作业。

（4）机械设备在冬季使用时，应执行《建筑机械冬期使用的有关规定》。

（5）机械操作人员和配合人员都必须按规定穿戴劳动保护用品。长发不得外露。高空作业必须系安全带，不得穿硬底鞋和拖鞋。严禁从高处往下投掷物件。

（6）机械设备应按时进行保养，当发现有漏保、失修或超载带病运转等情况时，有关部门应当停止使用。

（7）机械进入作业地点后，施工技术人员应向机械操作人员进行施工任务及安全技术措施交底。操作人员应熟悉作业环境和施工条件，听从指挥，遵守现场安全规则。

第一节　主要施工机械的安全防护

施工机械种类繁多、性能各异，以下仅介绍几种主要施工机械的安全防护要求。

一、物料提升机的安全防护

物料提升机是建筑施工现场常用的一种输送物料的垂直运输设备。它以卷扬机为动力，以底架、立柱及天梁为架体，以钢丝绳为传动，以吊笼(吊篮)为工作装置。在架体上装设滑轮、导轨、导靴、吊笼、安全装置等和卷扬机配套构成完整的垂直运输体系。物料提升机构造简单，用料品种和数量少，制作容易，安装拆卸和使用方便，价格低，是一种投资少、见效快的装备机具，因而受到施工企业的欢迎，近几年来得到了快速发展。

（一）安全防护装置

常见安全防护装置如表 9-1 所示。

表 9-1　常见安全防护装置

序号	安全防护装置	备注
1	安全停靠装置	必须在吊篮到位时，有一种安全装置，使吊篮稳定停靠，在人员进入吊篮内作业时有安全感。目前各地区停靠装置形式不一，有自动型和手动型，即吊篮到位后，由弹簧控制或由人工搬动，使支承杠伸到架体的承托架上，其荷载全部由停靠装置承担，此时钢丝绳不受力，只起保险的作用
2	断绳保护装置	吊篮在运行过程中可能发生钢丝绳突然断裂或钢丝绳尾端固定点松脱；吊篮会从高处坠落，严重的将造成机毁人亡的后果。当上述情况发生时，此装置即刻动作，将吊篮卡在架体上，使吊篮不坠落，避免产生严重的事故。断绳保护装置的形式较多，最常见的是弹闸式，其他还有偏心夹棍式、杠杆式和挂钩式等。无论哪种形式，都应能可靠地将吊篮在下坠时固定在架体上，其最大滑落行程，在吊篮满载时不得超过 1 m

续表

3	吊篮安全门	安全门在吊篮运行中起防护作用,最好制成自动开启型,即当吊篮落地时,安全门自动开启;吊篮上升时,安全门自行关闭,这样可避免因操作人员忘记关闭而导致安全门失效
4	楼层口停靠栏杆	各楼层的通道口处,应设置常闭的停靠栏杆,宜采用连锁装置(吊篮运行到位时方可打开)。停靠栏杆可采用钢管制造,其强度应能承受 1 kN/m² 的水平荷载
5	上料口防护棚	升降机地面进料口是运料人员经常出入和停留的地方,易发生落物伤人事故。为此要在距离地面一定高度处搭设护棚,其材料需能承受一定的冲击荷载。尤其当建筑物较高时,其尺寸不能小于坠落半径的规定
6	超高限位装置	当司机因误操作或机械电气故障而引起吊篮失控时,为防止吊篮上升与天梁碰撞事故的发生需安装超高限位装置,需按提升高度进行调试
7	下极限限位装置	主要用于高架升降机,为防止吊笼下行时不停机,压迫缓冲装置造成事故。安装时将下限位调试到碰撞缓冲器之前,可自动切断电源保证安全运行
8	超载限位器	为防止装料过多以及司机对各类散状重物难以估计重量造成的超载运行而设置的。当吊笼内载荷达到额定荷载的 90%时发出信号,达到 100%时切断电源
9	信号装置	该装置由司机控制,能与各楼层进行简单的音响或灯光联络,以确定吊篮的需求情况

(二)安全防护设施

安全防护设施相关规定如表 9-2 所示。

表 9-2 安全防护设施相关规定

项目	相关规定
防护围栏	(1)物料提升机地面进料口应设置防护围栏;围栏高度不应小于 1.8 m,围栏立面可采用网板结构,强度应符合相关规定 (2)进料口门的开启高度不应小于 1.8 m,强度应符合相关规定;进料口门应装有电气安全开关,吊笼应在进料口门关闭后才能启动
停层平台外边缘与吊笼门外缘的水平距离	不宜大于 100 mm,与外脚手架外侧立杆(当无外脚手架时与建筑结构外墙)的水平距离不宜小于 1 m (1)停层平台两侧的防护栏杆、挡脚板应符合相关规定 (2)平台门应采用工具式、定型化,强度应符合相关规定 (3)平台门的高度不宜小于 1.8 m,宽度与吊笼门宽度差不应大于 200 mm,并应安装在门口外边缘处,与台口外边缘的水平距离不应大于 200 mm (4)平台门下边缘以上 180 mm 内应采用厚度不小于 15 mm 钢板封闭,与台口上表面的垂直距离不应大于 20 mm (5)平台门应向停层平台内侧开启,并应处于常闭状态
进料口防护棚	应设在提升机地面进料口上方,其长度不应小于 3 m,宽度应大于吊笼宽度。顶部强度应符合规定,可采用厚度不小于 50 mm 的木板搭设
卷扬机操作棚	应采用定型化、装配式,且应具有防雨功能。操作棚应有足够的操作空间。顶部强度应符合相关规定,可采用厚度不小于 50 mm 的木板搭设

（三）稳定装置

物料提升机的稳定性能主要取决于物料提升机的基础、附墙架、缆风绳和地锚，如表 9-3 所示。

表 9-3　物料提升机的稳定装置

项目	内容
基础	物料提升机的基础应能承受最不利于工作条件下的全部荷载。30 m 及以上物料提升机的基础应进行设计计算
	对 30 m 以下物料提升机的基础，当设计无要求时，应符合下列规定： （1）基础土层的承载力，不应小于 80 kPa （2）基础混凝土强度等级不应低于 C20，厚度不应小于 300 mm （3）基础表面应平整，水平度不应大于 10 mm （4）基础周边应有排水设施
附墙架	当导轨架的安装高度超过设计的最大独立高度时，必须安装附墙架
	宜采用制造商提供的标准附墙架，当标准附墙架结构尺寸不能满足要求时，可经设计计算采用非标准附墙架，并应当符合下列规定： （1）附墙架的材质应与导轨架相一致 （2）附墙架与导轨架及建筑结构采用刚性连接，不得与脚手架连接 （3）附墙架间距、自由端高度不应大于使用说明书的规定值
缆风绳	当物料提升机安装条件受到限制不能使用附墙架时，可采用缆风绳，缆风绳的设置应符合说明书的要求，并应符合下列规定： （1）每一组四根缆风绳与导轨架的连接点应在同一水平高度，且应对称设置；缆风绳与导轨架的连接处应采取防止钢丝绳受剪破坏的措施 （2）缆风绳宜设在导轨架的顶部；当中间设置缆风绳时，应采取增加导轨架刚度的措施 （3）缆风绳与水平面夹角宜在 45°～60°之间，并与缆风绳等强度的花篮螺栓与地锚连接
	当物料提升机安装高度大于或等于 30 m 时，不得使用缆风绳
地锚	地锚应根据导轨架的安装高度及土质情况，经设计计算确定
	30 m 以下物料提升机可采用桩式地锚。当采用钢管（48 mm×3.5 mm）或角钢（75 mm×6 mm）时，不应少于 2 根；应并排设置，间距不应小于 0.5 m，打入深度不应小于 1.7 m；顶部应设有防止缆风绳滑脱的装置

（四）安全使用要求

物料提升机在下列条件下应能正常作业：

（1）环境温度为－20～＋40 ℃。

（2）导轨架顶部风速不大于 20 m/s。

（3）电源电压值与额定电压值偏差为±5%，供电总功率不小于产品使用说明书上的规定值。

用于物料提升机的材料、钢丝绳及配套零部件产品应有出厂合格证。起重量限制器、防坠安全器应经型式检验合格。传动系统应设常闭式制动器，其额定制动力矩不应低于作业时额定力矩的 1.5 倍。不得采用带式制动器。

具有自升（降）功能的物料提升机应安装自升平台，并应当符合下列规定：

（1）兼做天梁的自升平台在物料提升机正常工作状态时，应与导轨架刚性连接。

（2）自升平台的导向滚轮应有足够的刚度，并应有防止脱轨的防护装置。

（3）自升平台的传动系统应具有自锁功能，并应有刚性的停靠装置。

（4）平台四周应设置防护栏杆，上栏杆高度宜为 1.0～1.2 m，下栏杆高度宜为 0.5～0.6 m，在栏杆任一点作用 1 kN 的水平力时，不应产生永久变形；挡脚板高度不小于 180 mm，且宜采用厚度不小于 15 mm 的冷轧钢板。

（5）自升平台应安装渐进式防坠安全器。当物料提升机采用对重时，对重应设置滑动导靴或滚轮导向装置，并应设有防脱轨保护装置。对重应标明质量并涂成警告色。吊笼不应做对重使用。在各停层平台处，应设置显示楼层的标志。物料提升机的制造商应具有特种设备制造许可资格。制造商应在说明书中对物料提升机附墙架间距、自由端高度及缆风绳的设置作出明确规定。

物料提升机额定起重量不宜超过 160 kN；安装高度不宜超过 30 m。当安装高度超过 30 m 时，物料提升机除应具有起重量限制、防坠保护、停层及限位功能外，还应符合以下规定：

（1）吊笼应有自动停层功能，停层后吊笼底板与停层平台的垂直高度偏差不应超过 30 mm。

（2）防坠安全器应为渐进式。

（3）应具有自升降安拆功能。

（4）应具有语音及影像信号。物料提升机的标志应齐全，其附属设备、备件及专用工具、技术文件均应与制造商的装箱单相符。物料提升机应设置标牌，且应标明产品名称和型号、主要性能参数、出厂编号、制造商名称和产品制造日期。

物料提升机的安装与拆除安全技术如表 9-4 所示。

表 9-4　物料提升机的安装与拆除安全技术

项目	内容
安装、拆除物料提升机的单位	应具备下列条件： （1）安装、拆除单位应具有起重机械安拆资质及安全生产许可证 （2）安装、拆除作业人员必须经专门培训，取得特种作业资格证
物料提升机安装、拆除前	应根据工程实际情况编制专项安装、拆除方案，且应经安装、拆除单位技术负责人审批后实施
安装作业前的准备	应当符合下列规定： （1）物料提升机安装前，安装负责人应依据专项安装方案对安装作业人员进行安全技术交底 （2）应确认物料提升机的结构、零部件和安全装置经出厂检验，并符合要求 （3）应确认物料提升机的基础已验收，并符合要求 （4）应确认辅助安装起重设备及工具经检验检测，并符合要求 （5）应明确作业警戒区，并设专人监护

基础的位置	应保证视线良好，物料提升机任意部位与建筑物或其他施工设备间的安全距离不应小于 0.6 m；与外电线路的安全距离应符合现行行业标准《施工现场临时用电安全技术规范》（JGJ 46—2012）的规定
卷扬机（曳引机）的安装	应符合下列规定： （1）卷扬机安装位置宜远离危险作业区，且视线良好；操作棚应符合规定 （2）卷扬机卷筒的轴线应与导轨架底部导向轮的中线垂直，垂直度偏差不大于 2°，其垂直距离不宜小于 20 倍卷筒宽度；当不能满足条件时，应设排绳器 （3）卷扬机（曳引机）宜采用地脚螺栓与基础固定牢固；当采用地锚固定时，卷扬机前端应设置固定止挡
导轨架的安装程序	应按专项方案要求执行。紧固件的紧固力矩应符合使用说明书的要求。安装精度应符合下列规定： （1）导轨架的轴心线对水平基准面的垂直度偏差不应大于导轨架高度的 0.15% （2）标准节安装时导轨结合面对接应平直，错位形成的阶差应符合下列规定： ① 吊笼导轨不应大于 15 mm ② 对重导轨、防坠器导轨不应大于 0.5 mm （3）标准节截面内，两对角线长度偏差不应大于最大边长的 0.3%
钢丝绳	宜设防护槽，槽内应设滚动托架，且应采用钢板网将槽口封盖。钢丝绳不得托地或浸泡在水中
拆除作业	拆除作业前，应对物料提升机的导轨架、附墙架等部位进行检查，确认无误后方能进行拆除作业 宜在白天进行，夜间作业应有良好的照明

物料提升机的使用管理工作的主要内容包括以下几个方面：

（1）物料提升机必须由取得特种作业操作证的人员操作。

（2）物料提升机严禁载人。

（3）物料应在吊笼内均匀分布，不应过度偏载。

（4）不得装载超出吊笼空间的超长物料，不得超载运行。

（5）在任何情况下，不得使用限位开关代替控制开关运行。

（6）物料提升机每班作业前司机应进行作业前检查，确认无误后方可作业。应检查确认：制动器可靠有效；限位器灵敏完好；停层装置动作可靠；钢丝绳磨损在允许范围内；吊笼及对重导向装置无异常；滑轮、卷筒防钢丝绳脱槽装置可靠有效；吊笼运行通道内无障碍物。

（7）当发生防坠安全器制停吊笼的情况时，应查明制停原因，排除故障，并应检查吊笼、导轨架及钢丝绳，应确认无误并重新调整防坠安全器后运行。

（8）物料提升机夜间施工应有足够照明，照明用电应符合现行行业标准《施工现场临时用电安全技术规范》（JGJ 46—2012）的规定。

（9）物料提升机在大雨、大雾、风速为 13 m/s 及以上大风等恶劣天气时，必须停止运行。

（10）作业结束后，应将吊笼返回最底层停放，控制开关应扳至零位，并应切断电源，锁好开关箱。

二、塔式起重机的安全防护

塔式起重机是一种塔身直立，起重臂安装在塔身顶部且可作 360°回转的起重机。它具有较大的工作空间，起重高度大，广泛应用于多层及高层装配式结构安装工程。

（一）类型

塔式起重机的类型由于分类方法的不同而不同，通常可按以下几种方法进行划分，如表 9-5 所示。

表 9-5　塔式起重机的分类

分类方法	类型	内容
按工作方法分	固定式塔式起重机	塔身不移动，工作范围由塔臂的转动和小车变幅决定，多用于高层建筑、构筑物、高炉安装工程
	运行式塔式起重机	它可由一个工作点移动到另一个工作点，如轨道式塔式起重机，可带负荷运行，在建筑群中使用可以不用拆卸，通过轨道直接开进新的工程地点施工。固定式或运行式塔式起重机，可按照工程特点和施工条件选用
按旋转方式分	上旋式塔式起重机	塔身上旋转，在塔顶上安装可旋转的起重臂。因塔身不转动，所以塔臂旋转时塔身不受限制，因塔身不动，所以塔身与架体连接结构简单，但由于平衡重在塔吊上部，重心高不利于稳定，另外当建筑物高度超过平衡臂时，塔式起重机的旋转角受到了限制，给工作造成了一定困难
	下旋式塔式起重机	塔身与起重臂共同旋转。这种塔式起重机的起重臂与塔顶固定，平衡重和旋转支撑装置布置在塔身下部。因平衡重及传动机构在起重机下部，所以重心低，稳定性好，又因起重臂与塔身共同转动，因此塔身受力变化小。司机室位置高，视线好，安装拆卸也较方便。但旋转支撑装置构造复杂，另外因塔身经常旋转，需要较大的空间
按变幅方式分	动臂变幅式塔式起重机	通过改变起重臂俯仰角度而改变幅度。这种塔机在塔身高度相同的情况下，可以获得较大的起升高度，但其最小幅度约为最大幅度的 30%，吊钩或建筑物不能靠近塔身，幅度利用率低，而且重物一般不能实现水平移动，有的不允许带载变幅，安装就位不方便
	小车变幅式塔式起重机	载重小车沿塔机起重臂移动而改变幅度。这种塔机可带载变幅，功率小、速度快；吊重可水平移动，安装就位方便；载重小车可靠近塔身，幅度利用率高。但小车变幅式塔机的起重臂结构较复杂、自重大

（二）基本参数

塔式起重机的基本参数是生产、使用、选择起重机技术性能的依据。基本参数中又有以一个或两个为主的参数起主导作用。作为塔式起重机目前提出的基本参数有六项，即起重力矩、起重量、最大起重量、工作幅度、起升高度和轨距，其中起重力矩确定为主要参数，如表9-6所示。

表9-6　塔式起重机的基本参数

参数	内容
起重力矩	起重力矩是衡量塔式起重机起重能力的主要参数。选用塔式起重机，不仅须考虑起重量，而且还应考虑工作幅度
起重量	起重量是以起重吊钩上所悬挂的索具与重物的重量之和来计算的
工作幅度	关于起重量的考虑有两层含义：其一是最大工作幅度时的起重量；其二是最大额定起重量。在选择机型时，应按其说明书使用。因动臂式塔式起重机的工作幅度有限制范围，所以若以力矩值除以工作幅度，反算所得值并不准确
起升高度	工作幅度也称回转半径，是起重吊钩中心到塔吊回转中心线之间的水平距离，它是以建筑物尺寸和施工工艺的要求而确定的
轨距	塔式起重机运行或固定状态时，除空载、塔身处于最大高度，吊钩位于最大幅度外，吊钩支承面对塔式起重机支承面的允许最大垂直距离

（三）安全防护装置

为了确保塔机的安全作业，防止发生意外事故，塔机必须配备各类安全防护装置。

（1）起重量限制器。起重量限制器的作用是保护起吊的重量不超过塔机允许的最大起重量，用以防止塔机的吊物重量超过最大额定荷载，避免发生机械损坏事故。

（2）起重力矩限制器。起重力矩限制器是防止塔机超载的安全装置，避免塔机由于严重超载而引起的倾覆或折臂等恶性事故。力矩限制器有机械式、电子式和复合式三种，多数采用机械电子连锁式的结构。

（3）幅度限制器。动臂式塔式起重机的幅度限制器用以防止臂架在变幅时，变幅到仰角极限位置时切断变幅机构的电源，使其停止工作，同时还设有机械止挡，以防臂架因起幅中的惯性而后翻。小车运行变幅式塔式起重机的幅度限制器用来防止运行小车超过最大或最小幅度的两个极限位置。一般来说，小车变幅限制器安装在臂架小车运行轨道的前后两端，用行程开关来进行控制。

（4）起升高度限制器。起升高度限制器是用来限制吊钩接触到起重臂头部或与载重小车之前，或是下降到最低点（地面或地面以下若干米）以前，使起升机构自动断电并停止工作，防止因起重钩起升过度而碰坏起重臂的装置。

（5）钢丝绳防脱槽装置。钢丝绳防脱槽装置主要防止当传动机构发生故障时，造成钢丝绳不能够在卷筒上顺排，以致越过卷筒端部凸缘，发生咬绳等事故。

（6）塔机行走限制器。行走式塔机的轨道两端所设的止挡缓冲装置，利用安装在台车架上或底架上的行程开关碰撞到轨道两端前的挡块切断电源来实现塔机停止行走，防止脱轨造成塔机倾覆事故。

（7）回转限制器。有些上回转的塔机安装了回转不能超过270°和360°的限制器，防止电源线扭断，造成事故。

（8）风速仪。自动记录风速，当风速超过 6 级以上时自动报警，使操作司机及时采取必要的防范措施，如停止作业、放下吊物等。

（9）电气控制中的零位保护和紧急安全开关。零位保护是指塔机操纵开关与主令控制器联锁，只有在全部操纵杆处于零位时，电源开关才能接通，从而防止无意的操作。紧急安全开关通常是一个能立即切断全部电源的开关。

（10）障碍指示灯。超过 30 m 的塔机，必须在其最高部位（臂架、塔帽或人字架顶端）安装红色障碍指示灯，并保证供电不受停机影响。

（四）安全使用要求

塔式起重机安全使用的一般规定主要有以下几个方面：

（1）塔式起重机安装、拆卸单位必须具有从事塔式起重机安装、拆卸业务的资质。

（2）塔式起重机安装、拆卸单位应具备安全管理保证体系，有健全的安全管理制度。

（3）塔式起重机安装、拆卸作业配备的人员必须持有安全生产考核合格证书的项目负责人和安全负责人、机械管理人员。此外，该人员还要具有建筑施工特种作业操作资格证书的建筑起重机械安装拆卸工、起重司机、起重信号工、司索工等特种作业操作人员。

（4）塔式起重机应具有特种设置制造许可证、产品合格证、制造监督检验证明，并已在县级以上地方建设主管部门备案登记。

（5）塔式起重机启用前应检查的文件有塔式起重机的备案登记证明等文件、建筑施工特种作业人员的操作资格证书、专项施工方案和辅助起重机械的合格证及操作人员资格证书。

（6）塔式起重机的选型和布置应满足工程施工要求，便于安装和拆卸，并不得损害周边其他建筑物或构筑物。

（7）有下列情况之一的塔式起重机严禁使用：国家明令淘汰的产品、超过规定使用年限的产品、不符合国家现行相关标准的产品和没有完整安全技术档案的产品。

（8）塔式起重机安装、拆卸前，应编制专项施工方案，指导作业人员实施安装、拆卸作业。专项施工方案应根据塔式起重机使用说明书和作业场地的实际情况编制，并应符合国家现行相关标准的规定。专项施工方案应由本单位技术、安全、设备等部门审核，技术负责人审批后，经监理单位批准实施。

（9）塔式起重机与架空输电线的安全距离应符合现行国家标准《塔式起重机安全规程》（GB 5144—2006）的规定。

（10）在塔式起重机的安装、使用及拆卸阶段，进入现场的作业人员必须佩戴安全帽、穿防滑鞋、系安全带等防护用品，无关人员严禁进入作业区域内。在安装、拆卸作业期间，应设警戒区。

（11）塔式起重机使用时，起重臂和吊物下方严禁有人员停留；物件吊运时，严禁从人员上方通过。

（12）严禁用塔式起重机载运人员。

塔式起重机的安装要求如表 9-7 所示。

表 9-7 塔式起重机的安装要求

序号	项目	内容
1	安装前	应根据专项施工方案，对塔式起重机基础的下列项目进行检查，确认合格后方可实施： （1）基础的位置、标高、尺寸 （2）基础的隐蔽工程验收记录和混凝土强度报告等相关资料 （3）安装辅助设备的基础、地基承载力、预埋件等 （4）基础的排水措施
2	安装作业	应根据专项施工方案要求实施。安装作业人员应分工明确、职责清楚。安装前应对安装作业人员进行安全技术交底
3	安装辅助设备就位	设备就位后，应对其机械和安全性能进行检验，合格后方可作业
4	安装所使用的钢丝绳、卡环、吊钩和辅助支架等起重机具	均应符合规定，并应经检查合格后方可使用
5	自升式塔式起重机的顶升加节	应符合下列规定： （1）顶升系统必须完好 （2）结构构件必须完好 （3）顶升前，塔式起重机下支座与顶升套架应可靠连接 （4）顶升前，应确保顶升横梁搁置正确 （5）顶升前，应将塔式起重机配平，顶升过程中，应确保塔式起重机的平衡 （6）顶升加节的顺序，应符合使用说明书的规定 （7）顶升过程中，不应进行起升、回转、变幅等操作 （8）顶升结束后，应将标准节与回转下支座可靠连接 （9）塔式起重机加节后需进行附着的，应按照先装附着装置、后顶升加节的顺序进行。附着装置的位置和支撑点的强度应符合要求
6	塔式起重机的独立高度、悬臂高度	应符合使用说明书的要求
7	雨雪、浓雾天气	严禁进行安装作业。安装时塔式起重机最大高度处的风速应符合使用说明书的要求，且风速不得超过 12 m/s
8	塔式起重机安装作业	不宜在夜间进行安装作业；当需要在夜间进行塔式起重机安装和拆卸作业时，应保证提供足够的照明
9	遇特殊情况安装作业不能连续进行时	必须将已安装的部位固定牢靠并达到安全状态，经检查确认无隐患后，方可停止作业
10	电气设备	应按使用说明书的要求进行安装，安装所用的电源线路应符合现行行业标准《施工现场临时用电安全技术规范》（JGJ 46—2012）的要求
11	塔式起重机的安全装置	必须齐全，并应按程序调试合格
12	连接件及其防松防脱件	严禁用其他代用品代替。连接件及其防松防脱件应使用力矩扳手或专用工具紧固连接螺栓
13	安装完毕后	应及时清理施工现场的辅助用具和杂物

14	安装单位	应对安装质量进行自检，并应按规定填写自检报告书；自检合格后，应委托有相应资质的检验检测机构进行检测。检验检测机构应出具检测报告书
15	安装质量的自检报告书和检测报告书	应存入设备档案
16	经自检、检测合格后	应由总承包单位组织出租、安装、使用、监理等单位进行验收，并应填写验收表，合格后方可使用
17	塔式起重机的停用	停用6个月以上的，在复工前，应重新进行验收，合格后方可使用

塔式起重机的使用安全要求如表9-8所示。

表9-8 塔式起重机的使用安全要求

序号	项目	内容
1	塔式起重机起重司机、起重信号工、司索工等操作人员	应取得特种作业人员资格证书，严禁无证上岗
2	塔式起重机的使用	使用前应对起重司机、起重信号工、司索工等作业人员进行安全技术交底
3	塔式起重机的力矩限制器、重量限制器、变幅限制器、行走限制器、高度限制器等安全保护装置	不得随意调整和拆除，严禁用限位装置代替操纵机构
4	塔式起重机回转、变幅、行走、起吊	动作前应示意警示。起吊时应统一指挥，明确指挥信号；当指挥信号不清楚时，不得起吊
5	塔式起重机起吊前	当吊物与地面或其他物件之间存在吸附力或摩擦力而未采取处理措施时，不得起吊
		应对安全装置进行检查，确认合格后方可起吊；安全装置失灵时，不得起吊
		应按要求对吊具与索具进行检查，确认合格后方可起吊；吊具与索具不符合相关规定的，不得用于起吊作业
6	作业中遇突发故障	应采取措施将吊物降落到安全地点，严禁吊物长时间悬挂在空中
7	遇有风速在12 m/s及以上的大风或大雨、大雪、大雾等恶劣天气	应停止作业。雨、雪过后，应先经过试吊，确认制动器灵敏可靠后方可进行作业。夜间施工应有足够照明，照明的安装应符合现行行业标准《施工现场临时用电安全技术规范》（JGJ 46—2012）的要求
8	塔式起重机起吊重量	不得起吊重量超过额定荷载的吊物，且不得起吊重量不明的吊物
9	吊物荷载达到额定荷载的90%	应先将吊物吊离地面200～500 mm后，检查机械状况、制动性能、物件绑扎情况等，确认无误后方可起吊。对有晃动的物件，必须拴拉溜绳使之稳固
10	物件起吊	应绑扎牢固，不得在吊物上堆放或悬挂其他物件；零星材料起吊时，必须用吊笼或钢丝绳绑扎牢固。当吊物上站人时不得起吊

11	标有绑扎位置或记号的物件	应按标明位置绑扎。钢丝绳与物件的夹角宜为45°～60°，且不得小于30°。吊索与吊物棱角之间应有防护措施；未采取防护措施的，不得起吊
12	作业完毕	应松开回转制动器，各部件置于非工作状态，控制开关应置于零位，并应切断总电源
13	起重机塔身上	严禁在塔式起重机塔身上附加广告牌或其他标语牌
14	每班作业	应做好例行保养，并应做好记录。记录的主要内容应包括结构件外观、安全装置、传动机构、连接件、制动器、索具、夹具、吊钩、滑轮、钢丝绳、液位、油位、油压、电源、电压等
15	实行多班作业的设备	应执行交接班制度，认真填写交接班记录，接班司机经检查确认无误后，方可开机作业
16	塔式起重机的保养	应实施各级保养。转场时，应作转场保养，并应有记录
17	塔式起重机的主要部件和安全装置等	应进行经常性检查，每月不得少于一次，并应有记录；当发现有安全隐患时，应及时进行整改
18	塔式起重机使用周期超过一年	应进行一次全面检查，合格后方可继续使用

塔式起重机的拆卸安全技术要求如表9-9所示。

表9-9　塔式起重机的拆卸安全技术要求

序号	项目	内容
1	塔式起重机拆卸作业	宜连续进行；当遇特殊情况拆卸作业不能继续时，应采取措施保证塔式起重机处于安全状态
2	用于拆卸作业的辅助起重设备设置在建筑物上时	应明确设置位置、锚固方法，并应对辅助起重设备的安全性及建筑物的承载能力等进行验算
3	拆卸前	应检查主要结构件、连接件、电气系统、起升机构、回转机构、变幅机构、顶升机构等项目。发现隐患应采取措施，解决后方可进行拆卸作业
4	附着式塔式起重机	应明确附着装置的拆卸顺序和方法
5	自升式塔式起重机	每次降节前，应检查顶升系统和附着装置的连接等，确认完好后方可进行作业
6	拆卸时	应先降节、后拆除附着装置
7	拆卸完毕后	为塔式起重机拆卸作业而设置的所有设施应拆除，清理场地上作业时所用的吊索具、工具等各种零配件和杂物

三、施工升降机的安全防护

施工升降机又称为施工电梯，是一种使工作笼（吊笼）沿导轨做垂直（或倾斜）运动的机械，是高层建筑施工中运送施工人员上下及建筑材料和工具设备的垂直运输设施。施工升降机按其传动形式可分为：齿轮齿条式、钢丝绳式和混合式三种。

（一）施工升降机的安全装置

施工升降机的安全装置如表9-10所示。

表9-10　施工升降机的安全装置

装置	说明
限速器	齿条驱动的建筑施工升降机，为了防止吊笼坠落均装有锥鼓式限速器，并可分为单项式和双向式两种，单向限速器只能沿吊笼下降方向起限速作用，双向限速器则可以沿吊笼的升降两个方向起限速作用
缓冲弹簧	在建筑施工升降机底笼的底盘上装有缓冲弹簧，以便当吊笼发生坠落事故时减轻吊笼的冲击，同时保证吊笼和配重下降着地时呈柔性接触，缓冲吊笼和配重着地时的冲击
上、下限位器	为防止吊笼上、下时超过限定位置，或因司机误操作和电气故障等原因继续上行或下降引发事故而设置的装置，安装在导轨架和吊笼上，属于自动复位型
上、下极限限位器	上、下极限限位器是在上、下限位器不起作用时，当吊笼运行超过限位开关和越程后，能及时切断电源使吊笼停车
安全钩	安全钩是为防止吊笼到达预先设定位置，上限位器和上极限限位器因各种原因不能及时动作、吊笼继续向上运行，将导致吊笼冲击导轨架顶部而发生倾翻坠落事故而设置的 安全钩是安装在吊笼上部的重要也是最后一道安全装置，它能在吊笼上行到导轨架顶部的时候，使安全钩钩住导轨架，保证吊笼不发生倾翻坠落事故
急停开关	当吊笼在运行过程中发生各种原因的紧急情况时，司机能在任何时候按下急停开关，使吊笼停止运行。急停开关必须是非自动复位的安全装置
吊笼门、底笼门连锁开关	施工升降机的吊笼门、底笼门均装有电气联锁开关，它们能有效地防止因吊笼或底笼门未关闭就启动运行而造成人员坠落和物料滚落，只有当吊笼门和底笼门完全关闭时才能启动运行
楼层通道门	施工升降机与各楼层均搭设了运料和人员进出的通道，在通道口与升降机结合处必须设置楼层通道门。此门在吊笼上下运行时处于常闭状态，只有在吊笼停靠时才能由吊笼内的人打开。应做到楼层内的人员无法打开此门，以确保通道口处在封闭的条件下不出现危险的情况
通信装置	由于司机的操作室位于吊笼内，无法知道各楼层的需求情况和分辨不清哪个层面发出信号，因此必须安装一个闭路双向电气通信装置，司机应能听到或看到每一层的需求信号
地面出入口防护棚	升降机在安装完毕时，应当及时搭设地面出入口的防护棚。防护棚搭设的材质要选用普通脚手架钢管，防护棚长度不应小于 5 m，有条件的可与地面通道防护棚连接起来。其宽度应不小于升降机底笼最外部尺寸；顶部材料可以采用 50 mm 厚木板或两层竹笆，上下竹笆间距应不小于 600 m

（二）施工升降机的使用安全要求

1. 施工升降机的安装条件

施工升降机的安装条件主要有以下几个方面：

（1）施工升降机地基、基础应满足使用说明书的要求。对基础设置在地下室顶板、楼面或其他下部悬空结构上的施工升降机，应对基础支撑结构进行承载力验算。

（2）安装作业前，安装单位应根据施工升降机基础验收表、隐蔽工程验收单和混凝土强度报告等相关资料，确认所安装的施工升降机和辅助起重设备的基础、地基承载力、预埋件、基础排水措施等符合施工升降机安装、拆卸工程专项施工方案的要求。

（3）施工升降机安装前应对各部件进行检查。对有可见裂纹的构件应进行修复或更换，对有严重锈蚀、严重磨损、整体或局部变形的构件必须进行更换，符合产品标准的有关规定后方能进行安装。

（4）安装作业前，应对辅助起重设备和其他安装辅助用具的机械性能和安全性能进行检查，合格后方能投入作业。

（5）安装作业前，安装技术人员应根据施工升降机安装、拆卸工程专项施工方案和使用说明书的要求，对安装作业人员进行安全技术交底，并由安装作业人员在交底书上签字。在施工期间，交底书应留存备查。

（6）施工升降机必须安装防坠安全器。防坠安全器应在一年有效标定期内使用。

（7）施工升降机应安装超载保护装置。超载保护装置在荷载达到额定载重量的110%前应能中止吊笼启动，在齿轮齿条式载人施工升降机荷载达到额定载重量的90%时应能给出报警信号。

（8）附墙架附着点处的建筑结构承载力应满足施工升降机使用说明书的要求。

（9）施工升降机的附墙架形式、附着高度、垂直间距、附着点水平距离、附墙架与水平面之间的夹角、导轨架自由端高度和导轨架与主体结构间水平距离等均应符合使用说明书的要求。

（10）当附墙架不能满足施工现场要求时，应对附墙架另行设计。附墙架的设计应满足构件刚度、强度、稳定性等要求，制作应满足设计要求。

（11）在施工升降机使用期限内，非标准构件的设计计算书、图纸、施工升降机安装工程专项施工方案及相关资料应在工地存档。

（12）基础顶埋件、连接构件的设计、制作应符合使用说明书的要求。

（13）安装前应当做好施工升降机的保养工作。

2. 施工升降机的安装作业

施工升降机的安装作业工作的主要内容有以下几个方面：

（1）安装作业人员应按施工安全技术交底内容进行作业。

（2）安装单位的专业技术人员、专职安全生产管理人员应进行现场监督。

（3）施工升降机的安装作业范围应设置警戒线及明显的警示标志。非作业人员不得进入警戒范围。任何人不得在悬吊物下方行走或停留。

（4）进入现场的安装作业人员应佩戴安全防护用品，高处作业人员应系安全带，穿防滑鞋。作业人员严禁酒后作业。

（5）安装作业中应统一指挥，明确分工。危险部位安装时应采取可靠的防护措施。当指挥信号传递困难时，应使用对讲机等通信工具进行指挥。

（6）当遇大雨、大雪、大雾或风速大于13 m/s等恶劣天气时，应停止安装作业。

（7）电气设备安装应按施工升降机使用说明书的规定进行，安装用电应符合现行行业标准《施工现场临时用电安全技术规范》（JGJ 46—2012）的规定。

（8）施工升降机金属结构和电气设备金属外壳均应接地，接地电阻不应大于 4 Ω。

（9）安装时应确保施工升降机运行通道内无障碍物。

（10）安装作业时必须将按钮盒或操作盒移至吊笼顶部操作。当导轨架或附墙架上有人员作业时，严禁开动施工升降机。

（11）传递工具或器材不得采用投掷的方式。

（12）在吊笼顶部作业前应确保吊笼顶部护栏齐全完好。

（13）吊笼顶上所有的零件和工具应放置平稳，不得超出安全护栏。

（14）安装作业过程中安装作业人员和工具等总荷载不得超过施工升降机的额定安装载重量。

（15）层站应为独立受力体系，不得搭设在施工升降机附墙架的立杆上。

（16）当需安装导轨架加厚标准节时，应确保普通标准节和加厚标准节的安装部位正确，不得用普通标准节替代加厚标准节。

（17）导轨架安装时，应对施工升降机导轨架的垂直度进行测量校准。施工升降机导轨架安装垂直度偏差应符合使用说明书和表 9-11 的规定。

表 9-11　安装垂直度偏差

导轨架架设高度 h/m	$h\leqslant70$	$70<h\leqslant100$	$100<h\leqslant150$	$150<h\leqslant200$	$h>200$
垂直度偏差/mm	不大于（1/1 000）h	$\leqslant70$	$\leqslant90$	$\leqslant110$	$\leqslant130$
	对钢丝绳式施工升降机，垂直度偏差不大于（15/1000）h				

（18）接高导轨架标准节时，应按使用说明书的规定进行附墙连接。

（19）每次加节完毕后，应对施工升降机导轨架的垂直度进行校正，且应当按规定及时重新设置行程限位和极限限位，经验收合格后方能运行。

（20）连接件和连接件之间的防松、防脱件应符合使用说明书的规定，不得用其他物件代替。对有预紧力要求的连接螺栓，应使用扭力扳手或专用工具，按规定的拧紧次序将螺栓准确地紧固到规定的扭矩值。安装标准节连接螺栓时，宜螺杆在下，螺母在上。

（21）当发现故障或危及安全的情况时，应立刻停止安装作业，采取必要的安全防护措施，应设置警示标志并报告技术负责人。在故障或危险情况未排除之前，不得继续安装作业。

（22）当遇意外情况不能继续安装作业时，应使已安装的部件达到稳定状态并且固定牢靠，经确认合格后方能停止作业。作业人员下班离岗时，应采取必要的防护措施，并应设置明显的警示标志。

（23）安装完毕后应拆除为施工升降机安装作业而设置的所有临时设施，清理施工场地上作业时所用的索具、工具、辅助用具、各种零配件和杂物等。

3．施工升降机的安装自检和验收

施工升降机的安装自检和验收工作的主要内容包括以下几个方面：

（1）施工升降机安装完毕且经调试后，安装单位应按本规程使用说明书的有关要求对安装质量进行自检，并应向使用单位进行安全使用说明。

（2）安装单位自检合格后，应经有相应资质的检验检测机构监督检验。

（3）检验合格后，使用单位应组织租赁单位、安装单位和监理单位等进行验收。实行施工总承包的，应由施工总承包单位组织验收。

（4）严禁使用未经验收或验收不合格的施工升降机。

（5）使用单位应自施工升降机安装验收合格之日起 30 d 内，将施工升降机安装验收资料、施工升降机安全管理制度、特种作业人员名单等，向工程所在地县级以上建设行政主管部门办理使用登记备案。

（6）安装自检表、检测报告和验收记录等应纳入设备档案。

4．施工升降机的拆卸

拆卸施工升降机所需注意的事项主要有以下几个方面：

（1）拆卸前应对施工升降机的关键部件进行检查，当发现问题时，应在问题解决后方能进行拆卸作业。

（2）施工升降机拆卸作业应符合拆卸工程专项施工方案的要求。

（3）应有足够的工作面作为拆卸场地，应在拆卸场地周围设置警戒线和醒目的安全警示标志，并应派专人监护。拆卸施工升降机时，不得在拆卸作业区域内进行与拆卸无关的其他作业。

（4）夜间不得进行施工升降机的拆卸作业。

（5）拆卸附墙架时施工升降机导轨架的自由端高度应始终满足使用说明书的要求。

（6）确保与基础相连的导轨架在最后一个附墙架拆除后，仍保持各方向的稳定性。

（7）施工升降机拆卸应连续作业。当拆卸作业不能连续完成时，应根据拆卸状态采取相应的安全措施。

（8）吊笼未拆除之前，非拆卸作业人员不得在地面防护围栏内、施工升降机运行通道内、导轨架内以及附墙架上等活动。

第二节　施工现场临时用电安全技术

一、临时用电安全管理

临时用电施工组织设计如表 9-12 所示。

表 9-12　用电施工组织设计

项目	内容
临时用电组织设计的范围	按照《施工现场临时用电安全技术规范》（JGJ 46—2012）的规定，临时用电设备在 5 台及 5 台以上或设备总容量在 50 kW 及以上者，应编制临时用电施工组织设计；临时用电设备在 5 台以下和设备总容量在 50 kW 以下者，应制定安全用电技术措施及电气防火措施。这是施工现场临时用电管理应遵循的第一项技术原则

续表

临时用电组织设计的程序	临时用电工程图纸应单独绘制，临时用电工程应按图施工
	临时用电组织设计编制及变更时，必须履行"编制、审核、批准"程序，由电气工程技术人员组织编制，经相关部门审核及具有法人资格企业的技术负责人批准后实施。变更用电组织设计时应补充有关图纸资料
	临时用电工程必须经编制、审核、批准部门和使用单位共同验收，合格后方可投入使用
临时用电组织设计的主要内容	现场勘测
	确定电源进线、变电所或配电室、配电装置、用电设备位置及线路走向
	进行负荷计算
	选择变压器
	设计配电系统： ①设计配电线路，选择导线或电缆；②设计配电装置，选择电器；③设计接地装置；④绘制临时用电工程图纸，主要包括用电工程总平面图、配电装置布置图、配电系统接线图、接地装置设计图；⑤设计防雷装置；⑥确定防护措施；⑦制定安全用电措施和电气防火措施
临时用电施工组织设计审批	施工现场临时用电施工组织设计必须由施工单位的电气工程技术人员编制，技术负责人审核。封面上要注明工程名称、施工单位、编制人并加盖单位公章
	施工单位所编制的施工组织设计，必须符合《施工现场临时用电安全技术规范》（JGJ 46—2012）中的有关规定
	临时用电施工组织设计必须在开工前15 d 内报上级主管部门审核，批准后方可进行临时用电施工。施工时要严格执行审核后的施工组织设计，按图施工。当需要变更施工组织设计时，应补充有关图纸资料，同样需要上报主管部门批准，待批准后，按照修改前后的临时用电施工组织设计对照施工

电工及用电人员的要求如下：

（1）电工必须经过国家现行标准考核，合格后才能持证上岗工作；其他用电人员必须通过相关职业健康安全教育培训和技术交底，考核合格后方可上岗工作。

（2）安装、巡检、维修或拆除临时用电设备和线路，必须由电工完成，并有人监护。

（3）电工等级应同工程的难易程度和技术复杂性相适应。

（4）各类用电人员应掌握安全用电基本知识和所用设备的性能。

（5）使用电气设备前必须按规定穿戴和配备好相应的劳动防护用品，并应检查电气装置和保护设施，严禁设备带"缺陷"运转。

（6）用电人员保管和维护所用设备，发现问题及时报告解决。

（7）现场暂时停用设备的开关箱必须分断电源隔离开关，并应关门上锁。

（8）用电人员移动电气设备时，必须经电工切断电源并做好妥善处理后再进行。

对于现场中一些固定机械设备的防护和操作应进行如下交底：

（1）开机前，认真检查开关箱内的控制开关设备是否齐全有效，漏电保护器是否可靠，发现问题及时向工长汇报，工长派电工处理。

（2）开机前，仔细检查电气设备的接零保护线端子有无松动，严禁赤手触摸一切带电绝缘导线。

（3）严格执行安全用电规范，凡一切属于电气维修、安装的工作，必须由电工来操作，严禁非电工进行电工作业。

（4）施工现场临时用电施工必须执行施工组织设计和职业健康安全操作规程。

二、外电防护

外电防护安全技术要求主要有以下几个方面：

（1）在建工程不得在外电架空线路正下方施工、搭设作业棚、建造生活设施或堆放构件、架具、材料及其他杂物等。

（2）施工现场开挖沟槽边缘与外电埋地电缆沟槽边缘之间的距离不得小于 0.5 m。

（3）防护设施宜采用木、竹或其他绝缘材料搭设，不宜采用钢管等金属材料搭设。防护设施应坚固、稳定，且对外电线路的隔离防护应达到 IP30 级。

（4）架设防护设施时，必须经有关部门批准，采取线路暂时停电或其他可靠的职业健康安全技术措施，并应有电气工程技术人员和专职安全人员监护。

（5）在外电架空线路附近开挖沟槽时，必须会同有关部门采取加固措施，防止外电架空线路电杆倾斜、悬倒。

（6）电气设备现场周围不得存放易燃易爆物、污染源和腐蚀介质，否则应予以清除或做防护处理，其防护等级必须与环境条件相适应。

（7）电气设备设置场所应能避免物体打击和机械损伤，否则应做防护处理。

三、配电室

配电室相关安全技术要求主要有以下几个方面：

（1）配电室应靠近电源，并应设在灰尘少、潮气少、振动小、无腐蚀介质、无易燃易爆物及道路畅通的地方。

（2）成列的配电柜和控制柜两端应与重复接地线及保护零线做电气连接。

（3）配电室和控制室应能自然通风，并应采取防止雨雪侵入和动物进入的措施。

（4）配电室内的布置要符合以下要求：

① 配电柜正面的操作通道宽度，单列布置或双列背对背布置不小于 1.5 m，双列面对面布置不小于 2 m。

② 配电柜后面的维护通道宽度，单列布置或双列面对面布置不小于 0.8 m，双列背对背布置不小于 1.5 m，个别建筑物有结构凸出的地方，则此点通道宽度可减少 0.2 m。

③ 配电柜侧面的维护通道宽度不小于 1 m。

④ 配电室的顶棚与地面的距离不低于 3 m。

⑤ 配电室内设置值班室或检修室时，该室边缘距配电柜的水平距离大于 1 m，并采取屏障隔离。

⑥ 配电室内的裸母线与地面垂直距离小于 2.5 m 时，采用遮栏隔离，遮栏下面通道的高度不小于 1.9 m。

⑦ 配电装置的上端距顶棚不小于 0.5 m。

⑧ 配电室内的母线涂刷有色油漆，以标志相序。以配电柜正面方向为基准，其涂色应符合表 9-13 的规定。

表 9-13　母线涂色

相别	颜色	垂直排列	水平排列	引下排列
L₁（A）	黄	上	后	左
L₂（B）	绿	中	中	中
L₃（C）	红	下	前	右
N	淡蓝	—	—	—

⑨ 配电室的建筑物和构筑物的耐火等级不低于 3 级，室内配置砂箱和用于扑灭电气火灾的灭火器。配电室的门向外开，并配锁。配电室的照明分别设置正常照明和事故照明。

（5）配电柜应装设电度表，并应装设电流表、电压表。电流表与计费电度表不得共用一组电流互感器。

（6）配电柜应装设电源隔离开关及短路、过载、漏电保护电器。电源隔离开关分断时应有明显可见分断点。

（7）配电柜应编号，并应有用途标记。

（8）配电柜或配电线路停电维修时，应挂接地线，并应悬挂"禁止合闸，有人工作"停电标志牌。停送电必须由专人负责。

（9）配电室应保持整洁，不得堆放任何妨碍操作、维修的杂物。

四、电缆线路

电缆线路施工相关安全技术要求主要有以下几点：

（1）电缆中必须包含全部工作芯线和用作保护零线或保护线的芯线。需要三相四线制配电的电缆线路必须采用五芯电缆。五芯电缆必须包含淡蓝、绿/黄两种颜色绝缘芯线。淡蓝色芯线必须用作 N 线；绿/黄双色芯线必须用作 PE 线，严禁混用。

（2）电缆埋地敷设宜选用铠装电缆，当选用无铠装电缆时，应能防水、防腐。架空敷设宜选用无铠装电缆。

（3）电缆线路应采用埋地或架空敷设，严禁沿地面明设，并应避免机械损伤和介质腐蚀。埋地电缆路径应设方位标志。

（4）埋地电缆在穿越建筑物、构筑物、道路、易受机械损伤，因此介质腐蚀场所及引出地面从 2.0 m 高到地下 0.2 m 处，须加设防护套管，防护套管内径不小于电缆外径的 1.5 倍。

（5）在建工程内的电缆线路必须采用电缆埋地引入，严禁穿越脚手架引入。电缆垂直敷设应充分利用在建工程的竖井、垂直孔洞等，并宜靠近用电负荷中心，固定点每楼层不得少于一处。电缆水平敷设宜沿墙或门口刚性固定，最大弧垂距地不得小于 2.0 m。

（6）电缆直接埋地敷设的深度不应小于 0.7 m，并应在电缆紧邻上、下、左、右侧均匀敷设不小于 50 mm 厚的细砂，然后覆盖砖或混凝土板等硬质保护层。

（7）装饰装修工程或其他特殊阶段应补充编制单项施工用电方案。电源线可沿墙角、地面敷设，但应采取防机械损伤和电火措施，可采用穿阻燃绝缘管或线槽等遮护的办法。

（8）埋地电缆与其附近外电电缆和管沟的平行间距不得小于 2 m，交叉间距不得小于 1 m。

（9）埋地电缆的接头应设在地面上的接线盒内，接线盒应能防水、防尘、防机械损伤，并应远离易燃、易爆、易腐蚀场所。

（10）架空电缆应沿电杆、支架或墙壁敷设，并采用绝缘子固定，绑扎线必须采用绝缘线，固定点间距应保证电缆能承受自重所带来的荷载，敷设高度应符合《施工现场临时用电安全技术规范》（JGJ 46—2012）关于架空线路敷设高度的要求，但沿墙壁敷设时最大弧垂距地不得小于 20 m。

（11）架空电缆严禁沿脚手架、树木或其他设施敷设。

五、室内配线

室内配线施工相关安全技术的具体要求有以下几点：

（1）室内配线应根据配线类型，采用瓷瓶、瓷（塑料）夹、嵌绝缘槽、穿管或钢索敷设。

（2）室内非埋地明敷主干线距地面高度不得小于 2.5 m。

（3）室内配线所用导线或电缆的截面应根据用电设备或线路的计算负荷确定，但铜线截面面积不应小于 1.5 m^2，铝线截面面积不应小于 25 m^2。

（4）架空进户线的室外端应采用绝缘子固定，过墙处应穿管保护，距地面高度不得小于 2.5 m，并应采取防雨措施。

（5）钢索配线的吊架间距不应大于 12 m。采用瓷夹固定导线时，导线间距不应小于 35 mm，瓷夹间距不应大于 80 0mm；采用瓷瓶固定导线时，导线间距不应小于 100 mm，瓷瓶间距不应大于 1.5 m；采用护套绝缘导线或电缆时，可直接敷设于钢索上。

六、施工照明

施工照明用电安全技术如表 9-14 所示。

表 9-14　施工照明用电安全技术

项目		内容
一般场所	现场照明	宜选用额定电压为 220 V 的照明器，采用高光效、长寿命的照明光源。对需大面积照明的场所，应采用高压汞灯、高压钠灯或混光用的卤钨灯等
	照明变压器	必须使用双绕组型安全隔离变压器，严禁使用自耦变压器
	照明系统	宜使三相负荷平衡，其中每一单相回路上，灯具和插座数量不应超过 25 个，负荷电流不宜超过 15 A
	室外 220 V 灯具	距地面不得低于 3m，室内 220 V 灯具距地面不得低于 25 m
	普通灯具与易燃物的距离	不应小于 300 mm；聚光灯、碘钨灯等高热灯具与易燃物距离不应小于 500 mm，且不得直接照射易燃物。达不到规定距离时，应采取隔热措施

续表

	碘钨灯及钠、铊、铟等金属卤化物灯具的安装高度	应在 3 m 以上，灯线应固定在接线柱上，不得靠近灯具表面
	螺口灯头及其接线的要求	（1）灯头的绝缘外壳无损伤、无漏电 （2）相线接在与中心触头相连的一端，零线接在与螺纹口相连的一端
	暂设工程的照明灯具	宜采用拉线开关控制，开关安装位置宜符合下列要求： （1）拉线开关距地面高度为 2～3 m，与出入口的水平距离为 0.15～0.2 m，拉线的出口向下； （2）其他开关距地面高度为 1.3 m，与出入口的水平距离为 0.15～0.2 m
	携带式变压器的一次侧电源线	应采用橡皮护套或塑料护套铜芯软电缆，中间不得有接头，长度不宜超过 3 m，其中绿/黄双色线只可做 PE 线使用，电源插销应有保护触头
特殊场所	使用安全电压照明器的场所	（1）隧道，人防工程，高温、有导电灰尘、比较潮湿或灯具离地面高度低于 2.5 m 的场所等的照明，电源电压不应大于 36 V （2）潮湿和易触及带电体场所的照明，电源电压不得大于 24 V （3）特别潮湿场所、导电良好的地面、锅炉或金属容器内的照明，电源电压不得大于 12 V
	使用行灯的要求	（1）电源电压不大于 36 V （2）灯体与手柄应坚固、绝缘良好并耐热耐潮湿 （3）灯头与灯体结合牢固，灯头无开关 （4）灯泡外部有金属保护网 （5）金属网、反光罩、悬吊挂钩固定在灯的绝缘部位上
	路灯	每个灯具应单独装设熔断器保护，灯头线应做防水弯每个灯具应单独装设熔断器保护，灯头线应做防水弯
	荧光灯管	应用管座固定或用吊链悬挂，荧光灯的镇流器不得安装在易燃的结构物上
	投光灯	底座应安装牢固，按需要的光轴方向将枢轴拧紧固定
	灯具内的接线	必须牢固，灯具外的接线必须做可靠的防水绝缘包扎
	灯具的相线	必须经开关控制，不得将相线直接引入灯具
	夜间影响飞机飞行或车辆通行的在建工程及机械设备	必须设置醒目的红色信号灯，其电源应设在施工现场总电源开关的前侧，并应设置外电线路停止供电时的应急自备电源
	无自然采光的地下大空间施工场所	应编制单项照明用电方案

本章小结

　　本章主要介绍了主要施工机械的安全防护和施工现场临时用电安全技术。
　　本章的主要内容有物料提升机的安全防护；塔式起重机的安全防护；施工升降机的安全防护；临时用电安全管理；外电防护；配电室；电缆线路；室内配线；施工照明。通过本章的学习，读者可以了解施工机械与临时用电安全的有关规定，掌握主要施工机械的防护要求和施工临时用电设施的检查与验收。

复习思考题

1．物料提升机的安全防护装置有哪些？
2．施工机械安全管理的一般规定有哪些？
3．简述塔式起重机使用安全要求。
4．施工升降机的安全装置有哪些？
5．临时用电组织设计的主要内容包括哪些？

第十章　施工现场安全管理与文明施工

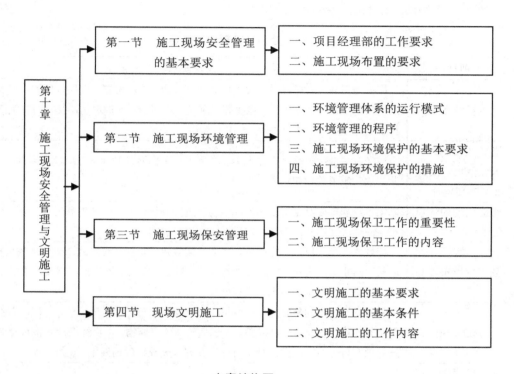

本章结构图

【本章学习目标】

➢ 了解施工现场安全管理的基本要求；掌握环境管理体系的运行模式；

➢ 熟悉环境管理的程序；了解施工现场环境保护的基本要求；掌握项目经理部环境管理的工作内容；掌握施工现场环境保护的措施；

➢ 掌握施工现场保卫工作的重要性及内容；

➢ 熟悉掌握现场文明施工的基本要求和基本条件；掌握现场文明施工的工作内容；

➢ 具有编制施工现场、场容场貌方案的能力，具有对环境保护与环境卫生进行安全检查验收的能力。

第一节　施工现场安全管理的基本要求

一、项目经理部的工作要求

项目经理部的工作要求如表 10-1 所示。

表 10-1　项目经理部的工作要求

项目	工作要求
项目经理部	应在施工前先了解经过施工现场的地下管线，标出位置，并加以保护。施工时发现文物、古迹、爆炸物、电缆等，应当停止施工，保护现场，及时向有关部门报告，并按照规定进行处理
施工中需要停水、停电、封路而影响环境时	应经有关部门批准，事先告示。在行人、车辆通过的地方施工，应当设置沟、井、坎、洞覆盖物和标志
施工现场的环境因素	项目经理部应对施工现场的环境因素进行分析，对可能产生的污水、废气、噪声、固体废弃物等污染源采取措施，并进行控制
建筑垃圾和渣土	应堆放在指定地点，定期进行清理。装载建筑材料、垃圾或渣土的运输机械，应采取防止尘土飞扬、撒落或流溢等有效措施。施工现场应根据需要设置机动车辆冲洗设施，冲洗的污水应进行处理
施工现场	除有符合规定的装置外，不得在施工现场熔化沥青和焚烧油毡、油漆，亦不得焚烧其他可产生有毒、有害烟尘和恶臭气味的废弃物。项目经理部应按规定有效地处理有毒、有害物质。禁止将有毒、有害废弃物现场回填
施工平面图的规划、设计、布置、使用和管理	项目经理部应依据施工条件，按照施工总平面图、施工方案和施工进度计划的要求，认真进行所负责区域的施工平面图的规划、设计、布置、使用和管理

二、施工现场布置的要求

施工现场布置的具体要求有以下几个方面：

（1）施工现场的场容管理应符合施工平面图设计的安排和物料器具定位管理标准的要求。

（2）现场的主要机械设备、脚手架、密封式安全网与围挡、模具，施工临时道路、各种管线，施工材料制品堆场及仓库、土方及建筑垃圾堆放区，变配电间，消火栓，警卫室，现场的办公、生产和生活临时设施等布置，均应符合施工平面图的要求。

（3）现场入口处的醒目位置，应公示：工程概况、职业健康安全纪律、防火须知、职业健康安全生产与文明施工规定、施工平面图、项目经理部组织机构图及主要管理人员名单。

（4）施工现场周边应当按当地有关要求设置围挡和相关的职业健康安全预防设施。危险品仓库附近应有明显标志及围挡设施。

（5）施工现场应设置畅通的排水沟渠系统，保持场地道路的干燥、坚实。施工现场的泥浆和污水未经处理不得直接排放。地面宜做硬化处理。有条件时，可对施工现场进行绿化布置。

第二节　施工现场环境管理

一、环境管理体系的运行模式

环境管理体系建立在一个由"策划、实施、检查、评审和改进"等环节所构成的动态循环过程的基础上，其具体的运行模式如图 10-1 所示。

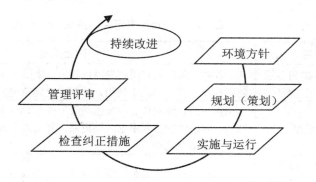

图 10-1　环境管理体系运行模式

二、环境管理的程序

企业应根据批准的建设项目环境影响报告，通过对环境因素的识别和评估，确定管理目标及主要指标，并在各个阶段贯彻实施。项目的环境管理应遵循下列程序。

（1）确定项目环境管理目标。

（2）进行项目环境管理策划。

（3）实施项目环境管理策划。

（4）验证并持续改进。

三、施工现场环境保护的基本要求

施工现场环境保护的基本具体要求有以下几方面：

（1）把环保指标以责任书的形式层层分解到有关单位和个人，列入承包合同和岗位责任制，建立一个懂行、善管的环保自我监控体系。

（2）要加强检查，加强对施工现场粉尘、噪声、废气的监测和监控工作。要与文明施工现场管理一起检查、考核、奖罚，及时采取措施消除粉尘、废气和污水的污染。

（3）施工单位要制定有效措施，控制人为噪声、粉尘的污染；采取技术措施控制烟尘、污水、噪声污染。建设单位应该负责协调外部关系，同当地居委会、村委会、办事处、派出所、居民、施工单位、环保部门等加强联系。

（4）要有技术措施，严格执行国家的法律、法规。在编制施工组织设计时，必须有环境保护的技术措施。在施工现场平面布置和组织施工过程中，都要贯彻执行国家、地区、行业和企业有关防止空气污染、水源污染、噪声污染等环境保护的法律、法规和规章制度。

（5）建筑工程施工由于技术、经济条件限制，对环境的污染不能控制在规定范围内的，建设单位应当同施工单位事先报请当地人民政府建设行政主管部门和环境行政主管部门批准。

四、施工现场环境保护的措施

防止大气污染的措施如表 10-2 所示。

表 10-2 防止大气污染的措施

序号	项目	防止措施
1	高层建筑物和多层建筑物施工垃圾	清理时，要搭设封闭式专用垃圾道，采用容器吊运或将永久性垃圾道随结构安装好以供施工使用，严禁凌空随意抛散
2	施工现场道路	采用焦渣、级配砂石、粉煤灰级配砂石、沥青混凝土或水泥混凝土等铺设，有条件的可利用永久性道路，并指定专人定期洒水清扫，形成制度，防止道路扬尘
3	袋装水泥、白灰、粉煤灰等易飞扬的细颗散粒状材料	应库内存放。室外临时露天存放时，必须下垫上盖，严密遮盖，防止扬尘
4	散装水泥、粉煤灰、白灰等细颗粉状材料	应存放在固定容器（散灰罐）内。没有固定容器时，应设封闭式专库存放，并具备可靠的防扬尘措施
5	水泥、粉煤灰、白灰等细颗粉状材料	运输时，要采取遮盖措施，防止沿途遗撒、扬尘。卸运时，应采取相应措施，以减少扬尘
6	车辆不带泥沙出施工现场的措施	包括：可在大门口铺一段石子，定期过筛清理；做一段水沟冲刷车轮；人工拍土，清扫车轮、车帮；挖土装车不超装；车辆行驶不猛拐，不急刹车，防止撒土；卸土后注意关好车厢门；场区和场外安排人员清扫洒水，基本做到不撒土、不扬尘，减少对周围环境的污染
7	设有符合规定的装置	除此之外，禁止在施工现场焚烧油毡、橡胶、塑料、皮革、树叶、枯草、各种包装等，以及其他会产生有毒、有害烟尘和恶臭气体的物质
8	机动车	都要安装 PCA 阀，对那些尾气排放超标的车辆要安装净化消声器，确保不冒黑烟
9	工地茶炉、大灶、锅炉	尽量采用消烟除尘型茶炉、锅炉和消烟节能回风灶，烟尘降至所允许排放的范围
10	工地搅拌站除尘	有条件的要修建集中搅拌站，由计算机控制进料、搅拌、输送全过程，在进料仓上方安装除尘器，可使水泥、砂、石中的粉尘降低 99% 以上。采用现代化先进设备是解决工地粉尘污染的根本途径

续表

11	工地采用普通搅拌站时	应先将搅拌站封闭严密，尽量不使粉尘外泄、扬尘污染环境，并在搅拌机拌筒出料口安装活动胶皮罩，通过高压静电除尘器或旋风滤尘器等除尘装置将风尘分开净化，达到除尘目的。最简单易行的是将搅拌站封闭后，在拌筒的出料口上方和地上料斗侧面装几组喷雾器喷头，利用水雾除尘
12	拆除旧有建筑物	应适当洒水，防止扬尘

防止水污染的措施主要有以下几个方面：

（1）禁止将有毒、有害废弃物作土方回填。

（2）施工现场搅拌站废水、现制水磨石的污水、电石（碳化钙）的污水须经沉淀池沉淀后再排入城市污水管道或河流。最好采取措施将沉淀水回收利用，然后用于工地洒水降尘。上述污水未经处理不得直接排入城市污水管道或河流中。

（3）现场存放油料必须对库房地面进行防渗处理，如采用防渗混凝土地面、铺油毡等。使用时要采取措施，防止油料跑、冒、滴、漏，污染水体。

（4）施工现场 100 人以上的临时食堂污染排放时可设置简易有效的隔油池，定期掏油和杂物，防止污染。

（5）工地临时厕所、化粪池应采取防渗漏措施。中心城市施工现场的临时厕所可采取水冲式厕所、蹲坑上加盖，并有防蝇、灭蝇措施，防止污染水体和环境。

（6）化学药品、外加剂等要妥善保管，库内存放，防止污染环境。

防止噪声污染的措施主要有以下几方面：

（1）严格控制人为噪声，进入施工现场不得高声喊叫、无故甩打模板、乱吹哨，限制高音喇叭的使用，最大限度地减少噪声扰民。

（2）尽量选用低噪声设备和加工工艺代替高噪声设备与加工工艺，如低噪声振捣器、风机、电动空压机、电锯等。

（3）凡在人口稠密区进行强噪声作业时，须严格控制作业时间，一般晚 10 点到次日早 6 点之间停止强噪声作业。确系特殊情况必须昼夜施工时，尽量采取降低噪声措施，并会同建设单位与当地居委会、村委会或当地居民协调，发出安民告示，取得群众谅解。

（5）在声源处安装消声器消声，即在通风机、鼓风机、压缩机、燃气轮机、内燃机及各类排气放空装置等进出风管的适当位置设置消声器。常用的消声器有阻性消声器、抗性消声器、阻抗复合消声器、穿微孔板消声器等。具体选用哪种消声器，应根据所需消声量、噪声源频率特性和消声器的声学性能及空气动力特性等因素而定。

（4）采取吸声、隔声、隔振和阻尼等声学处理的方法来降低噪声。

第三节　施工现场保安管理

一、施工现场保卫工作的重要性

项目现场保卫工作对现场的安全及工程质量、成品保护有着重要的意义，必须予以充分的重视。一般施工现场的保卫工作应由项目总承包单位负责或委托给施工总承包单位负责。

项目现场保卫工作的重要性，要求施工现场必须设立门卫，根据需要设置警卫，负责施工现场安全保卫工作，并采取必要的措施。主要管理人员应在施工现场佩戴证明其身份的标志，严格进行现场人员的进出管理。

二、施工现场保卫工作的内容

施工现场保卫工作的内容如下：

（1）建立完整可行的保卫制度，包括领导分工、管理机构、管理程序和要求、防范措施等。组建一支精干负责、有快速反应能力的警卫人员队伍，并与当地公安机关取得联系，求得支持。当前不少单位组建了经济民警队伍，是一种比较好的形式。

（2）项目现场应设立围墙、大门和标牌（特殊工程及有保密要求的除外），防止与施工无关的人员随意进出现场。围墙、大门、标牌的设立应符合政府主管部门的有关规定。

（3）严格门卫管理。管理单位应发给现场施工人员专门的出入证件，凭证件出入现场。大型重要工程根据需要可实行分区管理，即根据工程进度，将整个施工现场划分为若干区域，分设出入口，每个区域使用不同的出入证件。对出入证件的发放管理要严肃认真，并应定期更换。

（4）一般情况下项目现场谢绝参观，不接待会客。对临时来到现场的外单位人员、车辆等要做好登记工作。

第四节　现场文明施工

文明施工是指保持施工场地整洁、卫生，施工组织科学，施工程序合理的一种施工活动。实现文明施工，不仅要着重做好现场的场容管理工作，而且还要相应地做好现场材料、机械、安全、技术、保卫、消防和生活卫生等方面的管理工作。

一、文明施工的基本要求

文明施工的基本具体要求有以下几点：

（1）工地主要入口要设置简朴、规整的大门，门旁必须设立明显的标牌，标明工程名称、施工单位和工程负责人姓名等内容。

（2）施工现场建立文明施工责任制，划分区域，明确管理负责人，实行挂牌制，做到现场清洁整齐。

（3）场地平整，道路坚实畅通，有排水措施，基础、地下管道施工完后要及时回填平整，清除积土。

（4）现场施工临时水电要有专人管理，不得有长流水、长明灯。

（5）施工现场的临时设施包括生产、办公和生活用房、仓库、料场、临时上下水管道以及照明、动力线路，要严格按施工组织设计确定的施工平面图布置、搭设或埋设整齐。

（6）工人操作地点和周围必须清洁整齐，做到活完脚下清、工完场地清，丢撒在楼梯、楼板上的砂浆混凝土要及时清除，落地灰要回收过筛后使用。

（7）砂浆、混凝土在搅拌、运输、使用过程中要做到不洒、不漏、不剩，使用地点盛放砂浆、混凝土必须有容器或垫板，如有撒、漏要及时清理。

（8）成品要有严格的成品保护措施，严禁损坏污染成品，堵塞管道。高层建筑要设置临时便桶，严禁在建筑物内大小便。

（9）建筑物内清除的垃圾渣土要通过临时搭设的竖井或利用电梯井或采取其他措施稳妥下卸，严禁从门、窗口向外抛掷。

（10）施工现场不准乱堆垃圾及杂物应在适当地点设置临时堆放点，并定期外运。清运渣土垃圾及流体物品，要采取遮盖防漏措施，运送途中不得遗撒。

（11）针对施工现场情况设置宣传标语和黑板报，并适时更换内容，切实起到表扬先进、促进后进的作用。

（12）施工现场人员营严禁居住家属，严禁居民、家属、小孩在施工现场穿行、玩耍。

（13）现场使用的机械设备要按平面布置规划固定点存放，遵守机械安全规程，经常保持机身及周围环境清洁，机械的标记、编号明显，安全装置可靠。

（14）清洗机械排出的污水要有排放措施处理，不得随地流淌。

（15）在用的搅拌机、砂浆机旁边必须设有沉淀池，不得将浆水直接排入下水道及河流等处。

（16）塔式起重机轨道应按规定铺设整齐稳固，塔边要封闭，道碴不外溢，路基内外排水畅通。

（17）施工现场应建立不扰民措施，针对施工特点设置防尘和防噪声设施，夜间施工必须经当地主管部门批准。

二、文明施工的基本条件

文明施工的基本条件主要有以下几个方面：
（1）有整套的施工组织设计（或施工方案）。
（2）有健全的施工指挥系统和岗位责任制度。
（3）工序衔接交叉合理，交接责任明确。
（4）有严格的成品保护措施和制度。
（5）大小临时设施和各种材料、构件、半成品按平面布置堆放整齐。
（6）施工场地平整，道路畅通，排水设施得当，水电线路整齐。
（7）机具设备状况良好，使用合理，施工作业符合消防和安全要求。

三、文明施工的工作内容

文明施工的工作内容有以下几方面：
（1）进行现场文化建设。
（2）规范场容，保持作业环境整洁、卫生。
（3）创造有序生产的条件。

（4）减少对居民和环境的不利影响。

本章小结

　　本章主要介绍施工现场安全管理的基本要求、施工现场环境管理、施工现场保安管理和现场文明施工。

　　本章的主要内容包括项目经理部的工作要求；施工现场布置的要求；环境管理体系的运行模式；环境管理的程序；施工现场环境保护的基本要求；施工现场环境保护的措施；项目经理部环境管理的工作内容；施工现场保卫工作的重要性；施工现场保卫工作的内容；文明施工的基本要求；文明施工的基本条件；文明施工的工作内容。通过本章的学习，读者能够基本掌握如何实施文明施工和进行环境保护。

复习思考题

　　1．简述项目经理部的工作要求。

　　2．简述施工现场布置的要求。

　　3．防止大气污染的措施有哪些？

　　4．施工现场环境保护的基本要求有哪些？

　　5．文明施工的基本要求有哪些？

第十一章 施工现场防火安全管理

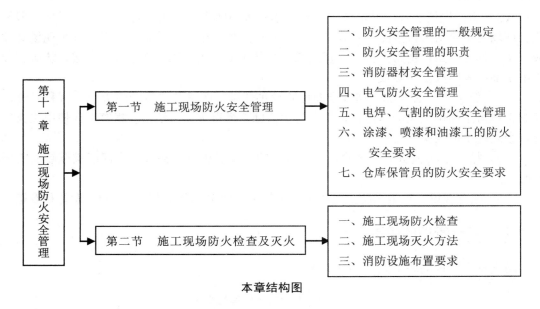

本章结构图

【本章学习目标】

➤ 了解施工现场防火安全管理的一般规定和防火安全管理职责；
➤ 掌握消防器材管理，电气、电焊、气割的防火安全管理；掌握建筑木工、涂漆、喷漆和油漆工的防火安全要求；
➤ 熟悉特殊施工场地防火要求以及季节性防火要求；
➤ 熟悉掌握消防设施布置要求；掌握施工现场防火检查内容、要求以及灭火方法；
➤ 熟悉施工现场防火检查和灭火措施。

第一节 施工现场防火安全管理

一、防火安全管理的一般规定

防火安全管理一般规定的主要内容有以下几方面：

（1）施工现场防火工作，必须认真贯彻"以防为主，防消结合"的方针，立足于自防自救，坚持安全第一，实行"谁主管，谁负责"的原则，在防火业务上要接受当地行政主管部门和当地公安消防机构的监督和指导。

（2）施工单位应对职工进行经常性的防火宣传教育，普及消防知识，增强消防观念，自觉遵守各项防火规章制度。

（3）施工应根据工程的特点和要求，在制定施工方案或施工组织设计的时候制定消防防火方案，并按规定程序实行审批。

（4）施工现场必须设置防火警示标志，施工现场办公室内应挂有防火责任人、防火领导小组成员名单、防火制度。

（5）施工现场实行层级消防责任制，落实各级防火责任人，各负其责，项目经理是施工现场防火负责人，全面负责施工现场的防火工作，由公司发给任命书。施工现场必须成立防火领导小组，由防火负责人任组长，成员由项目相关职能部门人员组成，防火领导小组定期召开防火工作会议。

（6）施工单位必须建立和健全岗位防火责任制，明确各岗位的防火负责区和职责，使职工懂得本岗位火灾的危险性，懂得防火措施，懂得灭火方法，会报警，会使用灭火器材，会处理事故苗头。

（7）按规定实施防火安全检查，对查出的火险隐患及时整改，本部门难以解决的要及时上报。

（8）施工现场必须根据防火的需要，配置相应种类、数量的消防器材、设备和设施。

二、防火安全管理的职责

防火安全管理的职责如表 11-1 所示。

表 11-1　防火安全管理的职责

项目	内容
项目消防安全领导小组的职责	在公司级防火责任人的领导下，把工地的防火工作纳入生产管理中，做到生产计划、布置、检查、总评、评比"五同时"
	负责工地的防火教育工作，普及消防知识，保证各项防火安全制度的贯彻执行
	定期组织消防检查，发现隐患及时整改，对项目部解决不了的火险隐患，提出整改意见，报公司防火负责人
	督促配置必要的消防器材，要保证随时完整好用，不准随便挪做他用
	发生火灾事故后，责任人提出处理意见，及时上报公司或公安消防机关
	定期召开各班组防火责任人会议，分析防火工作，布置防火安全工作
义务消防队队员的职责	积极宣传消防工作的方针、意见和安全消防知识
	模范地遵守和执行防火安全制度，认真做好工地的防火安全工作，发现问题及时整改或向上级汇报
	要熟悉工地的要害部位，火灾危害性及水源、道路、消防器材设置等情况，并定期进行消防业务学习和技术培训
	做好消防器材、消防设备的维修和保养工作，保证灭火器材的完好使用

续表

义务消防队队员的职责	严格动火审批制度，并实行"谁审批，谁负责"原则，明确职责，认真履行
	熟练掌握各种灭火器材的应用和适用范围，每年举行不少于两次的灭火学习
	实行全天候值班巡逻制度，发现问题及时处理整改，定期向消防领导小组书面汇报现场消防安全工作情况
	对违反消防安全管理条件的单位、个人按规定给予处罚
班组防火负责人的职责	贯彻落实消防领导小组及义务消防队布置的防火工作任务，检查和监督本班组人员执行安全制度情况
	严格执行项目部制度的各项消防安全管理制度、动火制度及有关奖罚条例等
	教会有关操作人员正确使用灭火器材，掌握适用范围
	督促做好本班组的防火安全检查工作，做好完工场清，不留火险隐患，杜绝事故发生
	负责本班组人员所操作的机械电气设备的防火安全装置，运转和安全使用管理工作
	发现问题及时处理，发生事故立即补救，并及时向义务消防队和消防领导小组汇报

三、消防器材安全管理

常用灭火器材及其适用的具体范围如下：

（1）泡沫灭火器：适用于油脂、石油产品及一般固体物质的初起火灾。

（2）酸碱灭火器：适用于竹、木、棉、毛、草、纸等一般可燃物质的初起火灾。

（3）干粉灭火器：适用于石油及其产品、可燃气体和电气设备的初起火灾。

（4）二氧化碳灭火器：适用于贵重设备、档案资料、仪器仪表、600 V以下电器及油脂火灾。

（5）"2111"灭火器：适用于油脂、精密机械设备、仪表、电子仪器设备、文物、图书、档案等贵重物品的初起火灾。

（6）水：适用范围较广，但不得用于以下几个方面：

① 非水溶性可燃、易燃物体火灾。

② 与水反应产生可燃气体，可引起爆炸的物质起火。

③ 直流水不得用于带电设备和可燃粉尘集聚处的火灾，以及储存大量浓硫酸、浓硝酸场所的火灾。

施工现场消防器材管理的具体要求有以下几点：

（1）各种消防梯经常保持完整、完好。

（2）水枪经常检查，保持开关灵活、喷嘴畅通，附件齐全无锈蚀。

（3）水带充水后防骤然折弯，不被油类污染，用后清洗晾干，收藏时应单层卷起，竖放在架上。

（4）各种管接口和扪盖应接装灵便、松紧适度、无泄漏，不得与酸、碱等化学品混放，使用时不得摔、压。

（5）消火栓按室内、室外（地上、地下）的不同要求定期进行检查和及时加注润滑油，消火栓井应经常清理，冬季应采取防冻措施。

（6）工地设有火灾探测和自动报警灭火系统时，应由专人管理，保证其完好。

四、电气防火安全管理

电气防火安全管理相关要求有以下几个方面：

（1）施工现场的一切电气设备、线路必须由持有上岗操作证的电工安装、维修，并严格执行有关规定。

（2）电线绝缘层老化、破损要及时更换。

（3）严禁在外脚手架上架设电线和使用碘钨灯，因施工需要在其他位置使用碘钨灯时，架设要牢固，碘钨灯距易燃物不少于 50 cm，且不得直接照射易燃物。当间距不够时，应采取隔热措施，施工完毕要及时拆除。

（4）临时建筑设施的电气设备安装要求。

① 电线必须与铁制烟囱保持不少于 50 cm 的距离。

② 电气设备和电线不准超过安全负荷，接头处要牢固，绝缘性良好，室内、外电线架设应有瓷管或瓷瓶与其他物体隔离，室内电线不得直接敷设在可燃物、金属物上，要套防火绝缘线管。

③ 照明灯具下方一般不准堆放物品，其垂直下方与堆放物品水平距离不得少于 50 cm。

④ 临时建筑设施内的照明必须做到一灯一制一保险，不准使用 60 W 以上的照明灯具，宿舍内照明应按每 10 m 有一盏不低于 40 W 的照明灯具，并安装带保险的插座。

⑤ 每栋临时建筑以及临时建筑内每个单元的用电必须设有电源总开关和漏电保护开关，做到人离电断。

⑥ 凡是能够产生静电引起爆炸或火灾的设备容器，必须设置消除静电的装置。

五、电焊、气割的防火安全管理

电焊、气割的防火安全管理工作的主要内容有以下几个方面：

（1）从事电焊、气割操作人员，应经专门培训，掌握焊割的安全技术、操作规程，经考试合格，取得操作合格证后方可持证上岗。学徒工不能单独操作，应在师傅的监护下进行作业。

（2）严格执行动火审批程序和制度，操作前应办理动火申请手续，经单位领导同意及消防或安全技术部门检查批准，领取动火许可证后方可进行作业。

（3）动火审批人员要认真负责，严格把关。审批前要深入动火地点查看，确认无火险隐患后再行审批。批准动火应采取定时（时间）、定位（层、段、档）、定人（操作人、看火人）、定措施（应采取的具体防火措施），部位变动或仍需继续操作，应事先更换动火证。动火证只限当日本人使用，并随身携带，以备消防保卫人员检查。

（4）严禁在有可燃气体、粉尘或禁止用火的危险性场所焊割。在这些场所附近进行焊割时，应按有关规定，保持防火距离。

（5）进行电焊、气割前，应由施工员或班组长向操作、看火人员进行消防安全技术措施交底，任何领导不能以任何借口让电、气焊工人进行冒险操作。

（6）装过或有易燃、可燃液体、气体及化学危险物品的容器、管道和设备，在未彻底清洗干净前，不得进行焊割。

（7）要合理安排工艺和编制施工进度，在有可燃材料保温的部位，不准进行焊割作业。必要时，应在工艺安排和施工方法上采取严格的防火措施。焊割不准在油漆、喷漆、脱漆、木工等易燃、易爆物品和可燃物上作业。

（8）禁止使用不合格的焊割工具和设备，电焊的导线不能与装有气体的气接触，也不能与气焊的软管或气体的导管放在一起。焊把线和气焊的软管不得从生产、使用、储存易燃、易爆物品的场所或部位穿过。

（9）焊割现场应配备灭火器材，危险性较大的应有专人现场监护。

（10）监护人的主要职责有以下几方面：

① 清理焊割部位附近的易燃、可燃物品；对不能清除的易燃、可燃物品要用水浇湿或盖上石棉布等非易燃材料，以隔绝火星。

② 坚守岗位，与电、气焊工配合，随时注视焊割周围的情况，一旦起火及时扑救。

③ 在高空焊割时，要用非燃材料做成接火盘和风挡，以接住和控制火花的溅落。

④ 在焊割过程中，随时进行检查，操作结束后，要对焊割地点进行仔细检查确认无危险后方可离开。在隐蔽场所或部位（如闷顶、隔墙、电梯井、通风道、电缆沟和管道井等）焊、割操作完毕后，0.5～4 h 内要反复检查，以防引燃起火。

⑤ 备好适用的灭火器材和防火设备（石棉布、接火盘、风挡等），做好灭火准备。

⑥ 发现电、气焊操作人员违反电、气焊防火管理规定、操作规程或动火部位有火灾、爆炸危险时，有权责令其停止操作，收回动火许可证及操作证，及时向领导汇报。

（11）焊工的操作要求主要有以下几方面：

① 乙炔发生器、乙炔瓶、氧气瓶和焊割具的安全设备必须齐全有效。

② 乙炔发生器、乙炔瓶、液化石油气罐和氧气瓶在新建、维修工程内存放，应设置专用房间单独分开存放并有专人管理，要有灭火器材和防火标志。

③ 乙炔发生器和乙炔瓶等与氧气瓶应保持距离，在乙炔发生器旁严禁一切火源。夜间添加电石时，应使用防爆手电筒照明，禁止用明火照明。

④ 乙炔发生器、乙炔瓶和氧气瓶不准放在高低压架空线路下方或变压器旁。在高空焊割的，也不要放在焊割部位的下方，应保持一定的水平距离。

⑤ 乙炔瓶、氧气瓶应直立使用，禁止平放卧倒使用，以防止油类落在氧气瓶上。油脂或沾油的物品，不要接触氧气瓶、导管及其零部件。

⑥ 氧气瓶、乙炔瓶严禁曝晒、撞击，防止受热膨胀。开启阀门时要缓慢开启，防止升压过速产生高温、火花引起爆炸和火灾。

⑦ 乙炔发生器、回火阻止器及导管发生冻结时，只能用蒸汽、热水等解冻，严禁使用火烤或金属敲打。钡定气体导管及其分配装置有无漏气现象时，应用气体探测仪或用肥皂水等简单方法测试，严禁用明火测试。

⑧ 操作乙炔发生器和电石桶时，应使用不产生火花的工具，在乙炔发生器上不能装有纯铜的配件。加入乙炔发生器的水，不能含油脂，以免油脂与氧气接触发生反应，引起燃烧或爆炸。

（12）电焊工操作的具体要求主要有以下几方面：

① 电焊工在操作前，要严格检查所用工具（包括电焊机设备、线路敷设、电缆线的接点等），使用的工具均应符合标准，保持完好状态。

② 电焊机应有单独开关，装在防火、防雨的闸箱内，电焊机应设防雨棚（罩）。开关

的保险丝容量应为该机的 15 倍。保险丝不准用铜丝或铁丝代替。

③ 焊割部位应与氧气瓶、乙炔瓶、乙炔发生器及各种易燃、可燃材料隔离，两瓶之间不得小于 5 m，与明火之间不得小于 10 m。

④ 电焊机应设专用接地线，直接放在焊件上，接地线不准在建筑物、机械设备、各种管道、避雷引下线和金属架上借路使用，防止接触火花，造成起火事故。

⑤ 电焊机一、二次线应用线鼻子压接牢固，同时应加装防护罩，防止松动、短路放弧等引燃可燃物。

⑥ 严格执行防火规定和操作规程，操作时采取相应的防火措施，与看火人员密切配合，防止火灾。

六、涂漆、喷漆和油漆工的防火安全要求

涂漆、喷漆和油漆工的防火安全要求主要有以下几点：

（1）喷漆、涂漆的场所应有良好的通风，防止形成爆炸极限浓度，引起火灾或爆炸。

（2）喷漆、涂漆的场所内禁止一切火源，应采用防爆的电气设备。

（3）油漆工不能穿易产生静电的工作服。接触涂料、稀释剂的工具应用防火花型的。

（4）浸有涂料、稀释剂的破布、纱团、手套和工作服等，应及时清理，不能随意堆放，防止因化学反应而生热，发生自燃。

（5）禁止与焊工同时间、同部位的上下交叉作业。

（6）在施工中必须严格遵守操作规程和程序。

（7）在维修工程施工中，使用脱漆剂时，应采用不燃性脱漆剂。若因工艺或技术上的要求，使用易燃性脱漆剂时，一次涂刷脱漆剂量不宜过多，控制在能使漆膜起皱膨胀为宜。清除掉的漆膜要及时妥善处理。

（8）对使用中能分解、发热自燃的物料，要妥善管理。

七、仓库保管员的防火安全要求

仓库保管员的防火安全要求如下：

（1）仓库保管员要牢记《仓库防火安全管理规则》。

（2）严格按照"五距"储存物资。即垛与垛的间距不小于 1 m；垛与墙的间距不小于 0.5 m；垛与梁、柱的间距不小于 0.3 m；垛与散热器、供暖管道的间距不小于 0.3 m；照明灯具垂直下方与垛的水平间距不得小于 0.5 m。

（3）熟悉存放物品的性质，储存中的防火要求及灭火方法，要严格按照其性质、包装、灭火方法、储存防火要求和密封条件等分别存放。性质相抵触的物品不得混存在一起。

（4）库存物品应分类、分垛储存，主要通道的宽度不小于 2 m。

（5）露天存放物品应当分类、分堆、分组和分垛，并留出必要的防火间距。甲、乙类桶装液体，不宜露天存放。

（6）房门窗等应当严密，物资不能储存在预留孔洞的下方。

（7）库房内照明灯具不准超过 60 W，并做到人走断电、锁门。

（8）物品入库前应当进行检查，确定无火种等隐患后，方准入库。

（9）库房内严禁吸烟和使用明火。

（10）库房管理人员在每日下班前，应对经管的库房巡查一遍，确认无火险隐患后，关好门窗，切断电源后方准离开。

（11）严禁在仓库内兼设办公室、休息室或更衣室、值班室以及进行各种加工作业等。

第二节　施工现场防火检查及灭火

一、施工现场防火检查

防火检查的工作内容主要有以下几方面：

（1）检查用火、用电和易燃易爆物品及其他重点部位生产、储存、运输过程中的防火安全情况和临建结构、平面布置、水源、道路是否符合防火要求。

（2）检查火险隐患整改情况。

（3）检查义务和专职消防队组织及活动情况。

（4）检查各级防火责任制、岗位责任制、八大工种责任书和各项防火安全制度执行情况。

（5）检查三级动火审批及动火证、操作证，消防设施、器材管理及使用情况。

（6）检查防火安全宣传教育，外包工管理等情况。

（7）检查十项标准是否落实，基础管理是否健全，防火档案资料是否齐全，发生事故后是否按"三不放过"原则进行处理。

火险隐患整改的要求如表 11-2 所示。

表 11-2　火险隐患整改的要求

项目	内容
领导重视	火险隐患能不能及时进行整改，关键在于领导。有些重大火险隐患，之所以成了"老检查、老问题、老不改"的"老大难"问题，是与有的领导不够重视防火安全分不开的。事实证明，只检查不整改，势必养患成灾，届时想改也来不及了。一旦发生了火灾事故，与整改隐患比较，在人力、物力、财力等各个方面所付出的代价不知道要高出多少倍。因此，迟改不如早改
边查边改	对检查出来的火险隐患，要求施工单位能立即纠正的就立即纠正，不要拖延
火险隐患	对不能立即解决的火险隐患，检查人员逐件登记，定项、定人、定措施，限期整改，并建立立案、销案制度
重大火险隐患	对重大火险隐患，经施工单位自身的努力仍得不到解决的，公安消防监督机关应该督促他们及时向上级主管机关报告，求得解决，同时采取可靠的临时性措施。对能够整改而又不认真整改的部门、单位，公安消防监督机关应发出重大火险隐患通知书
遗留下来的建筑规划无消防通道、水源等方面的问题	一时确实无法解决的，公安消防监督机关应提请有关部门纳入建设规划，加以解决。在没有解决前，要采取临时性的补救措施，以保证安全

二、施工现场灭火方法

施工现场的灭火方法主要包括以下四种。

（一）窒息灭火方法

窒息灭火方法是阻止空气流入燃烧区，或用不燃物质（气体）冲淡空气，使燃烧物质断绝氧气的助燃而使火熄灭。采取窒息法扑救火灾时，应注意以下事项：

（1）燃烧部位的空间必须较小，容易堵塞封闭，且在燃烧区域内没有氧化剂物质的存在。

（2）采取窒息法灭火后，必须在确认火已熄灭时，方可打开孔洞进行检查，严禁因过早打开封闭的房间或生产装置，而使新鲜空气流入燃烧区，引起新的燃烧，导致火势迅猛发展。

（3）采取水淹方法扑救火灾时，须考虑到水对可燃物质作用后，不产生不良的后果。

（4）在条件允许的情况下，为阻止火势迅速蔓延，争取灭火战斗的准备时间，可采取临时性的封闭窒息措施或先不开门窗，使燃烧速度控制在最低程度，在组织好扑救力量后再打开门窗，解除窒息封闭措施。

（5）采用惰性气体灭火时，必须保证燃烧区域内惰性气体的数量，使燃烧区域内氧气的含量控制在 14% 以下，以达到灭火的目的。

（二）冷却灭火法

冷却灭火法是将灭火剂直接喷撒在燃烧物体上，使可燃物质的温度降低到燃点以下，以终止燃烧。在火场上，除了用冷却法扑灭火灾外，在必要的情况下可用冷却剂冷却建筑构件、生产装置、设备容器等，防止建筑结构变形，造成更大的损失。

（三）隔离灭火法

隔离灭火法是将燃烧物体与附近的可燃物质隔离或疏散，使燃烧失去可燃物质而停止。采取隔离灭火法的具体措施是将燃烧区附近的可燃、易燃和助燃物质，转移到安全地点。关闭阀门，阻止气体、液体流入燃烧区；设法阻拦流散的易燃、可燃液体或扩散的可燃气体，拆除与燃烧区相毗连的可燃建筑物，形成防止火势蔓延的间距。

（四）抑制灭火法

与前三种灭火方法不同，此方法是使灭火剂参与燃烧反应过程，使燃烧过程中产生的游离基消失，从而形成稳定分子或低活性的游离基，使燃烧反应停止。目前，抑制灭火法常用的灭火剂有 1211、1202、1301 灭火剂。

三、消防设施布置要求

消防设施布置要求如表 11-3 所示。

表 11-3　消防设置布置要求

序号	项目	内容
1	消防给水的设置原则	高度超过 24 m 的工程
		层数超过 10 层的工程
		重要的及施工面积较大的工程
2	消防给水管网布置要求	工程临时竖管不应少于两条，呈环状布置，每根竖管的直径应根据要求的水柱股数，按最上层消火栓出水计算，但不小于 100
		高度小于 50
3	临时消火栓布置要求	工程内临时消火栓应设于各层明显且便于使用的地点，并保证消火栓的充实水柱能达到工程的任何部位。栓口出水方向宜与墙壁成 90°角，离地面 12 m
		消火栓口径应为 65 mm，配备的水带每节长度不宜超过 20 m，水枪喷嘴口径不应小于 19 mm。每个消火栓处宜设启动消防水泵的按钮
		临时消火栓的布置应保证充实水柱能到达工程内任何部位
		木工间、油漆间、机具间等每 25
		仓库或堆料场内，应根据灭火对象的特性，分组布置酸碱、泡沫、清水、二氧化碳等灭火器。每组灭火器不少于 4 个，每组灭火器之间的距离不大于 30

本章小结

　　本章主要介绍了施工现场防火安全管理和施工现场防火检查与灭火的内容和方法等。

　　本章的主要内容有防火安全管理的一般规定；防火安全管理的职责；消防器材安全管理；电气防火安全管理；电焊、气割的防火安全管理；涂漆、喷漆和油漆工的防火安全要求和仓库保管员的防火安全要求。通过本章的学习应掌握施工现场防火安全管理的相关知识和工作方法。

复习思考题

1．防火安全管理的一般规定有哪些？

2．施工现场消防器材管理应注意什么？

3．电焊工的操作要求有哪些？

4．冬期施工，防冻要求有哪些？

5．对仓库保管员的防火要求有哪些？

参考文献

[1] 程红艳. 建筑工程质量与安全管理[M]. 北京：人民交通出版社，2016.

[2] 向亚卿. 建筑工程质量与安全管理[M]. 重庆：重庆大学出版社，2015

[3] 陈安生，赵宏旭，郭桥华. 建筑工程质量与安全管理[M]. 长沙：中南大学出版社，2015.

[4] 孙丽娟，徐英，孙洪硕. 建筑工程质量与安全管理[M]. 北京：人民邮电出版社，2015.

[5] 陈忠，廖艳. 建筑工程质量与安全管理[M]. 北京：高等教育出版社，2015.

[6] 王作成. 建筑工程质量与安全管理[M]. 北京：建材工业出版社，2015.

[7] 方崇. 建筑工程质量与安全管理[M]. 北京：水利水电出版社，2015.

[8] 陈娟浓 伍桂花.建筑工程质量与安全管理[M].广州：华南理工大学出版社，2015.

[9]李云峰. 建筑工程质量与安全管理 [M]. 2版. 北京：化学工业出版社，2015.

[10] 湖北省建设工程质量安全监督总站，中国建筑业协会工程建设质量监督与检测分会. CECS 405：2015 建设工程质量检测机构检测技术管理规范[M]. 北京：中国计划出版社，2015.